ALDO B. MACIEL E OSMUNDO A. LIMA

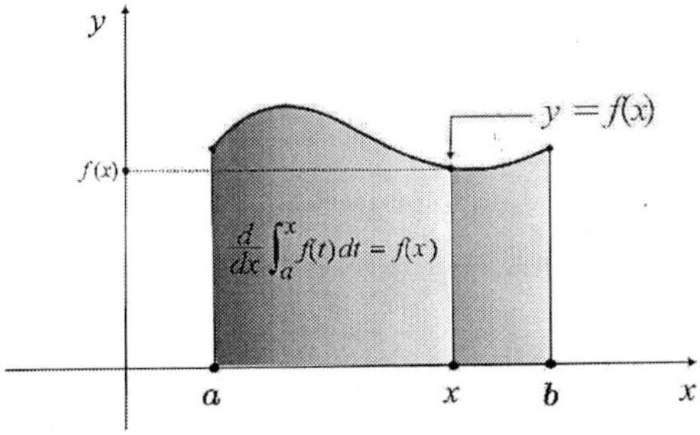

INTRODUÇÃO À ANÁLISE REAL

2ª EDIÇÃO

EDITORA CIÊNCIA MODERNA

Introdução à Análise Real – 2ª Edição

Editor: Paulo André P. Marques
Produção Editorial: Dilene Sandes Pessanha
Capa: Daniel Jara
Copidesque: Equipe Ciência Moderna

FICHA CATALOGRÁFICA

MACIEL, Aldo Bezerra; LIMA, Osmundo Alves de.

Introdução à Análise Real – 2ª Edição

Rio de Janeiro: Editora Ciência Moderna Ltda., 2025.

1. Matemática
I — Título

ISBN: 978-65-5842-407-9 CDD 510

Editora Ciência Moderna Ltda.
R. Alice Figueiredo, 46 – Riachuelo
Rio de Janeiro, RJ – Brasil CEP: 20.950-150
Tel: (21) 2201-6662/ Fax: (21) 2201-6896
E-MAIL: LCM@LCM.COM.BR
WWW.LCM.COM.BR

01/25

Prefácio da Primeira Edição

A nossa motivação para escrever esse texto nasceu no segundo semestre do ano letivo de 2003 quando ministramos, pela terceira vez, a disciplina Introdução à Análise no Curso de Licenciatura em Matemática da Universidade Estadual da Paraíba (UEPB), disciplina essa que é ofertada para os alunos do último ano do curso, quando estes já estão praticamente preparados para o exercício da profissão de professor, tendo adquirido um senso bastante crítico para a leitura de textos de Matemática e, por conseguinte, passam a, aparentemente, apresentar alguma dificuldade no aprendizado do assunto a partir dos textos comumente utilizados.

Nós já tínhamos uma longa experiência no ensino de Análise Real para cursos de Bacharelado em Matemática em outras universidades e sempre adotávamos os textos conhecidos na literatura sobre o assunto publicados no Brasil. A partir de quando passamos a lecionar no Curso de Licenciatura em Matemática da UEPB, cujo projeto pedagógico prioriza fortemente a formação do professor, sem, contudo, negligenciar o rigor na apresentação e desenvolvimento dos conteúdos específicos de Matemática, observamos que os textos usuais da literatura não contemplavam esta perspectiva e residia aí a aparente dificuldade no aprendizado encontrada pelos estudantes. Sentimos, então, a ausência na literatura de um texto introdutório de Análise Real que, ao mesmo tempo em que apresentasse o assunto com o rigor necessário para a transmissão das ideias, utilizasse uma linguagem leve e dialogada de tal modo a estimular o estudante do último ano do Curso de Licenciatura em Matemática a **aprender para ensinar** Análise Real. Esse é, portanto, o objetivo desse texto, o qual cobre todo o material de um primeiro curso de Análise Real a ser ministrado no último ano de um curso de Licenciatura em Matemática.

Gostaríamos de expressar nossos agradecimentos aos colegas do Departamento de Matemática da UEPB por utilizarem nossas notas de aulas e pelo incentivo à publicação das mesmas, aos nossos ex-alunos de Introdução à Análise, particularmente a Anselmo Ribeiro Lopes, pelo trabalho na elaboração e resolução de parte das listas de exercícios, aos professores Luiz Adauto Medeiros e Manuel Milla Miranda, ambos da Universidade Federal do Rio de Janeiro, pela leitura crítica e valiosas sugestões ao texto e finalmente gostaríamos de agradecer, na pessoa da Diretora da Editora Universitária da UEPB, Professora Doutora Sonia Maria de Luna Maciel, à competente equipe técnica da editora pelo trabalho de edição, divulgação e comercialização do texto.

Campina Grande-PB, dezembro de 2005

Os Autores

Prefácio da Segunda Edição

A primeira edição desse livro alcançou um relativo sucesso, tendo sido recomendado como texto básico ou como texto de referência em disciplinas introdutórias de Análise Real, tanto em cursos de licenciatura como em cursos de bacharelado em Matemática e, também, em cursos de nivelamento para ingresso em programas de pós-graduação em Matemática de diversas universidades brasileiras. Esgotada a primeira edição e estimulados pelo sucesso alcançado por ela, decidimos trabalhar para uma segunda edição revisada e ampliada.

Somos gratos a todos os colegas professores de Matemática que decidiram adotar ou recomendar o livro, não somente por tal atitude mas, principalmente, pelas mensagens de estímulo a uma segunda edição e pelas várias sugestões a nós remetidas, tendo sido acolhidas e incorporadas nessa segunda edição todas aquelas que, na nossa opinião, contribuíram para o aperfeiçoamento na apresentação dos assuntos, dentro da proposta do livro, conforme destacada no prefácio da primeira edição.

Nessa segunda edição buscamos aperfeiçoar a apresentação dos conteúdos, fizemos as correções de alguns erros da primeira e procuramos utilizar o novo acordo ortográfico da língua portuguesa, em vigor completamente no Brasil a partir de 2012. Além disso, acrescentamos um capítulo final contendo soluções e sugestões de resolução para alguns exercícios que exigem um tratamento um pouco mais elaborado. Nesse particular, desejamos verdadeiramente expressar nossos sinceros agradecimentos a Diego Germano e Aldo Trajano, o primeiro nosso ex-aluno do Curso de Licenciatura em Matemática da UEPB e o segundo um dileto amigo e colega do Departamento de Matemática da UEPB, pela leitura criteriosa da primeira edição do livro, acompanhada de várias excelentes sugestões de aperfeiçoamento do texto dessa segunda edição, além do esforço na seleção, resolução e elaboração das sugestões dos exercícios que, gentilmente, nos encaminharam para inclusão no capítulo final.

Desejamos ainda agradecer penhoradamente à Editora Universitária da Universidade Estadual da Paraíba, pelo execelente trabalho de divulgação e comercialização da primeira edição do livro e, do mesmo modo, agradecer à Editora Ciência Moderna Ltda, Rio de Janeiro, pela disposição de promover essa segunda edição. Esperamos continuar dando a nossa contribuição para a melhoria da qualidade na preparação de novos matemáticos, em particular, de novos professores de Matemática, público prioritário do livro e, com a certeza de que não se trata ainda de uma obra completa e acabada, continuamos aguardando as críticas e sugestões.

João Pessoa-PB, março de 2024

Os Autores

Sumário

Capítulo 1

Sistemas de Números

A Análise Real trabalha conceitos que, de um jeito ou de outro, conforme o próprio nome indica, estão relacionados com números reais. Sendo assim, entendemos ser importante fazer uma apresentação desse sistema numérico, bem como comentar suas principais propriedades. Esse é o principal objetivo desse capítulo. Adiantamos, contudo, que não será feita uma construção detalhada do sistema dos números reais, tarefa esta mais pertinente a um curso de Fundamentos da Matemática, e nos limitaremos a apresentar brevemente um dos métodos, dentre os vários conhecidos na literatura matemática, de construção dos números reais a partir do sistema mais primitivo dos números naturais. Antes, porém, a fim de facilitar a comunicação com o leitor, entendemos ser conveniente dedicar uma secção do texto para apresentar a notação e a terminologia mínimas necessárias para tratar conjuntos e funções.

1.1 Conjuntos e Funções

Se A é um conjunto, a notação $x \in A$ (lê-se: x pertence a A) significa que x é um elemento de A. Escrevemos $x \notin A$ (lê-se: x não pertence a A) para indicar que x não é um elemento de A.

Um conjunto B denomina-se subconjunto do conjunto A quando cada elemento de B é também elemento de A e denotamos tal fato por $B \subset A$ (lê-se: B está contido em A). Quando ocorrer de $B \subset A$ e existir $a \in A$ com $a \notin B$ dizemos que B é um subconjunto próprio de A. Diremos que dois conjuntos A e B são iguais, e escrevemos $A = B$, quando ocorre simultaneamente que $A \subset B$ e $B \subset A$.

Indicamos por $\emptyset$, e chamamos de conjunto vazio, o conjunto que não possui elementos. Temos, naturalmente, que $\emptyset \subset A$, qualquer que seja o conjunto A.

Dados os conjuntos A e B podemos formar o conjunto $A \cup B$ (lê-se: A união B) obtido juntando-se os elementos de A aos elementos de B, ou seja, o conjunto formado pelos elementos que estão em A ou em B. Em símbolos temos

$$A \cup B = \{x;\ \ x \in A \text{ ou } x \in B\}.$$

Também podemos formar o conjunto $A \cap B$ (lê-se: A intersecção B) como sendo o conjunto dos elementos que pertencem simultaneamente a A e a B. Em símbolos temos

$$A \cap B = \{x;\ \ x \in A \text{ e } x \in B\}.$$

Podemos considerar ainda a diferença entre A e B, denotada por $A - B$ (lê-se: A menos B), e formada pelos elementos que estão em A e não estão em B. Em símbolos temos

$$A - B = \{x;\ \ x \in A \text{ e } x \notin B\}.$$

Observemos que, para considerarmos a diferença entre A e B, não exigimos que B seja necessariamente subconjunto de A. No entanto, quando isso ocorre a diferença $A - B$ é chamada de complementar de B com respeito a A.

Para simplificar a escrita de alguns argumentos, utilizamos os símbolos $\forall$ (quantificador universal) e $\exists$ (quantificador existencial) para significar *para todo* e *existe*, respectivamente. Utilizaremos, ainda, a marca ■ para indicar o final da demonstração dos Lemas, Proposições, Teoremas e Corolários.

Dados dois conjuntos não vazios A e B, uma função f de A em B é uma regra ou associação que a cada $x \in A$ corresponde um único elemento $y \in B$. O conjunto A é denominado domínio e o B contradomínio da função f.

Usamos o diagrama

$$\begin{array}{rccc} f: & A & \longrightarrow & B \\ & x & \longmapsto & f(x) \end{array}$$

ou, simplesmente escrevemos $f: A \to B$ para, genericamente, representar uma função f de A em B.

Dados dois conjuntos A e B, consideramos um novo conjunto, denominado produto cartesiano de A por B e denotado por $A \times B$ (lê-se: A cartesiano B), cujos elementos são os pares ordenados (a, b), onde $a \in A$ e $b \in B$, isto é

$$A \times B = \{(a, b);\ \ a \in A \ \text{ e } \ b \in B\}.$$

Um conjunto importante associado a uma função $f : A \to B$ é o seu gráfico, denotado por $G(f)$, que é o subconjunto de $A \times B$ dado por

$$G(f) = \{(x, y) \in A \times B;\ \ y = f(x)\}.$$

Dadas uma função $f: A \to B$ e S um subconjunto de A, denominamos de imagem de S por f, e denotamos por $f(S)$, o subconjunto de B definido por

$$f(S) = \{y \in B;\ y = f(x) \ \text{ para algum } \ x \in S\}.$$

Analogamente, se C é um subconjunto de B, denominamos de imagem inversa de C por f e denotamos por $f^{-1}(C)$ o subconjunto de A definido por

$$f^{-1}(C) = \{x \in A;\ f(x) \in C\}.$$

Seja $f: A \to B$ uma função:

- Dizemos que f é injetiva quando $f(x_1) \neq f(x_2)$ sempre que $x_1 \neq x_2$, ou equivalentemente, $f(x_1) = f(x_2)$ acarreta $x_1 = x_2$.
- Dizemos que f é sobrejetiva quando para cada $y \in B$ existe $x \in A$ tal que $f(x) = y$.
- Quando f é simultaneamente injetiva e sobrejetiva dizemos que é uma bijeção.

Quando $f: A \to B$ é uma bijeção, fica bem definida a função inversa de f, denotada por f^{-1}, cujo domínio é B e contradomínio é A, como sendo a função que a cada $y \in B$ associa o único $x \in A$ tal que $f(x) = y$.

Dadas $f: A \to B$ e $g: B \to C$ definimos a função composta $g \circ f: A \to C$ por $(g \circ f)(x) = g(f(x)),\ \forall x \in A$.

Por enquanto o material até aqui exposto é suficiente para o trabalho daqui por diante e à medida que formos necessitando iremos introduzindo a linguagem adicional para trabalharmos com conjuntos e funções.

1.2 Números Naturais

A partir dessa secção vamos apresentar os sistemas de números com os quais trabalharemos nesse texto. Admitiremos a existência de um conjunto não vazio $\mathbb{N}$, chamado de Números Naturais, para o qual vale os seguintes axiomas, conhecidos como Axiomas de Peano[1,2] :

Axioma 1.1 $\mathbb{N}$ *possui um elemento, o qual é denotado por* 1.

Axioma 1.2 *Cada número natural n possui um único sucessor, o qual denotaremos, provisoriamente, por n'.*

Axioma 1.3 *O número natural* 1 *não é sucessor de nenhum outro número natural, ou seja, $n' \neq 1, \forall n \in \mathbb{N}$.*

Axioma 1.4 *Se m e n são números naturais tais que $m' = n'$, então $m = n$.*

Axioma 1.5 *Se $M \subset \mathbb{N}$ goza das propriedades*

a) $1 \in M$ *e*

[1]Giuseppe Peano (1858-1932), matemático italiano.

[2]Os Axiomas de Peano aparecem na sua obra *Princípios de Aritmética*, de 1889.

b) *$n' \in M$ sempre que $n \in M$,*

então $M = \mathbb{N}$.

A partir dos Axiomas de Peano é possível definir em $\mathbb{N}$ uma operação de adição, denotada por $+$, de tal maneira que $1'$, o sucessor de 1, é $1 + 1$, o qual é denotado por 2; o sucessor de 2 é $2 + 1$, o qual é denotado por 3 e, em geral, $n' = n + 1$. De modo que temos

$$\mathbb{N} = \{1, 2, 3, \cdots\}.$$

A partir desse ponto do texto abandonaremos a notação provisória n' para denotar o sucessor de n e escreveremos sempre $n + 1$ como o sucessor de n. Define-se também em $\mathbb{N}$, utilizando-se a operação de adição já definida e dos Axiomas de Peano, uma operação de multiplicação[3] ou produto, denotada por $\cdot$ e as duas operações definidas gozam das seguintes propriedades:

- **Associatividade:** $m + (n + p) = (m + n) + p$ e $m \cdot (n \cdot p) = (m \cdot n) \cdot p$ para quaisquer $m, n, p \in \mathbb{N}$.
- **Comutatividade:** $m + n = n + m$ e $m \cdot n = n \cdot m$ para quaisquer $m, n \in \mathbb{N}$.
- **Leis do Cancelamento:** Se $m + p = n + p$, então $m = n$ e se $m \cdot p = n \cdot p$, então $m = n$ para quaisquer $m, n, p \in \mathbb{N}$.
- **Distributividade:** $m \cdot (n + p) = m \cdot n + m \cdot p$ para quaisquer $m, n, p \in \mathbb{N}$.

Observação 1.1 *Na prática, quando não há risco de ambiguidade, omitimos a notação $\cdot$ para indicar a operação de multiplicação.*

O Axioma 1.5 é conhecido na literatura matemática como **Primeiro Princípio de Indução** e se constitui numa ferramenta muito utilizada para demonstrar afirmações sobre números naturais. O procedimento é feito da seguinte forma: suponhamos que uma determinada afirmativa $A(n)$ sobre $n \in \mathbb{N}$ cumpre as seguintes condições:

[3]Para os detalhes das operações recomendamos a leitura de [9].

a) $A(1)$ é verdadeira, isto é, a afirmativa é válida para $n = 1$.

b) $A(k)$ verdadeira $\Rightarrow A(k+1)$ verdadeira[4], isto é, admitindo a veracidade da afirmativa para um natural k arbitrário, é possível demonstrar a veracidade da mesma para $k + 1$.

Nessas condições $A(n)$ é verdadeira para todo $n \in \mathbb{N}$.

Exemplo 1.1 *Considere a seguinte afirmativa: "A soma dos n primeiros números pares é igual ao produto de n pelo seu sucessor". Em símbolos temos, para* $n \in \mathbb{N}$

$$2 + 4 + 6 + \cdots + 2n = n(n+1). \tag{1.1}$$

Vamos mostrar que a fórmula (1.1) *é válida para todo* $n \in \mathbb{N}$ *usando o primeiro princípio de indução. Se* $n = 1$ *temos que*

$$2 = 1(1+1)$$

ou seja, a fórmula vale para $n = 1$. *Admitindo agora a veracidade da fórmula para um* k *arbitrário de* $\mathbb{N}$, *tentemos demonstrar a veracidade da mesma para* $k+1$. *Temos, então, que*

$$2 + 4 + 6 + \cdots + 2k + 2(k+1) = k(k+1) + 2(k+1) =$$

$$(k+2)(k+1) = (k+1)[(k+1)+1],$$

de modo que a afirmativa vale para $k+1$. *Pelo primeiro princípio de indução, segue que a afirmativa* (1.1) *é verdadeira para todo* $n \in \mathbb{N}$.

No conjunto $\mathbb{N}$ está definida a relação " $<$ " do seguinte modo: dados $m, n \in \mathbb{N}$ dizemos que m é menor que n, e escrevemos $m < n$, quando existe $k \in \mathbb{N}$ tal que $m + k = n$. Quando $m < n$ dizemos também que n é maior que m e escrevemos $n > m$. As principais propriedades da relação " $<$ " são:

- **Tricotomia:** Para cada par de números naturais m e n, uma, e somente uma, das sentenças abaixo é verdadeira:

$$i)\ m = n \quad \text{ou} \quad ii)\ n < m \quad \text{ou} \quad iii)\ m < n.$$

[4] O símbolo $\Rightarrow$ significa *implica*.

- **Monotonicidade:** Se $m, n \in \mathbb{N}$ e $m < n$, então, para todo $k \in \mathbb{N}$,

$$i)\ m + k < n + k \quad \text{e} \quad ii)\ km < kn.$$

As demonstrações das propriedades acima decorrem do primeiro princípio de indução e podem ser encontradas em [9].

Escrevemos $m \leq n$ (lê-se: m é menor ou igual a n) para indicar que $m < n$ ou $m = n$. Escrevemos também $n \geq m$ (lê-se: n é maior ou igual a m) quando $m \leq n$.

A relação " $\leq$ " goza das seguintes propriedades:

- **Reflexividade:** $\forall\ x \in \mathbb{N},\ \ x \leq x$.
- **Transitividade:** Para x, y e $z \in \mathbb{N}$, se $x \leq y$ e $y \leq z$ então $x \leq z$.
- **Antissimetria:** Para $x, y \in \mathbb{N}$ se $x \leq y$ e $y \leq x$ então $x = y$.

Observação 1.2 *Uma relação entre elementos de um conjunto não vazio A que goza das propriedades acima é chamada de relação de ordem.*

1.3 Números Inteiros

O sistema dos números naturais apresenta uma deficiência óbvia, qual seja, a de que a equação $m + x = n$ nem sempre admite uma solução para m e n dados arbitrariamente em $\mathbb{N}$. Por exemplo, $5 + x = 7$ admite a solução $x = 2$, enquanto que $5 + x = 2$ não admite solução em $\mathbb{N}$. Essa dificuldade é superada construindo-se[5] o conjunto dos Números Inteiros $\mathbb{Z}$, contendo $\mathbb{N}$ como um subconjunto próprio, e no qual estão definidas operações de adição e multiplicação que generalizam as operações correspondentes de $\mathbb{N}$. Além do mais:

a) $\mathbb{Z}$ possui um elemento chamado zero, e denotado por 0, que é neutro em relação à adição, isto é $m + 0 = m,\ \ \forall\ m \in \mathbb{Z}$.

[5]Não faremos a construção, vide referência [9].

b) O elemento $1 \in \mathbb{N} \subset \mathbb{Z}$ é neutro em relação à multiplicação, ou seja $1m = m, \ \forall\, m \in \mathbb{Z}$.

c) Em $\mathbb{Z}$ a equação $m + x = n$ admite solução única, quaisquer que sejam $m, n \in \mathbb{Z}$.

A relação de ordem de $\mathbb{N}$ se estende para $\mathbb{Z}$, de modo que $\mathbb{Z}$ fica sendo formado pelos inteiros maiores que zero, chamados de inteiros positivos, o próprio zero e os inteiros menores que zero, que são os inteiros negativos. Assim, podemos escrever a lista usual dos números inteiros

$$\cdots, -3,\ -2,\ -1,\ 0,\ 1,\ 2,\ 3,\ \cdots$$

e a sua representação como pontos de uma reta horizontal separados por uma distância fixa entre pontos consecutivos, de tal modo que "$a < b$" indica que a está à esquerda de b.

1.4 Números Racionais

O sistema dos números inteiros apresenta, por sua vez, a deficiência de que nem sempre uma equação algébrica do tipo $mx = n$ pode ser resolvida em $\mathbb{Z}$. Por exemplo, a equação $4x = 8$ admite a solução $x = 2$ enquanto que a equação $6x = 7$ não tem solução em $\mathbb{Z}$. Essa deficiência é superada construindo-se o conjunto dos números racionais $\mathbb{Q}$, isto é:

$$\mathbb{Q} = \left\{ \frac{p}{q};\ \ p, q \in \mathbb{Z} \ \text{ e } \ q \neq 0 \right\}.$$

Os elementos de $\mathbb{Q}$ são também chamados de frações.

Em $\mathbb{Q}$ definimos a **Igualdade** a **Adição** e a **Multiplicação** do seguinte modo:

Igualdade: $\dfrac{p}{q} = \dfrac{m}{n} \quad \Leftrightarrow \quad pn = qm, \quad q \neq 0 \ \text{ e } \ n \neq 0.$

Adição: $\dfrac{p}{q} + \dfrac{m}{n} = \dfrac{np + mq}{qn}, \quad q \neq 0 \ \text{ e } \ n \neq 0.$

Multiplicação: $\dfrac{p}{q} \cdot \dfrac{m}{n} = \dfrac{pm}{qn}, \quad q \neq 0 \ \text{ e } \ n \neq 0.$

Uma fração do tipo $\frac{p}{1}$ é identificada com o inteiro p. Com essa identificação temos que $\mathbb{Q}$ contém $\mathbb{Z}$ como um subconjunto próprio.

As operações de adição e de multiplicação definidas em $\mathbb{Q}$ generalizam as correspondentes operações de $\mathbb{Z}$ e, além de gozarem das propriedades associativa, comutativa, existência dos elementos neutros (o 0 da adição e o 1 da multiplicação), a existência dos simétricos aditivos e a distributividade, a multiplicação goza também da propriedade da existência dos inversos multiplicativos. Dizemos, então, que $\mathbb{Q}$, munido das operações de adição e multiplicação e gozando das propriedades acima descritas, constitui um corpo.

Diferentemente do que ocorre em $\mathbb{Z}$, o corpo $\mathbb{Q}$ é um sistema numérico no qual resolve-se qualquer equação do tipo $ax = b$, com a e b em $\mathbb{Q}$, e $a \neq 0$. No entanto, o sistema dos números racionais apresenta ainda a deficiência de que determinadas equações algébricas, como por exemplo $x^2 = 2$, não admite solução em $\mathbb{Q}$. De fato, se existissem números inteiros p e q tais que $\frac{p^2}{q^2} = 2$ com p e q primos entre si, então $p^2 = 2q^2$. Assim, p^2 seria um inteiro par e, portanto, p também seria par (o quadrado de um inteiro é par se, e somente se, o inteiro é par). Teríamos, então, que $p = 2m$, para algum inteiro m. Nesse caso $4m^2 = 2q^2$, donde $q^2 = 2m^2$, logo q^2 seria par e, consequentemente, q também seria par, o que contradiria a hipótese de que p e q são primos entre si. Outros exemplos de equações algébricas que não admitem soluções em $\mathbb{Q}$ são apresentadas nos exercícios desse capítulo. Essa deficiência apresentada pelos racionais é séria. Uma consequência dessa dificuldade, por exemplo, é que, para uma figura plana quadrada com lados de medida igual a 1, não existe número racional que represente a medida da sua diagonal, pois, se a fosse um tal número então, pelo famoso Teorema de Pitágoras[6], deveríamos ter que $a^2 = 1^2 + 1^2 = 2$. No entanto, como acabamos de ver, não existe em $\mathbb{Q}$ um número cujo quadrado seja igual a 2. Este fato foi, provavelmente, constatado pelos pitagóricos no período de 450 a 400 a. C. quando observaram que a diagonal de um quadrado e o seu lado são grandezas incomensuráveis. Convidamos o estudante a ler a referência [2] onde há uma didática exposição sobre o assunto. Com base no exposto nesse parágrado, vemos a real necessidade de dispormos de um sistema numérico mais amplo que o dos racionais.

Passamos agora a desenvolver algumas etapas que embasam o processo teórico de

[6]Pitágoras de Samos (570-495 a. C.), filósofo e matemático grego.

ampliação do corpo dos números racionais para um corpo no qual podemos resolver a questão observada no parágrafo anterior.

No corpo $\mathbb{Q}$ dizemos que uma fração $\frac{p}{q}$ é positiva se $pq \in \mathbb{N}$. Isso, na verdade, significa dizer que p e q ou são ambos inteiros positivos ou ambos inteiros negativos. Denotamos por $\mathbb{Q}_+$ o subconjunto das frações positivas de $\mathbb{Q}$.

É simples verificar (faça-o como exercício) que o subconjunto $\mathbb{Q}_+$ goza das seguintes propriedades:

i) $\mathbb{Q}_+$ é fechado com respeito às operações de $\mathbb{Q}$, isto é, se $x, y \in \mathbb{Q}_+$, então $x + y$ e xy pertencem a $\mathbb{Q}_+$.

ii) Dado $x \in \mathbb{Q}$, uma, e somente uma, das alternativas a seguir é verdadeira: ou $x = 0$, ou $x \in \mathbb{Q}_+$ ou $-x \in \mathbb{Q}_+$.

Dados dois racionais x e y, dizemos que x é menor que y e escrevemos $x < y$ (ou que y é maior que x e escrevemos $y > x$) se $y - x \in \mathbb{Q}_+$.

A relação " $<$ " definida em $\mathbb{Q}$ generaliza a relação " $<$ " de $\mathbb{Z}$ (que, por sua vez, é uma generalização da relação " $<$ " definida em $\mathbb{N}$), daí porquê utilizamos a mesma notação para todas elas. Observe que em $\mathbb{Q}$ o subconjunto $\mathbb{Q}_+$ dos racionais positivos é exatamente o conjunto dos racionais x de $\mathbb{Q}$ tais que $x > 0$.

As principais propriedades da relação " $<$ " de $\mathbb{Q}$ são:

a) Dados x e y em $\mathbb{Q}$, uma, e somente uma, das alternativas é verdadeira: ou $x < y$, ou $x = y$ ou $y < x$.

b) Dados x, y e z em $\mathbb{Q}$, se $x < y$ e $y < z$ então $x < z$.

c) Se $x < y$ então $x + z < y + z, \ \forall \ z \in \mathbb{Q}$.

d) Se $x < y$ e $z > 0$ então $zx < zy$.

e) Se $0 < x < y$ então $\dfrac{1}{y} < \dfrac{1}{x}$.

Convidamos o estudante a demonstrar, como um exercício, cada uma das propriedades acima.

Analogamente ao que fizemos em $\mathbb{Z}$, escrevemos $x \leq y$ para indicar que $x < y$ ou $x = y$. Quando $x \leq y$ escrevemos também $y \geq x$. A relação " $\leq$ " goza das propriedades Reflexiva, Transitiva e Antissimétrica, portanto é uma relação de ordem em $\mathbb{Q}$.

O conjunto $\mathbb{Q}$, munido das operações de adição e multiplicação e da relação de ordem, constitui uma estrutura algébrica que chamamos de corpo ordenado.

Duas propriedades importantes de $\mathbb{Q}$ são estabelecidas nas proposições a seguir.

Proposição 1.1 *Se x e y são números racionais tais que $x < y$, então existe um número racional z tal que $x < z < y$.*

Prova: Sendo $x < y$, então $2x = x + x < x + y < y + y = 2y$. Assim, $2x < x + y < 2y$ e multiplicando por $\frac{1}{2}$ obtemos $x < \frac{x+y}{2} < y$. Tomemos $z = \frac{x+y}{2}$ e temos o resultado. ■

Proposição 1.2 *Se x e y são dois números racionais positivos, existe um inteiro positivo m tal que $mx > y$.*

Prova: Sendo x e y racionais então $x = \dfrac{p}{q}$ e $y = \dfrac{r}{s}$, com p, q, r e s inteiros, os quais podemos supor que são todos maiores ou iguais a 1 pois x e y são positivos. Assim, $ps \geq 1$ e, portanto, $2ps \geq 2 > 1$, o que acarreta $2qrps > qr$. Considerando o inteiro $m = 2qr$ obtemos $m\dfrac{p}{q} > \dfrac{r}{s}$, como queríamos. ■

A propriedade de $\mathbb{Q}$ estabelecida pela Proposição 1.2 é conhecida como Propriedade Arquimediana de $\mathbb{Q}$.

O corpo $\mathbb{Q}$ dos números racionais, além da deficiência algébrica anteriormente explicitada, apresenta uma outra falha, a qual apresentaremos a seguir, após a introdução de alguns conceitos necessários.

Definição 1.1 *Um subconjunto S de $\mathbb{Q}$ denomina-se limitado superiormente quando existe $t \in \mathbb{Q}$ tal que $x \leq t$ para todo $x \in S$.*

Um número t nas condições da Definição 1.1 denomina-se cota superior para S. É claro que se t é uma cota superior para S então qualquer número maior que t também é uma cota superior para S. Analogamente, define-se subconjunto limitado inferiormente de $\mathbb{Q}$ e cota inferior.

Quando um subconjunto de $\mathbb{Q}$ é, simultaneamente, limitado inferiormente e superiormente dizemos que é limitado.

Definição 1.2 *Um número racional u denomina-se supremo de um subconjunto limitado superiormente $S \subset \mathbb{Q}$, se:*

i) *u é uma cota superior para S e*

ii) *se t é qualquer outra cota superior para S então $u \leq t$.*

Quando o supremo de $S \subset \mathbb{Q}$ existe nós o denotamos por $\sup S$. É imediata a verificação de que o supremo de um subconjunto limitado superiormente de $\mathbb{Q}$, quando existe, é único. Analogamente define-se ínfimo de um subconjunto limitado inferiormente $S \subset \mathbb{Q}$ e quando tal número existe o denotamos por $\inf S$. Quando $S \subset \mathbb{Q}$ possui supremo e $\sup S \in S$, dizemos que S possui um elemento máximo. Observação análoga para ínfimo e elemento mínimo.

Uma caracterização importante para o supremo de um subconjunto limitado superiormente $S \subset \mathbb{Q}$ é apresentada na proposição a seguir.

Proposição 1.3 *Seja S um subconjunto limitado superiormente de $\mathbb{Q}$. Então $u \in \mathbb{Q}$ é o supremo de S se, e somente se:*

a) *u é cota superior de S, isto é, $x \leq u$, $\forall x \in S$;*

b) *Dado qualquer racional $r > 0$, existe $x \in S$ tal que $u - r < x$.*

Prova: Suponhamos que u é o supremo de S. Então u é uma cota superior de S, portanto goza da condição a). Raciocinando por absurdo, se existisse $r_0 > 0$ tal que $u - r_0 \geq x$, $\forall x \in S$, então $u - r_0$, que é estritamente menor que u, seria cota superior de S, o que contradiria a minimalidade de u. Portanto, para cada $r > 0$ existe $x \in S$ tal que $u - r < x$. Reciprocamente, suponhamos que u satisfaz a) e b) e seja t uma outra cota superior de S. Se fosse $t < u$ tomaríamos $r = u - t > 0$ e, por b) existiria $x \in S$ com $u - (u - t) < x$. Isto é, $t < x$, o que contradiria a hipótese de t ser cota superior de S. Portanto $u \leq t$, donde $\sup S = u$. ■

O exemplo a seguir é importante e explicita, conforme prometemos exibir, uma outra falha dos racionais. Trata-se de um exemplo de um subconjunto de $\mathbb{Q}$ que é limitado superiormente, no entanto, não possui nem elemento máximo nem supremo.

Exemplo 1.2 *Consideremos os subconjuntos S e T de $\mathbb{Q}$ dados por*

$$S = \{x \in \mathbb{Q};\ \ x > 0 \ \ e \ \ x^2 < 2\}$$

e

$$T = \{y \in \mathbb{Q};\ \ y > 0 \ \ e \ \ y^2 > 2\}.$$

Observe que se $x \in S$ e $y \in T$, como ambos, x e y, são positivos e $x^2 < y^2$, segue que $x < y$. Em outras palavras, os elementos de T são cotas superiores para S e os elementos de S são cotas inferiores para T. Mostremos agora que o conjunto S não possui elemento máximo. De fato, se $x \in S$, sendo $x > 0$ e $x^2 < 2$ então $2 - x^2 > 0$ e $2x + 1 > 0$. Pela Propriedade Arquimediana de $\mathbb{Q}$ (Proposição 1.2) *podemos escolher $n \in \mathbb{N}$ tal que $n(2 - x^2) > 2x + 1$, donde $\frac{2x+1}{n} < 2 - x^2$. Além disso, sendo $n \geq 1$, segue que $\frac{1}{n^2} \leq \frac{1}{n}$. Assim,*

$$\left(x + \frac{1}{n}\right)^2 = x^2 + \frac{2x}{n} + \frac{1}{n^2} \leq x^2 + \frac{2x}{n} + \frac{1}{n} =$$
$$x^2 + \frac{2x+1}{n} < x^2 + 2 - x^2 = 2.$$

Portanto, $x + \frac{1}{n} \in S$. Mas, $x + \frac{1}{n} > x$ e, assim, deduzimos que S não possui elemento máximo. Por sua vez, o conjunto T não possui elemento mínimo pois, se $y \in T$ então $y > 0$ e $y^2 > 2$, logo, pela Propriedade Arquimediana de $\mathbb{Q}$, podemos escolher $m \in \mathbb{N}$ tal que $m(y^2 - 2) > 2y$ donde $-\frac{2y}{m} > 2 - y^2$. Logo

$$\left(y - \frac{1}{m}\right)^2 = y^2 - \frac{2y}{m} + \frac{1}{m^2} > y^2 - \frac{2y}{m} > y^2 + 2 - y^2 = 2.$$

Note que o fato de ser $y > 1$ *e* $m \geq 1$ *acarreta* $ym > 1$*, donde* $y - \frac{1}{m} > 0$*, ou seja,* $y - \frac{1}{m} \in T$ *e, portanto,* T *não possui elemento mínimo. Podemos finalmente concluir que* S *não possui supremo. De fato, se existisse* $u = \sup S$*, não poderia ser* $u^2 < 2$ *pois nesse caso* $u \in S$ *e, assim,* u *seria o elemento máximo de* S*, que não existe. Também não pode ser* $u^2 > 2$ *pois, nesse caso, como* $u > 0$*, teríamos* $u \in T$*. Mas,* T *não tem mínimo, e, assim, existiria* $v \in T$ *com* $v < u$*. Ora, como todos os elementos de* T *são cotas superiores para* S*, teríamos uma contradição para o fato de* u *ser o supremo de* S*. Muito bem! Se não pode ser* $u^2 < 2$ *nem* $u^2 > 2$*, só poderia ser* $u^2 = 2$*. No entanto, em* $\mathbb{Q}$ *não existe elemento algum cujo quadrado seja igual a 2. Portanto, só podemos concluir pela não existência do supremo de* S *em* $\mathbb{Q}$

1.5 Números Reais

Na secção anterior exibimos duas dificuldades apresentadas pelo corpo dos números racionais $\mathbb{Q}$, quais sejam: a não existência de um número racional cujo quadrado seja igual a 2 e um exemplo de um subconjunto limitado superiormente que não possui supremo.

Observando mais atentamente o Exemplo 1.2 vemos que os subconjuntos S e T são disjuntos, todos os elementos de S são menores que todos os elementos de T, mas não existe em $\mathbb{Q}$ um elemento "separador" dos conjuntos. Isso nos conduz à seguinte interpretação: imaginando os racionais como pontos de uma reta horizontal, como fizemos com os inteiros, mesmo sabendo que dados quaisquer dois racionais, tão próximos quanto queiramos um do outro, sempre podemos exibir um terceiro racional entre eles, ainda assim alguns pontos da reta (na realidade muitos pontos) não estão associados a números racionais. Em outras palavras, $\mathbb{Q}$ não "preenche" toda a reta.

Por todos os motivos anteriormente apresentados, torna-se necessária a ampliação do corpo dos números racionais para um corpo "maior" que venha a sanar as deficiências apresentadas por $\mathbb{Q}$. Isso é feito construindo-se o corpo dos números reais $\mathbb{R}$ a partir do corpo dos números racionais $\mathbb{Q}$. Há diversos métodos para fazer tal construção. Dois bem famosos e que podem ser encontrados na literatura listada na bibliografia recomendada nesse texto são o Método dos Cortes de Dedekind[7] e o

[7]Richard Dedekind (1831-1916), matemático alemão.

Método das Sequências de Cauchy[8]. Adiantamos, contudo, que, por quaisquer dos métodos utilizados, os corpos finalmente construídos gozarão exatamente das mesmas propriedades.

Deixamos de apresentar aqui os detalhes da construção do corpo dos números reais pelos seguintes motivos:

- Uma tal construção demanda um tempo extra, normalmente não disponível em um curso como o aqui proposto.
- Em geral, os estudantes de um curso introdutório de Análise Real não adquiriram, ainda, maturidade suficiente (do ponto de vista de conhecimentos matemáticos acumulados) para acompanharem os detalhes da construção.
- Entendemos que, nesse momento, é mais importante para o estudante conhecer as propriedades satisfeitas pelos números reais $\mathbb{R}$ do que mesmo conhecer qual seja a natureza desses números.

A partir de agora vamos aceitar o fato de que existe um corpo ordenado, contendo $\mathbb{Q}$ como um subconjunto próprio, chamado corpo dos números reais e denotado por $\mathbb{R}$, para o qual vale o seguinte Teorema.

Teorema 1.1 (Teorema de Dedekind) *Vamos supor que o corpo ordenado $\mathbb{R}$ possa ser decomposto como uma união disjunta de dois subconjuntos não vazios A e B tais que, para todo $a \in A$ e para todo $b \in B$, vale que $a < b$. Então existe um único $c \in \mathbb{R}$ satisfazendo $a \leq c$ para todo $a \in A$ e $c \leq b$ para todo $b \in B$.*

Convidamos o estudante a consultar a referência [10] onde é apresentada a construção de $\mathbb{R}$ usando cortes de Dedekind e é dada uma demonstração do Teorema de Dedekind. Recomendamos também a leitura da referência [9] onde é feita uma construção de $\mathbb{R}$, com bastante detalhes, utilizando o método das sequências de Cauchy.

No corpo $\mathbb{R}$ vale o seguinte resultado, o qual, conforme já constatamos por meio do Exemplo 1.2, não é verdadeiro em $\mathbb{Q}$.

[8] Augustin-Louis Cauchy (1789-1857), matemático francês.

Teorema 1.2 *Todo subconjunto $S \subset \mathbb{R}$, não vazio e limitado superiormente, possui supremo.*

Prova: Vamos construir dois subconjuntos A e B de $\mathbb{R}$ que estão nas condições do Teorema de Dedekind. Para tanto consideremos

$$A = \{a \in \mathbb{R};\ \ a < x \ \text{ para algum } \ x \in S\}$$

e B o subconjunto de todos os outros números reais, isto é

$$B = \{b \in \mathbb{R};\ \ b \geq x \ \text{ para todo } \ x \in S\}.$$

O subconjunto B é o conjunto das cotas superiores de S, logo é não vazio pois S é limitado superiormente. O subconjunto A é não vazio pois S é não vazio e, claramente, os subconjuntos A e B são disjuntos. Agora, dado $t \in \mathbb{R}$, ou é verdade que $t \geq x$ para todo $x \in S$, nesse caso $t \in B$, ou então existe $x \in S$ tal que $t < x$ e nesse caso $t \in A$. Portanto $\mathbb{R} = A \cup B$. Além disso, qualquer que seja $a \in A$ e qualquer que seja $b \in B$ temos que $a < b$ pois, sendo a um elemento de A significa que existe $x \in S$ com $a < x$. Por outro lado, sendo $b \in B$, necessariamente $x \leq b$, ou seja, $a < x \leq b$. Em resumo, A e B estão nas condições do Teorema de Dedekind, logo existe $m_0 \in \mathbb{R}$ tal que $a \leq m_0 \leq b$, para todo $a \in A$ e para todo $b \in B$. Desde que $m_0 \in \mathbb{R}$ então ou $m_0 \in A$ ou $m_0 \in B$ já que, como vimos, $\mathbb{R} = A \cup B$. Se fosse $m_0 \in A$ então existiria $x_0 \in S$ com $m_0 < x_0$. Tome $a_0 = \dfrac{m_0 + x_0}{2} > 0$ e temos $m_0 < a_0 < x_0$ e, portanto, $a_0 \in A$, o que seria uma contradição. Logo só pode ser $m_0 \in B$, que é o conjunto das cotas superiores de S. Como $m_0 \leq b$ para todo $b \in B$, segue que m_0 é a menor dentre todas as cotas superiores de S, isto é, $m_0 = \sup S$. ∎

Um corpo ordenado no qual vale o Teorema 1.2 é denominado corpo ordenado completo. Assim, $\mathbb{R}$ é um corpo ordenado completo para o qual temos as seguintes inclusões próprias

$$\mathbb{N} \subset \mathbb{Z} \subset \mathbb{Q} \subset \mathbb{R}.$$

Em $\mathbb{R}$ podemos agora tentar resolver aquela equação algébrica $x^2 = 2$, a qual não foi possível solucionar em $\mathbb{Q}$, isto é, pesquisar a existência em $\mathbb{R}$ de um número $r > 0$ tal que $r^2 = 2$. Pois bem, como $\mathbb{Q} \subset \mathbb{R}$, então S, o subconjunto limitado superiormente de $\mathbb{Q}$ dado no Exemplo 1.2 é, obviamente, um subconjunto limitado superiormente de $\mathbb{R}$. Logo, pelo Teorema 1.2, existe $r \in \mathbb{R}$ tal que $r = \sup S$. Mas, do mesmo modo como foi feito no Exemplo 1.2, r^2 não pode ser nem menor que 2 nem maior que 2. Portanto, terá que, necessariamente, ser igual a 2. Esse número real é denotado por $\sqrt{2}$ e é chamado de raiz quadrada (positiva) de 2. Trata-se de um número real que, conforme já vimos, não é racional.

Os números reais que não são racionais são chamados de números irracionais. Há muitos outros números irracionais, alguns bem famosos, como a razão entre o comprimento e o diâmetro de uma circunferência, denotado por π, e a base dos logaritmos neperianos, denotado por e. Mais ainda, veremos na secção 1.6 desse capítulo que, num certo sentido, em $\mathbb{R}$ há bem mais números irracionais do que racionais.

1.5.1 Valor Absoluto e Intervalos

Nesse momento é importante termos em $\mathbb{R}$ uma ferramenta que possibilite medir distância entre seus pontos, ou seja, dotar $\mathbb{R}$ de uma estrutura métrica. Nesse sentido, vamos definir o valor absoluto (ou módulo) de um número $x \in \mathbb{R}$ e vamos denotar por $|x|$, como sendo

$$|x| = \begin{cases} x, & \text{se } x \geq 0, \\ -x, & \text{se } x < 0. \end{cases}$$

Ou, equivalentemente, $|x| = \max\{x, -x\}$ ou ainda $|x| = \sqrt{x^2}$.

As principais propriedades do valor absoluto são:

i) $|x| \geq 0 \;\; \forall\, x \in \mathbb{R}$ e $|x| = 0 \Leftrightarrow x = 0$.

ii) $|xy| = |x||y|$ e $\left|\dfrac{x}{y}\right| = \dfrac{|x|}{|y|}$ se $y \neq 0$.

iii) $|x| \leq a \Leftrightarrow -a \leq x \leq a$ e $|x| \geq a \Leftrightarrow x \geq a$ ou $x \leq -a$.

iv) $|x + y| \leq |x| + |y| \;\; \forall\, x \in \mathbb{R}$ e $\forall\, y \in \mathbb{R}$.

v) $||x| - |y|| \leq |x - y| \;\; \forall\, x \in \mathbb{R}$ e $\forall y \in \mathbb{R}$.

A propriedade iv) acima é conhecida como desigualdade triangular.

Uma classe importante de subconjuntos de $\mathbb{R}$ é a dos intervalos, para os quais há uma notação especial que é a seguinte: dados a e $b \in \mathbb{R}$ com $a < b$

$$[a,\ b] = \{x \in \mathbb{R};\ a \leq x \leq b\}, \quad (a,\ b] = \{x \in \mathbb{R};\ a < x \leq b\},$$

$$[a,\ b) = \{x \in \mathbb{R};\ a \leq x < b\}, \quad (a,\ b) = \{x \in \mathbb{R};\ a < x < b\},$$

$$[b,\ +\infty) = \{x \in \mathbb{R};\ b \leq x\}, \quad (b,\ +\infty) = \{x \in \mathbb{R};\ b < x\},$$

$$(-\infty\ , a] = \{x \in \mathbb{R};\ x \leq a\} \quad \text{e } (-\infty\ , a) = \{x \in \mathbb{R};\ x < a\}.$$

O próprio corpo dos reais $\mathbb{R}$ é considerado um intervalo e escrevemos $\mathbb{R} = (-\infty,\ +\infty)$.

Os intervalos do tipo $(a,\ b)$, $(-\infty,\ a)$, $(b,\ +\infty)$ e $(-\infty,\ +\infty)$ são chamados de intervalos abertos e os do tipo $[a,\ b]$, $(-\infty,\ a]$ e $[b,\ +\infty)$ são chamados de intervalos fechados.

1.5.2 Propriedade Arquimediana de $\mathbb{R}$

O corpo dos reais goza da Propriedade Arquimediana, conforme vemos na proposição a seguir.

Proposição 1.4 *Dados $a, b \in \mathbb{R}$ com $a > 0$, existe $n \in \mathbb{N}$ tal que $na > b$.*

Prova: Raciocinemos por contradição e consideremos o subconjunto S de $\mathbb{R}$ dado por

$$S = \{ma;\ \ m \in \mathbb{N}\}.$$

Negar a existência de $n \in \mathbb{N}$ tal que $na > b$ significa dizer que $ma \leq b$ para todo $m \in \mathbb{N}$. Ou seja, S seria limitado superiormente. Pelo Teorema 1.2 existe $u = \sup S$. Como $a > 0$, pelo item $b)$ da Proposição 1.3 existe $m_0 \in \mathbb{N}$ tal que $u - a < m_0 a$, donde $u < (m_0 + 1)a$. Ora, como $m_0 + 1 \in \mathbb{N}$ então o número $(m_0 + 1)a \in S$, por definição de

S, o que é uma contradição uma vez que u é o supremo de S. Logo existe sim $n \in \mathbb{N}$ tal que $na > b$. ■

Uma propriedade importante de $\mathbb{R}$ é estabelecidada pela próxima proposição.

Proposição 1.5 *Sejam a e b números reais com $a < b$. Então existe $r \in \mathbb{Q}$ tal que $a < r < b$.*

Prova: Vamos separar a demonstração em 3 casos:

[**Caso 1.** $0 < a < b$] - Pela Proposição 1.4 (Propriedade Arquimediana) existe $k \in \mathbb{N}$ tal que $k(b - a) > 1$, de modo que temos, $\frac{1}{k} + a < b$. Seja $A = \{m \in \mathbb{N};\ m > ka\}$. Novamente pela Proposição 1.4 segue que $A \neq \emptyset$. Usando o Princípio da Boa Ordenação[9] de $\mathbb{N}$ temos que o conjunto A possui um menor elemento, digamos n_0. Então

$$\frac{n_0}{k} > a \quad \text{e} \quad \frac{n_0 - 1}{k} \leq a.$$

Portanto,

$$a < \frac{n_0}{k} \leq \frac{1}{k} + a < b.$$

Assim $r = \frac{n_0}{k} \in \mathbb{Q}$ e $a < r < b$.

[**Caso 2.** $a \leq 0 < b$] - Outra vez pela Proposição 1.4 existe $k \in \mathbb{N}$ tal que $kb > 1$. Nesse caso $0 < r = \frac{1}{k} < b$ e, portanto, $a < r < b$.

[**Caso 3.** $a < b \leq 0$] - Nesse caso temos $0 \leq -b < -a$ que se enquadra nos casos anteriores, logo existe $r \in \mathbb{Q}$ tal que $-b < r < -a$ ou seja, $a < -r < b$. ■

Corolário 1.1 *Sejam a e b números reais com $a < b$. Então existe $t \in \mathbb{R} - \mathbb{Q}$ tal que $a < t < b$.*

[9] O Princípio da Boa Ordenação afirma que todo subconjunto não vazio de $\mathbb{N}$ possui um menor elemento.

Prova: Sendo $a < b$ então $\frac{a}{\sqrt{2}} < \frac{b}{\sqrt{2}}$. Portanto, existe um racional r tal que $\frac{a}{\sqrt{2}} < r < \frac{b}{\sqrt{2}}$. Assim $t = r\sqrt{2} \in \mathbb{R} - \mathbb{Q}$ é tal que $a < t < b$, como queríamos. ∎

Definição 1.3 *Seja $D \subset \mathbb{R}$. Dizemos que D é denso em $\mathbb{R}$ se para todo intervalo aberto (a, b) de $\mathbb{R}$ temos $D \cap (a, b) \neq \emptyset$.*

A Proposição 1.5 junto com o Corolário 1.1, afirmam exatamente que o conjunto $\mathbb{Q}$ dos números racionais e o conjunto $\mathbb{R} - \mathbb{Q}$ dos números irracionais são ambos densos em $\mathbb{R}$.

O fato de $\mathbb{Q}$ ser denso em $\mathbb{R}$ e também, conforme veremos na próxima secção, ser um conjunto enumerável, conferem a $\mathbb{R}$ uma "estrutura topológica" importante chamada de Espaço Topológico Separável.

1.6 Conjuntos Contáveis

Definição 1.4 *Dizemos que um conjunto A é equipotente a um conjunto B, ou que A e B têm a mesma cardinalidade, e escrevemos $A \simeq B$, quando existe uma bijeção f de A em B.*

Sabemos que inversas de bijeções são bijeções, portanto, se $A \simeq B$ segue que $B \simeq A$. Sabemos também que compostas de bijeções são bijeções, logo se $A \simeq B$ e $B \simeq C$ então $A \simeq C$. Além disso, é óbvio que qualquer que seja o conjunto A temos sempre $A \simeq A$. Portanto a propriedade "ser equipotente a" estabelece uma relação de equivalência na classe dos conjuntos.

Um conjunto A é dito finito quando ou é vazio ou quando existe $n \in \mathbb{N}$ tal que A é equipotente a $\{1, 2, \ldots, n\}$. É claro que se A é equipotente a $\{1, 2, \ldots, n\}$ e a $\{1, 2, \ldots, m\}$ então $n = m$. Dizemos, assim, que n é o número de elementos de A, ou que a cardinalidade de A é n, e escrevemos $\#A = n$. Portanto, dois conjuntos finitos são equipotentes se, e somente se, têm o mesmo número de elementos. Um conjunto que não é finito é dito infinito.

Um conjunto infinito A é dito enumerável se $A \simeq \mathbb{N}$. Em outras palavras, os elementos de A podem ser arranjados, ou listados, como os termos de uma sequência[10]. Nesse caso dizemos que A tem cardinalidade $\aleph_0$ (lê-se: alefe zero).

Os conjuntos finitos e os enumeráveis são classificados genericamente como conjuntos contáveis.

Exemplo 1.3 *O conjunto dos números racionais contidos no intervalo* $[0,\ 1]$, *isto é,* $\mathbb{Q} \cap [0,\ 1]$, *é enumerável. De fato, se agruparmos esses números utilizando seus denominadores comuns temos a sequência:*

$$\left(0\,,\ 1\,,\ \frac{1}{2}\,,\ \frac{1}{3}\,,\ \frac{2}{3}\,,\ \frac{1}{4}\,,\ \frac{3}{4}\,,\ \frac{1}{5}\,,\ \frac{2}{5}\,,\ \frac{3}{5}\,,\ \frac{4}{5}\,,\ldots\right)$$

Proposição 1.6 *Se* $f : A \to B$ *é injetiva e* B *é contável então* A *é contável.*

Prova: Se A for finito, nada temos a demonstrar. Se A for infinito, como $f : A \to f(A)$ é uma bijeção, segue que $A \simeq f(A)$, onde $f(A)$ denota a imagem de A por f. Portanto $f(A)$ é infinito e como $f(A) \subset B$, com mais razão, B também é infinito. Como, por hipótese, B é contável, segue que é enumerável. Logo existe uma bijeção $g : \mathbb{N} \to B$. Denotemos por $b_n = g(n)$, para $n \in \mathbb{N}$. Assim $B = \{b_1, b_2, b_3, \ldots\}$. Seja k_1 o primeiro número natural tal que $b_{k_1} \in f(A)$. Chamemos de k_2 o primeiro número natural maior do que k_1 tal que $b_{k_2} \in f(A)$. Tomemos, em seguida, o primeiro número natural k_3 maior que k_2 tal que $b_{k_3} \in f(A)$. Continuando com esse processo obtemos que

$$f(A) = \{b_{k_1}, b_{k_2}, b_{k_3}, \ldots\}.$$

Definamos, agora, $h : f(A) \to \mathbb{N}$ pondo $h(b_{k_j}) = j$, $\ j = 1, 2, 3, \ldots$. É claro que h é uma bijeção. Como $f : A \to f(A)$ é uma bijeção, segue que $h \circ f : A \to \mathbb{N}$ é uma bijeção, donde $A \simeq \mathbb{N}$, ou seja, A é enumerável. ■

Corolário 1.2 *Todo subconjunto de um conjunto contável é contável.*

Prova: Seja B contável e $S \subset B$. Considere $i_S : S \to B$ a inclusão de S em B dada por $i_S(x) = x$. Claramente i_S é injetiva. ■

[10]Uma sequência é uma função cujo domínio é $\mathbb{N}$. Veja mais detalhes no Capítulo 2.

Exemplo 1.4 *Vimos no* Exemplo 1.3 *que* $\mathbb{Q} \cap [0,\ 1]$ *é enumerável. Usando adequadamente a Proposição 1.6 podemos mostrar que os conjuntos*

$$A_j = \begin{cases} \mathbb{Q} \cap \left[\frac{j+1}{2} - 1,\ \frac{j+1}{2}\right], & se\ \ j\ \ é\ ímpar, \\ \mathbb{Q} \cap \left[-\frac{j}{2},\ 1 - \frac{j}{2}\right], & se\ \ j\ \ é\ par \end{cases}$$

são todos enumeráveis. Observe ainda que $A_1 = \mathbb{Q} \cap [0,1]$, $A_2 = \mathbb{Q} \cap [-1,0]$, $A_3 = \mathbb{Q} \cap [1,2]$, $A_4 = \mathbb{Q} \cap [-2,-1]$ *e assim por diante.*

Proposição 1.7 *A união enumerável de conjuntos enumeráveis é enumerável.*

Prova: Sejam $A_1, A_2, A_3, \ldots A_n, \ldots$ conjuntos enumeráveis e considere $A = \bigcup_{i=1}^{\infty} A_i$. Sendo cada A_i enumerável então podemos escrever

$$\begin{aligned}
A_1 &= \{a_{11},\ a_{12},\ a_{13},\ a_{14},\ a_{15},\ \ldots, a_{1n}, \ldots\} \\
A_2 &= \{a_{21},\ a_{22},\ a_{23},\ a_{24},\ a_{25},\ \ldots, a_{2n}, \ldots\} \\
A_3 &= \{a_{31},\ a_{32},\ a_{33},\ a_{34},\ a_{35},\ \ldots, a_{3n}, \ldots\} \\
A_4 &= \{a_{41},\ a_{42},\ a_{43},\ a_{44},\ a_{45},\ \ldots, a_{4n}, \ldots\} \\
&\vdots \qquad\qquad\qquad \vdots \\
A_n &= \{a_{n1},\ a_{n2},\ a_{n3},\ a_{n4},\ a_{n5}, \ldots, a_{nn}, \ldots\} \\
&\vdots \qquad\qquad\qquad \vdots
\end{aligned}$$

Consideremos o esquema gráfico a seguir exibido:

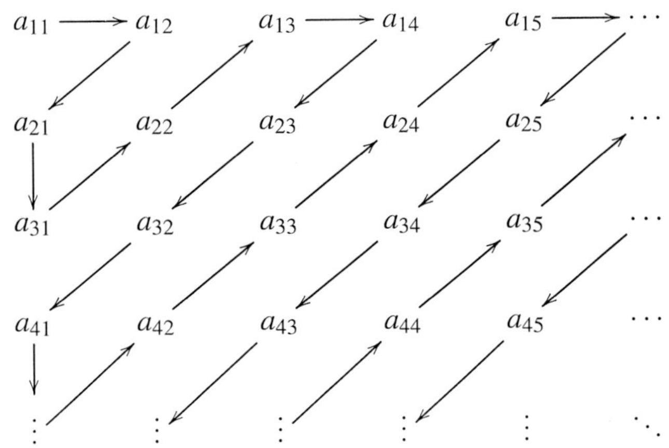

Seguindo a indicação das setas concluímos que os termos da sequência

$$(a_{11},\ a_{12},\ a_{21},\ a_{31},\ a_{22},\ a_{13},\ a_{14},\ a_{23},\ a_{32},\ a_{41},\ \ldots)$$

enumera todos os elementos de A. Logo, A é enumerável. ■

Teorema 1.3 *O conjunto $\mathbb{Q}$ dos números racionais é enumerável.*

Prova: Para demonstrar esse teorema é suficiente considerar a coleção de conjuntos

$$A_1 = \mathbb{Q} \cap [0,\ 1],\ A_2 = \mathbb{Q} \cap [-1,\ 0],\ A_3 = \mathbb{Q} \cap [1,\ 2], \ldots$$

do Exemplo 1.4, a qual é uma coleção enumerável de conjuntos enumeráveis. Observando agora que o conjunto $\mathbb{Q}$ pode ser escrito como $\mathbb{Q} = \bigcup_{i=1}^{\infty} A_i$ segue que é enumerável. ■

A primeira grande diferença até agora observada entre $\mathbb{Q}$ e $\mathbb{R}$ é que $\mathbb{R}$ é um corpo completo e $\mathbb{Q}$ não é. Vamos agora mostrar outra diferença significativa entre $\mathbb{Q}$ e $\mathbb{R}$. Qual seja, a de que $\mathbb{R}$ não é enumerável. Esse é o conteúdo do teorema a seguir.

Teorema 1.4 *O conjunto dos números reais $\mathbb{R}$ não é enumerável.*

Prova: Vamos mostrar que o intervalo aberto $(0,\ 1)$ não é enumerável usando um processo construtivo chamado de Processo Diagonal de Cantor[11]. Raciocinemos por contradição. Suponhamos que existe uma enumeração de $(0,\ 1)$, ou seja

$$(0,\ 1) = \{x_1, x_2, x_3, \dots, x_n, \dots\}.$$

Usando a expansão decimal[12] de cada x_n temos

$$\begin{array}{rcl} x_1 &=& 0, a_{11}a_{12}a_{13}\dots a_{1m}\dots \\ x_2 &=& 0, a_{21}a_{22}a_{23}\dots a_{2m}\dots \\ x_3 &=& 0, a_{31}a_{32}a_{33}\dots a_{3m}\dots \\ x_4 &=& 0, a_{41}a_{42}a_{43}\dots a_{4m}\dots \\ \vdots && \vdots \\ x_n &=& 0, a_{n1}a_{n2}a_{n3}\dots a_{nm}\dots \\ \vdots && \vdots \end{array} \tag{1.2}$$

onde os a_{ij} são algarismos de 0 a 9. Vamos exibir um elemento de $(0,\ 1)$ que não se encontra na lista acima. Façamos o seguinte: para cada $n \in \mathbb{N}$, escolhamos b_n tal que $b_n = 1$ se $a_{nn} \neq 1$ e $b_n = 2$ se $a_{nn} = 1$. Tomemos agora o número $x \in (0,\ 1)$ cuja expansão decimal é $x = 0, b_1b_2b_3\dots$ O número x não se encontra na lista (1.2) pois, por construção, difere de cada x_n exatamente no n–ésimo termo de sua representação decimal. Assim, não existe enumeração de $(0,\ 1)$. Segue que $\mathbb{R}$ não é enumerável pois, do contrário, todos os seus subconjuntos seriam enumeráveis, o que não é verdade para $(0,\ 1)$, conforme acabamos de ver. ■

O conjunto dos números irracionais, $\mathbb{R} - \mathbb{Q}$, é não enumerável, pois se não fosse assim teríamos que $\mathbb{R}$ seria enumerável uma vez que $\mathbb{R} = \mathbb{Q} \cup (\mathbb{R} - \mathbb{Q})$ estaria sendo representado pela união de dois conjuntos enumeráveis.

[11]Georg Cantor (1845-1918), matemático alemão.

[12]Para detalhes sobre expansão decimal ver [1].

1.7 Exercícios do Capítulo 1

1.1- Demonstre as propriedades abaixo sobre números reais:

a) Se $x \in \mathbb{Q}$ e $y \in \mathbb{R} - \mathbb{Q}$ então $x + y \in \mathbb{R} - \mathbb{Q}$.

b) Se $x \in \mathbb{Q}$, $y \in \mathbb{R} - \mathbb{Q}$ e $x \neq 0$ então $xy \in \mathbb{R} - \mathbb{Q}$.

c) Se $x \in \mathbb{R}$, $x \neq 0$ e $xy = 0$ então y=0.

d) Se $x \geq 0$ e $y \geq 0$ então $\sqrt{xy} \leq \frac{x+y}{2}$.

e) $|a - b| \leq |a| + |b|, \ \forall \ a, b \in \mathbb{R}$.

f) $\big||a| - |b|\big| \leq |a - b|, \ \forall \ a, b \in \mathbb{R}$.

g) $|a + b| \geq |a| - |b|, \ \forall \ a, b \in \mathbb{R}$.

h) $\dfrac{|a + b|}{1 + |a + b|} \leq \dfrac{|a|}{1 + |a|} + \dfrac{|b|}{1 + |b|}, \quad \forall \ a, b \in \mathbb{R}$.

1.2- Mostre que:

a) $\dfrac{1}{2}\{a + b + |a - b|\} = \max\{a, b\}$.

b) $\dfrac{1}{2}\{a + b - |a - b|\} = \min\{a, b\}$.

1.3- Mostre que se $a_1, \ a_2, \ \ldots, a_n \in \mathbb{R}$ então

$$|a_1 + a_2 + \cdots + a_n| \leq |a_1| + |a_2| + \cdots + |a_n|.$$

1.4- Demonstre a desigualdade de Bernoulli[13]

$$(1 + x)^n \geq 1 + nx, \quad \forall \, n \in \mathbb{N} \ \text{ e } \ \forall \, x \geq -1.$$

1.5- Mostre que, se $x \geq 0$, então

$$(1 + x)^n \geq 1 + nx + \frac{n(n - 1)}{2}x^2, \quad \forall \, n \in \mathbb{N}.$$

1.6- Mostre que dado $\varepsilon > 0$ existe $N \in \mathbb{N}$ tal que $\dfrac{1}{N} < \varepsilon$.

---

[13] James Bernoulli (1654-1705), matemático suiço.

1.7- Mostre que se $S \subset \mathbb{R}$ é limitado inferiormente e $m_0 = \inf S$ então, para cada $y > m_0$, existe $x \in S$ tal que $y > x \geq m_0$.

1.8- Mostre que as equações $ax = b,\ a \neq 0$ e $a + x = b$ possuem soluções únicas em $\mathbb{R}$.

1.9- Mostre que, $\forall\, n \in \mathbb{N}$,

$$x^n - y^n = (x - y)(x^{n-1} + x^{n-2}y + \cdots + xy^{n-2} + y^{n-1}).$$

1.10- Para n e k em $\mathbb{Z}$ com $n \geq 1$ e $0 \leq k \leq n$ considere os números binomiais

$$\binom{n}{k} = \frac{n!}{k!(n-k)!} = \frac{n(n-1)(n-2)\cdots(n-k+1)}{1.2\cdots k}.$$

Demonstre a chamada Relação de Stifel[14]

$$\binom{n}{k} + \binom{n}{k+1} = \binom{n+1}{k+1}.$$

1.11- Use indução e a Relação de Stifel para mostrar que

$$(x + y)^n = \sum_{k=0}^{n} \binom{n}{k} x^{n-k} y^k \quad \forall\, x,\ y \in \mathbb{R} \text{ e } \forall\, n \in \mathbb{N}.$$

1.12- Demonstre a Desigualdade de Cauchy-Schwarz[15]: dados números reais arbitrários $x_1, x_2, \cdots x_n$ e $y_1, y_2, \cdots y_n$, então

$$\left(\sum_{i=1}^{n} x_i y_i\right)^2 \leq \left(\sum_{i=1}^{n} x_i^2\right)\left(\sum_{i=1}^{n} y_i^2\right).$$

1.13- Mostre que para cada $a > 0$ existe um único $x > 0$ tal que $x^2 = a$.

1.14- Mostre que os números reais a seguir são todos irracionais:

a) $\log_{10} 5$, b) $\sqrt{3}$, c) $2 + \sqrt{3}$, d) $\sqrt{2} + \sqrt{3}$.

[14]Michael Stifel (1486-1567), matemático alemão.

[15]Hermann Amandus Schwarz (1843-1920), matemático alemão.

1.15- Seja $S \subset \mathbb{R}$ não vazio e limitado inferiormente. Mostre que $m = \inf S$ se, e somente se, satisfaz às seguintes condições

a) m é cota inferior de S e

b) $\forall \varepsilon > 0\ \exists\, x \in S$ tal que $x < m + \varepsilon$.

1.16- Mostre que todo subconjunto não vazio e limitado inferiormente $S \subset \mathbb{R}$ possui ínfimo.

1.17- Dados $x,\ y \in \mathbb{R}$ defina a distância de x a y por $d(x, y) = |x - y|$. Mostre que d goza das propriedades

a) $d(x, y) \geq 0,\ \forall\, x,\ y \in \mathbb{R}$ e $d(x, y) = 0 \Leftrightarrow x = y$.

b) $d(x, y) = d(y, x),\ \forall\, x,\ y \in \mathbb{R}$.

c) $d(x, y) \leq d(x, z) + d(y, z),\ \forall\, x,\ y,\ z \in \mathbb{R}$.

1.18- Seja $A = \left\{\frac{1}{n};\ n \in \mathbb{N}\right\}$. Mostre que $\inf A = 0$.

1.19- Mostre que se p é um número primo positivo então $\sqrt{p}$ é irracional.

1.20- Mostre que se $p \neq q$ são ambos primos positivos então $\sqrt{pq}$ é irracional.

1.21- Mostre que se $0 \leq a < \frac{1}{n},\ \ \forall n \in \mathbb{N}$, então $a = 0$.

1.22- Seja S um subconjunto não vazio e limitado de $\mathbb{R}$. Dado $a \in \mathbb{R}$ considere os conjuntos $aS = \{ax;\ x \in S\}$ e $a + S = \{a + x;\ x \in S\}$

a) Mostre que aS e $a + S$ são não vazios e limitados.

b) Se $a \geq 0$ mostre que $\sup(aS) = a.\sup S$ e $\inf(aS) = a.\inf S$.

c) Se $a < 0$ mostre que $\sup(aS) = a.\inf S$ e $\inf(aS) = a.\sup S$.

d) Mostre que $\sup(a + S) = a + \sup S$ e $\inf(a + S) = a + \inf S$.

1.23- Sejam S e T subconjuntos não vazios e limitados superiormente de $\mathbb{R}$. Demonstre que o conjunto

$$S + T = \{x + y;\ \ x \in S \text{ e } y \in T\}$$

é não vazio, limitado superiormente e $\sup(S + T) = \sup S + \sup T$.

1.24- Mostre que se $f : A \to B$ é sobrejetiva então existe uma função $g : B \to A$ tal que $f \circ g = I_B$, onde I_B denota a função identidade de B em B. Em particular, g é injetiva.

1.25- Mostre que se $f : A \to B$ é injetiva então existe uma função $h : B \to A$ tal que $h \circ f = I_A$, onde I_A denota a função identidade de A em A.

1.26- Mostre que a composta de duas funções bijetivas é uma função bijetiva.

1.27- Sejam a e b números reais tais que $a < b + \frac{1}{n}$, para todo $n \in \mathbb{N}$. Mostre que $a \leq b$.

1.28- Prove que $2^{n-1} \leq n!$, para todo $n \in \mathbb{N}$.

1.29- Prove que o Primeiro Princípio de Indução e o Princípio da Boa Ordenação são equivalentes em $\mathbb{N}$.

1.30- Prove que se $f : A \to B$ é uma função sobrejetiva e A é enumerável então B é também enumerável.

1.31- Sejam S e T subconjuntos de $\mathbb{R}$ não vazios e limitados inferiormente. Demonstre que o conjunto

$$S + T = \{x + y : \ x \in S \ \text{ e } \ y \in T\}$$

é não vazio, limitado inferiormente e $\inf(S + T) = \inf S + \inf T$.

1.32- Mostre que se C é um conjunto enumerável e A é qualquer conjunto infinito então $A \cup C \simeq A$, e que se B é qualquer conjunto não enumerável então $B - C \simeq B$.

1.33- Mostre que:

i) Todos os intervalos abertos limitados de $\mathbb{R}$ são equipotentes.

ii) Todos os intervalos abertos de $\mathbb{R}$ são equipotentes.

iii) Todos os intervalos de $\mathbb{R}$ são equipotentes.

1.34- Prove que para qualquer coleção C de subconjuntos de um conjunto X tem-se:

$$X - \bigcup_{A \in C} A = \bigcap_{A \in C} (X - A) \ \text{ e } \ X - \bigcap_{A \in C} A = \bigcup_{A \in C} (X - A).$$

Em palavras temos "O complementar da união é a interseção dos complementares" e "O complementar da interseção é a união dos complementares".

1.35- Dado X um conjunto finito qualquer, denote por $\#(X)$ o número de elementos de X. Mostre que se A e B são conjuntos finitos então

$$\#A + \#B = \#(A \cup B) + \#(A \cap B)$$

1.36- Seja C uma coleção de subconjuntos de um conjunto X. Prove que, para qualquer função $f : X \to Y$ tem-se:

a) $f(\bigcup_{A \in C} A) = \bigcup_{A \in C} f(A)$.

b) $f(\bigcap_{A \in C} A) \subset \bigcap_{A \in C} f(A)$.

c) $f(A - B) \supset f(A) - f(B)$ para todo A e B de C.

d) f é injetiva se, e somente se, $f(A - B) = f(A) - f(B)$ para todo A e B de C.

e) Se f é injetiva então $f(\bigcap_{A \in C} A) = \bigcup_{A \in C} f(A)$.

f) Se $f(A \cap B) = f(A) \cap f(B)$ para todo A e B de C então f é injetiva.

1.37- Seja C uma coleção de subconjuntos de um conjunto Y. Prove que, para qualquer função $f : X \to Y$ tem-se que:

a) $f^{-1}(\bigcup_{B \in C} B) = \bigcup_{B \in C} f^{-1}(B)$.

b) $f^{-1}(\bigcap_{B \in C} B) = \bigcap_{B \in C} f^{-1}(B)$.

c) $f^{-1}(C - D) = f^{-1}(C) - f^{-1}(D)$ para todo C e D de C.

d) $f^{-1}(f(A)) \supset A$ para todo $A \subset X$.

e) $f^{-1}(f(A)) = A$ para todo $A \subset X$ se, e somente se, f é injetiva.

f) $f(f^{-1}(B) \subset B$ para todo $B \subset Y$.

e) $f(f^{-1}(B) = B$ para todo $B \subset Y$ se, e somente se, f é sobrejetiva.

1.38- Prove que todo conjunto infinito contém um subconjunto enumerável.

1.39- Prove que todo conjunto infinito contém um subconjunto próprio ao qual é equipotente.

1.40- Seja C uma coleção enumerável de conjuntos dois a dois disjuntos tal que, para todo $A \in C$, $A \simeq \mathbb{R}$. Mostre que

$$\bigcup_{A \in C} A \simeq \mathbb{R}.$$

1.41- Mostre que se A e B são contáveis então $A \times B$ é contável.

1.42- Mostre que se $A_1, A_2, \cdots, A_n$ são contáveis então $A_1 \times A_2 \times \cdots \times A_n$ é contável. Conclua que $\mathbb{Q}^n$ é enumerável.

1.43- Dado um conjunto A denote por $\mathcal{P}_{\mathcal{A}}$ a coleção de todos os subconjuntos de A. Mostre que:

a) Se A possui n elementos então $\mathcal{P}_{\mathcal{A}}$ possui 2^n elementos.

b) Se A é enumerável então $\mathcal{P}_{\mathcal{A}} \simeq \mathbb{R}$. Em particular $\mathcal{P}_{\mathbb{N}} \simeq \mathbb{R}$.

c) Se A é qualquer conjunto então $\mathcal{P}_{\mathcal{A}}$ não é equipotente a A.

1.44- Mostre que qualquer coleção de intervalos abertos dois a dois disjuntos de $\mathbb{R}$ é contável.

1.45- Prove que o conjunto dos polinômios

$$a_0 + a_1 x + a_2 x^2 + \cdots + a_n x^n$$

com coeficientes inteiros é enumerável.

1.46- Um número real é dito algébrico[16] se é raiz de um polinômio com coeficientes inteiros. Mostre que o conjunto dos números algébricos é enumerável.

[16]Um número real que não é algébrico é chamado de transcendente.

Capítulo 2

Sequências Numéricas

A noção de limite ocupa uma posição destacada em Análise Matemática. Os principais conceitos ou resultados desse ramo da Matemática geralmente estão relacionados a algum tipo de limite.

A maneira mais simples, do ponto de vista pedagógico, de se introduzir o conceito de limite é por meio de sequências de números reais. Nosso objetivo nesse capítulo é analisar tal conceito, estudando suas propriedades e demonstrando os principais resultados que serão de interesse tanto para esse como para os próximos capítulos.

2.1 Sequências de Números Reais

Uma sequência ou sucessão de números reais é uma função

$$\begin{array}{rccc} a: & \mathbb{N} & \longrightarrow & \mathbb{R} \\ & n & \longmapsto & a(n) = a_n \end{array}$$

que a cada $n \in \mathbb{N}$ associa um número $a_n \in \mathbb{R}$, chamado de termo geral ou de n-ésimo termo da sequência. Representamos uma sequência por $(a_n)_{n\in\mathbb{N}}$, ou $(a_1, a_2, \cdots, a_n, \cdots)$ ou simplesmente por (a_n).

Exemplo 2.1 *Estão dados abaixo alguns exemplos de sequências.*

a) $\left(\frac{1}{n}\right)_{n\in\mathbb{N}}$ *ou* $\left(1,\ \frac{1}{2},\ \frac{1}{3},\ \frac{1}{4},\ \frac{1}{5},\ \ldots\right)$

b) $(n)_{n\in\mathbb{N}}$ *ou* $(1,\ 2,\ 3,\ 4,\ 5,\ \ldots)$

c) $\left(\sqrt{2}\right)_{n\in\mathbb{N}}$ *ou* $(\sqrt{2},\ \sqrt{2},\ \sqrt{2},\ \sqrt{2},\ \sqrt{2},\ \ldots)$

d) $((-1)^n)_{n\in\mathbb{N}}$ *ou* $(-1,\ 1,\ -1,\ 1,\ -1,\ \ldots)$

É importante aqui fazer a distinção entre a notação $(a_1,\ a_2,\cdots,a_n,\cdots)$ que estamos usando para a sequência e a notação $\{a_n;\ \ n\in\mathbb{N}\}$ para a sua imagem. Na notação $(a_1,\ a_2,\cdots,\ a_n,\cdots)$ entende-se a listagem de um número infinito de termos, enquanto que sua imagem tanto pode ser um conjunto infinito como finito. Por exemplo, quando a sequência é constante a sua imagem é um conjunto unitário, como ocorre com a sequência do item c) do Exemplo 2.1.

Uma subsequência de uma sequência (a_n) é a restrição da mesma a um subconjunto infinito $\mathbb{N}' = \{n_1 < n_2 < \cdots < n_k < \ldots\} \subset \mathbb{N}$. Escrevemos $(a_{n_k})_{k\in\mathbb{N}}$, ou $(a_{n_1}, a_{n_2}, \ldots, a_{n_k}, \ldots)$ ou (a_{n_k}) para denotar uma subsequência.

Exemplo 2.2 *Considere a sequência*

$$((-1)^n)_{n\in\mathbb{N}} = (-1,\ 1,\ -1,\ 1,\ -1,\ 1,\ \ldots)$$

e sejam $\mathbb{P} = \{2,4,6,8,10,\cdots\}$ *o subconjunto de* $\mathbb{N}$ *formado pelos naturais pares e* $\mathbb{I} = \{1,3,5,7,9,\cdots\}$ *o formado pelos naturais ímpares. Temos que* $\mathbb{P}$ *e* $\mathbb{I}$ *são infinitos. Para esses subconjuntos temos as seguintes subsequências da sequência original:*

$$((-1)^n)_{n\in\mathbb{P}} = (1,\ 1,\ 1,\ 1,\ 1,\ 1,\ \ldots)$$

e

$$((-1)^n)_{n\in\mathbb{I}} = (-1,\ -1,\ -1,\ -1,\ -1,\ -1,\ \ldots).$$

Observemos que se $\mathbb{N}'$ é um subconjunto próprio e infinito de $\mathbb{N}$ e se $a:\mathbb{N}\to\mathbb{R}$ é uma sequência, então, a rigor, a subsequência $a|_{\mathbb{N}'}:\mathbb{N}'\to\mathbb{R}$ não seria uma sequência uma vez que seu domínio é $\mathbb{N}' \neq \mathbb{N}$. No entanto, conforme o estudante poderá verificar nos exercícios desse capítulo, podemos sempre considerar uma subsequência como uma função real cujo domínio é $\mathbb{N}$.

Dizemos que uma sequência é limitada superiormente (respec. limitada inferiormente) quando existe $M \in \mathbb{R}$ tal que $a_n \leq M, \ \forall n \in \mathbb{N}$ (respec. $a_n \geq M, \ \forall n \in \mathbb{N}$). Quando (a_n) é simultaneamente limitada superiormente e inferiormente dizemos que é limitada, o que é equivalente a dizer que existe $M > 0$ tal que $|a_n| \leq M, \ \forall n \in \mathbb{N}$. Evidentemente, toda subsequência de uma sequência limitada (superiormente, inferiormente ou os dois) é também limitada (superiormente, inferiormente ou os dois).

Uma sequência (a_n) é denominada não decrescente quando $a_n \leq a_{n+1}$ para todo $n \in \mathbb{N}$. Quando vale a desigualdade estrita dizemos que a sequência é crescente. Analogamente define-se sequências não crescentes e sequências decrescentes. Classificamos tais tipos de sequências como monótonas. A seguir damos exemplos de algumas sequências de interesse em Cálculo e em Análise Matemática.

Exemplo 2.3 *Fixado $q \in \mathbb{R}$, consideremos a sequência (a_n) cujo termo geral é $a_n = q^n, \ \forall n \in \mathbb{N}$. Quando $q = 0$ ou $q = 1$ temos as sequências $(0, 0, 0, \dots)$ e $(1, 1, 1, \dots)$, respectivamente. Se $0 < q < 1$, então, para todo $n \in \mathbb{N}$ temos $0 < q^n < 1$ e $q^{n+1} < q^n$, logo (a_n) é limitada e decrescente. Se $q > 1$ então $q^{n+1} > q^n$ para todo $n \in \mathbb{N}$, portanto, a sequência é crescente. Além disso, sendo $q > 1$, tem-se $q = 1 + d$ para algum $d > 0$ e, da desigualdade de Bernoulli (vide Exercício 1.4 do Capítulo 1), $q^n = (1 + d)^n \geq 1 + nd, \ \forall n \in \mathbb{N}$, isto é, (a_n) é não limitada superiormente. Se $-1 < q < 0$ a sequência não é monótona (seus termos são, alternadamente, positivos e negativos) mas é ainda limitada pois $|q^n| = |q|^n < 1, \ \forall n \in \mathbb{N}$. Se $q = -1$ a sequência é $(-1, 1, -1, 1, \dots)$ que não é monótona, mas é limitada. Finalmente se $q < -1$ a sequência não é monótona (seus termos se alternam de sinal) e é não limitada, uma vez que as suas subsequências (a_{2n-1}) e (a_{2n}) são ilimitadas, respectivamente, inferiormente e superiormente.*

Exemplo 2.4 *Seja $0 < q < 1$ e consideremos a sequência que tem como termo geral $b_n = \sum_{j=0}^{n} q^j$. A sequência (b_n) é claramente crescente e, da fórmula da soma dos n*

primeiros termos de uma progressão geométrica de razão q, temos

$$b_n = \frac{1 - q^{n+1}}{1 - q} = \frac{1}{1 - q} - \frac{q^{n+1}}{1 - q} < \frac{1}{1 - q}.$$

Portanto $1 < b_n < \frac{1}{1-q}$, $\forall n \in \mathbb{N}$, *logo limitada.*

Exemplo 2.5 *Consideremos a sequência* (c_n) *cujo termo geral é* $c_n = \sum_{j=0}^{n} \frac{1}{j!}$. *Tal sequência é, evidentemente, crescente. Temos também que*

$$\frac{1}{n!} \leq \frac{1}{2^{n-1}}, \quad \forall n \geq 1,$$

conforme se comprova no Exercício 1.28 do Capítulo 1. Logo, para todo $n \geq 1$, *temos*

$$2 < c_n < 1 + \sum_{j=0}^{n-1} \frac{1}{2^j} = 1 + \frac{1 - (\frac{1}{2})^n}{1 - \frac{1}{2}} < 3,$$

usando $q = \frac{1}{2}$ *no exemplo anterior. Observamos, para* $n \geq 2$, *que* $2 < c_n < 3$.

Exemplo 2.6 *Seja a sequência* (z_n) *cujo termo geral é dado por* $z_n = \left(1 + \frac{1}{n}\right)^n$. *Usando o desenvolvimento binomial de Newton*[1] *obtemos*

$$\left(1 + \frac{1}{n}\right)^n = 1 + \frac{n}{n} + \frac{n(n-1)}{2!n^2} + \cdots + \frac{n(n-1)(n-2)\cdots 1}{n!n^n} =$$

$$2 + \frac{\left(1 - \frac{1}{n}\right)}{2!} + \cdots + \frac{\left(1 - \frac{1}{n}\right)\left(1 - \frac{2}{n}\right)\cdots\left(1 - \frac{n-1}{n}\right)}{n!} <$$

$$2 + \frac{1}{2!} + \cdots + \frac{1}{n!} = c_n,$$

onde c_n *é o termo geral da sequência do exemplo anterior. Portanto a sequência* (z_n), *a qual é claramente crescente, é também limitada e, além disso,* $2 < z_n < c_n < 3$ *para todo* $n \geq 2$.

[1] Isaac Newton (1642-1727), físico e matemático inglês.

2.2 Limite de Sequências

Definição 2.1 *Dizemos que um número L é o limite de uma sequência (a_n) se, para cada $\varepsilon > 0$, existir $N(\varepsilon) \in \mathbb{N}$ tal que $|a_n - L| < \varepsilon$ para todo $n \geq N(\varepsilon)$.*

Quando uma sequência (a_n) possui limite L dizemos que (a_n) converge para L, ou é convergente para L, e denotamos tal fato simbolicamente por $\lim_{n \to \infty} a_n = L$, ou $\lim a_n = L$ ou ainda por $a_n \longrightarrow L$.

Quando uma sequência não é convergente dizemos que é divergente.

Observação 2.1 *Na Definição 2.1 escrevemos $N(\varepsilon)$ para explicitar a dependência do natural N ao número $\varepsilon > 0$ dado. No entanto em diversas ocasiões, para não sobrecarregar a notação e sempre que não houver risco de ambiguidade, escreveremos simplesmente N.*

Proposição 2.1 *O limite de uma sequência convergente é único.*

Prova: Seja (a_n) convergente. Suponhamos, por contradição, que $a_n \longrightarrow L$ e $a_n \longrightarrow L'$ com $L \neq L'$. Vamos supor, sem perda da generalidade, que $L > L'$. Sendo assim, podemos tomar $\varepsilon = \dfrac{L - L'}{2} > 0$. Neste caso existiriam N_1 e N_2 em $\mathbb{N}$ tais que $|a_n - L| < \varepsilon$, $\forall n \geq N_1$ e $|a_n - L'| < \varepsilon$, $\forall n \geq N_2$. Agora, se $n > \max\{N_1, N_2\}$ teríamos

$$a_n \in \left(\frac{3L' - L}{2}, \frac{L + L'}{2}\right) \cap \left(\frac{L + L'}{2}, \frac{3L - L'}{2}\right) = \emptyset,$$

o que é um absurdo. ■

O significado intuitivo do fato de (a_n) possuir limite L é que, estabelecendo-se uma margem de erro mediante um número positivo ε, podemos considerar L como uma aproximação para cada termo da sequência, a partir de $N(\varepsilon)$, e o erro cometido com essa aproximação é menor que ε.

Exemplo 2.7 *Considere a sequência* (a_n) *cujo termo geral é* $a_n = \dfrac{1}{n}$. *Então* $\lim\limits_{n\to\infty} a_n = 0$. *De fato, dado* $\varepsilon > 0$, *a propriedade arquimediana dos reais garante que existe* $N \in \mathbb{N}$ *tal que* $N\varepsilon > 1$, *isto é* $\dfrac{1}{N} < \varepsilon$. *Logo, para qualquer* $n \geq N$

$$\left|\frac{1}{n} - 0\right| = \frac{1}{n} \leq \frac{1}{N} < \varepsilon.$$

Exemplo 2.8 *Considere a sequência* (a_n) *cujo termo geral é* $a_n = 1 - \dfrac{1}{2^n}$. *Então* $\lim\limits_{n\to\infty} a_n = 1$. *De fato, observe que*

$$|a_n - 1| = \left|-\frac{1}{2^n}\right| = \frac{1}{2^n}$$

e pela desigualdade de Bernoulli temos

$$2^n = (1+1)^n \geq 1 + n > n, \quad \forall n \in \mathbb{N}$$

logo $\dfrac{1}{2^n} < \dfrac{1}{n}$, $\forall n \in \mathbb{N}$. *Ou seja,*

$$|a_n - 1| = \frac{1}{2^n} < \frac{1}{n}, \quad \forall n \in \mathbb{N}.$$

Assim, dado $\varepsilon > 0$ *considere* $N \in \mathbb{N}$ *tal que* $\dfrac{1}{N} < \varepsilon$. *Logo, para qualquer* $n \geq N$

$$|a_n - 1| < \frac{1}{n} \leq \frac{1}{N} < \varepsilon.$$

Exemplo 2.9 *A sequência* $((-1)^n)_{n\in\mathbb{N}}$ *é divergente. Com efeito, se existisse* $L \in \mathbb{R}$ *tal que* $(-1)^n \longrightarrow L$ *então, para* $\varepsilon = \dfrac{1}{2}$, *existiria* $N \in \mathbb{N}$ *tal que* $\forall n \geq N$ *teríamos* $|(-1)^n - L| < \dfrac{1}{2}$, *isto é* $|L + 1| < \dfrac{1}{2}$ *e* $|L - 1| < \dfrac{1}{2}$. *Em outras palavras, teríamos* $L \in \left(-\dfrac{3}{2}, -\dfrac{1}{2}\right) \cap \left(\dfrac{1}{2}, \dfrac{3}{2}\right) = \emptyset$, *o que é um absurdo.*

No exemplo anterior temos uma sequência que é limitada e que não é convergente. A recíproca desse fato, no entanto, é verdadeira, como mostra a proposição a seguir.

Proposição 2.2 *Toda sequência convergente é limitada.*

Prova: Seja (a_n) uma sequência convergente para L. Considerando $\varepsilon = 1$ temos que existe $N \in \mathbb{N}$ tal que $|a_n - L| < 1$, para todo $n \geq N$. Como

$$|a_n| = |a_n - L + L| \leq |a_n - L| + |L|$$

então, para todo $n \geq N$ temos $|a_n| < 1 + |L|$. Tomemos agora

$$M = \max\{|a_1|, |a_2|, \cdots, |a_{N-1}|, 1 + |L|\}$$

e obtemos $|a_n| \leq M, \quad \forall n \in \mathbb{N}$, como queríamos. ■

É imediato verificar (faça-o como exercício) que uma sequência é convergente se, e somente se, todas as suas subsequências convergem para o mesmo limite.

As sequências convergentes apresentam um comportamento plenamente compatível com as operações algébricas de $\mathbb{R}$, conforme fica explicitado na proposição a seguir.

Proposição 2.3 *Sejam (a_n) e (b_n) com $a_n \longrightarrow a$ e $b_n \longrightarrow b$. Então:*

i) *$(a_n + b_n)$ é convergente e $a_n + b_n \longrightarrow a + b$;*

ii) *$(a_n b_n)$ é convergente e $a_n b_n \longrightarrow ab$;*

iii) *Se $\forall n \in \mathbb{N}$ $b_n \neq 0$ e também $b \neq 0$ então $\dfrac{1}{b_n} \longrightarrow \dfrac{1}{b}$*

iv) *Se $b \neq 0$ e $b_n \neq 0$ $\forall n \in \mathbb{N}$ então $\dfrac{a_n}{b_n} \longrightarrow \dfrac{a}{b}$*

Prova: Para provar *i)* seja $\varepsilon > 0$ dado. Então existem N_1 e N_2 em $\mathbb{N}$ tais que $n \geq N_1$ acarreta $|a_n - a| < \dfrac{\varepsilon}{2}$ e $n \geq N_2$ acarreta $|b_n - b| < \dfrac{\varepsilon}{2}$. Agora, se $n \geq \max\{N_1, N_2\}$ temos

$$|(a_n + b_n) - (a + b)| \leq |a_n - a| + |b_n - b| < \frac{\varepsilon}{2} + \frac{\varepsilon}{2} = \varepsilon.$$

Para a prova de *ii*) sabemos, em primeiro lugar, que, de acordo com a Proposição 2.1, existe $M > 0$ tal $|a_n| \leq M, \ \forall n \in \mathbb{N}$. Seja agora $\varepsilon > 0$. Então existem $N_1 \in \mathbb{N}$ tal que

$$n \geq N_1 \Rightarrow |a_n - a| < \frac{\varepsilon}{2(1 + |b|)}$$

e $N_2 \in \mathbb{N}$ tal que

$$n \geq N_2 \Rightarrow |b_n - b| < \frac{\varepsilon}{2M}.$$

Portanto, se $n \geq \max\{N_1, \ N_2\}$ temos

$$|a_n b_n - ab| = |a_n(b_n - b) + b(a_n - a)| \leq$$

$$|a_n(b_n - b)| + |b(a_n - a)| = |a_n||b_n - b| + |b||a_n - a| <$$

$$M\frac{\varepsilon}{2M} + |b|\frac{\varepsilon}{2(1 + |b|)} < \frac{\varepsilon}{2} + \frac{\varepsilon}{2} = \varepsilon.$$

Para provar *iii*) seja $\varepsilon > 0$ dado. Temos que existe $N_1 \in \mathbb{N}$ tal

$$n \geq N_1 \Rightarrow |b_n - b| < \frac{|b|}{2}.$$

Mas, $|b_n - b| = |b - b_n| \geq |b| - |b_n|$ e, portanto,

$$n \geq N_1 \Rightarrow |b_n| > \frac{|b|}{2}.$$

Também existe $N_2 \in \mathbb{N}$ tal que

$$n \geq N_2 \Rightarrow |b_n - b| < \frac{\varepsilon|b|^2}{2}.$$

Agora, se $n \geq \max\{N_1, \ N_2\}$ temos

$$\left|\frac{1}{b_n} - \frac{1}{b}\right| = \left|\frac{b - b_n}{bb_n}\right| = \frac{|b_n - b|}{|b||b_n|} < \frac{\frac{\varepsilon|b|^2}{2}}{\frac{|b|}{2}|b|} = \varepsilon.$$

Para a prova de *iv*) use *iii*) e *ii*). ■

A seguir apresentamos algumas proposições que estabelecem propriedades importantes que as sequências convergentes gozam e que são bastante úteis no cálculo de limites e em demonstrações de outros resultados de análise.

Proposição 2.4 *Se* (a_n) *converge e* $\lim_{n\to\infty} a_n = a$ *então* $(|a_n|)$ *converge e* $\lim_{n\to\infty} |a_n| = |a|$.

Prova: Dado $\varepsilon > 0$ existe $N \in \mathbb{N}$ tal que $|a_n - a| < \varepsilon$ se $n \geq N$. Mas

$$\big|\, |a_n| - |a| \,\big| \leq |a_n - a|$$

donde $\big|\, |a_n| - |a| \,\big| < \varepsilon$, se $n \geq N$. ■

É importante observar que a recíproca da proposição anterior não é verdadeira, a menos que $a = 0$ (vide Exercício 2.7 desse Capítulo), como podemos constatar com o exemplo da sequência divergente $((-1)^n)$ cuja sequência obtida tomando-se o valor absoluto de cada termo é a sequência constante e igual a 1, portanto, convergente.

Proposição 2.5 *Sejam* (a_n), (b_n) *e* (c_n) *sequências tais que*

$$a_n \leq b_n \leq c_n$$

para todo $n \in \mathbb{N}$. *Se* $\lim_{n\to\infty} a_n = \lim_{n\to\infty} c_n = a$ *então* $\lim_{n\to\infty} b_n = a$.

Prova: Dado $\varepsilon > 0$ existem naturais N_1 e N_2 tais que

$$n \geq N_1 \Rightarrow |a_n - a| < \varepsilon$$

e

$$n \geq N_2 \Rightarrow |c_n - a| < \varepsilon.$$

Tome $N = \max\{N_1, N_2\}$. Então

$$n \geq N \;\Rightarrow\; |a_n - a| < \varepsilon \text{ e } |c_n - a| < \varepsilon.$$

Mas $a_n \leq b_n \leq c_n$ para todo n. Logo $a_n - a \leq b_n - a \leq c_n - a$ para todo n. Se $n \geq N$ temos também

$$-\varepsilon < a_n - a \leq b_n - a \leq c_n - a < \varepsilon$$

isto é $|b_n - a| < \varepsilon$, como queríamos. ■

Corolário 2.1 *Sejam* (b_n) *e* (c_n) *sequências de números reais tais que* $0 \leq |b_n| \leq c_n$ *para todo* $n \in \mathbb{R}$ *e* $\lim_{n\to\infty} c_n = 0$. *Então* $\lim_{n\to\infty} b_n = 0$.

Exemplo 2.10 *Considere a sequência* (r^n), *com* r *um número real fixo. Suponhamos que* $0 < |r| < 1$. *Vamos verificar que* $\lim\limits_{n\to\infty} r^n = 0$. *De fato, sendo* $0 < |r| < 1$ *então* $\dfrac{1}{|r|} > 1$. *Seja* $x = \dfrac{1}{|r|} - 1$. *Temos que* $x > 0$ *e* $|r| = \frac{1}{1+x}$. *Pela Desigualdade de Bernoulli temos* $(1+x)^n \geq 1 + nx$. *Assim, para todo* $n \in \mathbb{N}$ *temos*

$$|r|^n = \frac{1}{(1+x)^n} \leq \frac{1}{1+nx}.$$

Mas, $|r|^n = |r^n|$ *donde*

$$0 \leq |r^n| \leq \frac{1}{1+nx} < \frac{1}{nx}, \text{ para todo } n \in \mathbb{N}.$$

Usando o Corolário 2.1 temos que $\lim\limits_{n\to\infty} r^n = 0$.

Proposição 2.6 *Seja* (a_n) *uma sequência convergente tal que* $a_n \geq 0$ *para todo* $n \in \mathbb{N}$. *Então* $\lim\limits_{n\to\infty} a_n \geq 0$.

Prova: Suponhamos, por absurdo, que $\lim\limits_{n\to\infty} a_n = a < 0$. Então, existe $N \in \mathbb{N}$ tal que $|a_n - a| < -\frac{a}{2}$ se $n \geq N$. Portanto $a_n - a < -\frac{a}{2}$ donde $a_n < \frac{a}{2} < 0$, para todo $n \geq N$, o que é uma contradição. ■

Corolário 2.2 *Sejam* (a_n) *e* (b_n) *sequências convergentes de números reais tais que* $a_n \geq b_n$ *para todo* $n \in \mathbb{N}$. *Então* $\lim\limits_{n\to\infty} a_n \geq \lim\limits_{n\to\infty} b_n$.

Prova: É suficiente considerar $c_n = a_n - b_n \geq 0$. ■

Exemplo 2.11 *Considere uma sequência* (a_n) *com* $a_n \geq 0$ *para todo* $n \in \mathbb{N}$ *e* $\lim\limits_{n\to\infty} a_n = a$. *Então* $\lim\limits_{n\to\infty} \sqrt{a_n} = \sqrt{a}$. *Com efeito, se for* $a > 0$ *temos*

$$\left|\sqrt{a_n} - \sqrt{a}\right| = \frac{\left(\left|\sqrt{a_n} - \sqrt{a}\right|\right)\left(\left|\sqrt{a_n} + \sqrt{a}\right|\right)}{\left|\sqrt{a_n} + \sqrt{a}\right|} = \frac{|a_n - a|}{\left|\sqrt{a_n} + \sqrt{a}\right|}.$$

Agora

$$\left|\sqrt{a_n} + \sqrt{a}\right| \geq \sqrt{a} \Rightarrow \frac{1}{\sqrt{a_n} + \sqrt{a}} \leq \frac{1}{\sqrt{a}}$$

donde obtemos

$$\left|\sqrt{a_n} - \sqrt{a}\right| \leq \frac{|a_n - a|}{\sqrt{a}}.$$

Dado $\varepsilon > 0$ *existe* $N \in \mathbb{N}$ *tal que*

$$n \geq N \Rightarrow |a_n - a| < \varepsilon \sqrt{a}.$$

Logo, para $n \geq N$

$$\left|\sqrt{a_n} - \sqrt{a}\right| \leq \frac{|a_n - a|}{\sqrt{a}} < \frac{\varepsilon \sqrt{a}}{\sqrt{a}} = \varepsilon,$$

ou seja, $\lim_{n\to\infty} \sqrt{a_n} = \sqrt{a}$. *Se tivermos* $a = 0$, *dado* $\varepsilon > 0$ *existe* $N \in \mathbb{N}$ *tal que* $a_n < \varepsilon^2$ *para todo* $n \geq N$. *Logo,* $\sqrt{a_n} < \varepsilon$ *o que significa* $\lim_{n\to\infty} \sqrt{a_n} = 0$.

A seguir estabeleceremos algumas proposições importantes a respeito de sequências e de suas subsequências, os quais conduzem a um dos resultados principais desse capítulo. Trata-se do **Teorema de Bolzano-Weierstrass.**[2,3]

Proposição 2.7 *Seja* (a_n) *uma sequência convergente para* L. *Então toda subsequência de* (a_n) *converge para* L.

Prova: Seja (a_{n_k}) uma subsequência de (a_n). Em primeiro lugar observemos que, sendo $n_1 < n_2 < n_3 < \cdots < n_k \ldots$, temos $n_1 \geq 1$, $n_2 \geq 2$, $n_3 \geq 3$ e, em geral, $n_k \geq k$ para todo $k \in \mathbb{N}$. Considere agora $\varepsilon > 0$ dado. Então existe $N \in \mathbb{N}$ tal que $n \geq N$ acarreta $|a_n - L| < \varepsilon$. Em particular, para $n_k \geq N$ temos $|a_{n_k} - L| < \varepsilon$. Mas, $n_k \geq k$ para todo $k \in \mathbb{N}$ e, portanto,

$$k \geq N \Rightarrow n_k \geq N \Rightarrow |a_{n_k} - L| < \varepsilon.$$

Em outras palavras $\lim_{k\to\infty} a_{n_k} = L$. ■

[2]Bernard Bolzano (1871-1848), matemático theco.

[3]Karl Wierstrass (1815-1897), matemático alemão.

Proposição 2.8 *Seja* (a_n) *uma sequência não decrescente e limitada superiormente. Então* (a_n) *é convergente.*

Prova: Sendo (a_n) uma sequência limitada superiormente então existe $M = \sup\{a_n;\ n \in \mathbb{N}\}$. Mostremos que M é o limite de (a_n). De fato, dado $\varepsilon > 0$ existe $N \in \mathbb{N}$ tal que $M - \varepsilon < a_N$. Sendo (a_n) não decrescente temos que $n \geq N$ acarreta $a_n \geq a_N$. Como $M = \sup\{a_n;\ n \in \mathbb{N}\}$ então

$$n \geq N \ \Rightarrow\ M - \varepsilon < a_N \leq a_n \leq M < M + \varepsilon,$$

ou seja $|a_n - M| < \varepsilon$, para todo $n \geq N$. ■

Um resultado análogo ocorre para sequências não crescentes e limitadas inferiormente (faça-o como exercício). Combinando esses dois últimos resultados temos o seguinte:

Corolário 2.3 *Toda sequência monótona e limitada é convergente.*

Voltando agora aos Exemplos 2.4, 2.5 e 2.6 podemos concluir que todas as sequências ali exibidas são convergentes.

Conforme anunciamos, apresentamos agora um resultado fundamental a respeito de sequências numéricas.

Teorema 2.1 (Bolzano-Weierstrass) *Uma sequência de números reais que é limitada possui sempre pelo menos uma subsequência convergente.*

Prova: É suficiente mostrar que toda sequência (limitada ou não) possui uma subsequência monótona. Em seguida, usando a hipótese de a sequência ser limitada, seguirá, do Corolário 2.3, o resultado. Para justificar que toda sequência possui uma subsequência monótona, considere (a_n) uma sequência qualquer. Dizemos que um termo a_n é um termo destacado se $a_m \leq a_n$, para todo $m > n$. Por exemplo, uma sequência monótona não decrescente não possui termos destacados, enquanto que para uma sequência monótona não crescente todos os seus termos são destacados.

Denotemos por D o conjunto dos índices n tais que a_n é um termo destacado de (a_n). As possibilidades para D são:

D **é infinito.** Isto é, $D = \{n_1 < n_2 < \cdots < n_k < \ldots\}$. Neste caso, sendo a_{n_1} destacado, $a_m \leq a_{n_1}$, para todo $m > n_1$. Em particular $a_{n_2} \leq a_{n_1}$. Do mesmo modo $a_m \leq a_{n_2}$, para todo $m > n_2$, em particular $a_{n_3} \leq a_{n_2}$. Assim, a subsequência $(a_{n_1}, a_{n_2}, \ldots, a_{n_k}, \ldots)$ é monótona não crescente.

D **é finito.** Sendo assim, seja $n_1 \in \mathbb{N}$ maior que todos os elementos de D. Então a_{n_1} não é destacado, logo podemos encontrar a_{n_2} com $n_2 > n_1$, e $a_{n_2} > a_{n_1}$. Do mesmo modo a_{n_2} não é destacado e podemos prosseguir construindo uma subsequência de (a_n) que é monótona crescente.

D **é vazio.** Neste caso, como já observamos anteriormente, a própria sequência (a_n) é monótona não decrescente.

Muito bem! Sabendo-se agora que toda sequência possui uma subsequência monótona, e as subsequências de um sequência limitada são também limitadas, segue o resultado. ■

2.3 Sequências de Cauchy

Definição 2.2 *Uma sequência (a_n) é denominada sequência de Cauchy se, para cada $\varepsilon > 0$ existe um $N(\varepsilon)$ tal que*

$$m, n \geq N(\varepsilon) \Rightarrow |a_m - a_n| < \varepsilon.$$

Em outras palavras, significa dizer que quando uma sequência é de Cauchy os seus termos ficam arbitrariamente próximos uns dos outros a partir de um determinado índice.

Exemplo 2.12 *A sequência $\left(\frac{1}{n}\right)$ é de Cauchy pois, se $\varepsilon > 0$ é dado, considere $N \in \mathbb{N}$ tal que $N\varepsilon > 2$, cuja existência é garantida pela Propriedade Arquimediana de $\mathbb{R}$. Então*

$$m, n \geq N \Rightarrow \left|\frac{1}{n} - \frac{1}{m}\right| \leq \frac{1}{n} + \frac{1}{m} \leq \frac{1}{N} + \frac{1}{N} < \frac{\varepsilon}{2} + \frac{\varepsilon}{2} = \varepsilon.$$

Proposição 2.9 *Toda sequência corvergente é de Cauchy.*

Prova: Seja (a_n) uma sequência convergente para o limite L. Dado $\varepsilon > 0$ existe $N \in \mathbb{N}$ tal que

$$n \geq N \Rightarrow |a_n - L| < \frac{\varepsilon}{2}.$$

Portanto, para $m, n \geq N$,

$$|a_m - a_n| \leq |a_m - L| + |a_n - L| < \frac{\varepsilon}{2} + \frac{\varepsilon}{2} = \varepsilon.$$

■

Proposição 2.10 *Toda sequência de Cauchy é limitada.*

Prova: Seja (a_n) uma sequência de Cauchy. Para $\varepsilon = 1$ existe $N \in \mathbb{N}$ tal que

$$m, n \geq N \Rightarrow |a_m - a_n| < 1.$$

Pela desigualdade triangular temos que, para todo $n \geq N$,

$$|a_n| = |a_n - a_N + a_N| \leq |a_n - a_N| + |a_N| < 1 + |a_N|.$$

Seja $M = \max\{|a_1|, |a_2|, \ldots, |a_{N-1}|, 1 + |a_N|\}$ e temos que $|a_n| \leq M$ para todo $n \in \mathbb{N}$.
■

Proposição 2.11 *Toda sequência de Cauchy de $\mathbb{R}$ é convergente.*

Prova: Seja (a_n) uma sequência de Cauchy. Temos que (a_n) é limitada, pela proposição anterior. Pelo Teorema de Bolzano-Weierstrass (a_n) possui uma subsequência (a_{i_n}) convergente para o limite L. Dado $\varepsilon > 0$ existe $N_1 \in \mathbb{N}$ tal que

$$i_n \geq N_1 \Rightarrow |a_{i_n} - L| < \frac{\varepsilon}{2}.$$

Por outro lado, sendo (a_n) de Cauchy, existe $N_2 \in \mathbb{N}$ tal que

$$n, m \geq N_2 \Rightarrow |a_n - a_m| < \frac{\varepsilon}{2}.$$

Tomemos $N_3 = \max\{N_1, N_2\}$. Como $i_n \geq n$ para todo $n \in \mathbb{N}$, teremos $n \geq N_3$ acarretando $i_n \geq N_3$, donde

$$|a_n - L| \leq |a_n - a_{i_n} + a_{i_n} - L| \leq |a_n - a_{i_n}| + |a_{i_n} - L| < \frac{\varepsilon}{2} + \frac{\varepsilon}{2} = \varepsilon$$

isto é, $\lim_{n\to\infty} a_n = L$. ■

A Propopsição 2.11 não é verdadeira em $\mathbb{Q}$ pois qualquer sequência de racionais convergindo para um irracional (por exemplo a sequência das aproximações decimais de $\sqrt{2}$) é uma sequência de Cauchy em $\mathbb{R}$ e, em particular em $\mathbb{Q}$, que não converge em $\mathbb{Q}$. Na secção 4.2.4 do Capítulo 4 voltaremos a tratar dessa questão.

2.4 Exercícios do Capítulo 2

2.1- Calcule os limites abaixo:

a) $\lim\limits_{n\to\infty} \dfrac{3n^2+4n-2}{2n^2+1}$

b) $\lim\limits_{n\to\infty} (\sqrt{n+3}-\sqrt{n})$

c) $\lim\limits_{n\to\infty} n\left(\sqrt{1+\dfrac{1}{n}}-1\right)$

d) $\lim\limits_{n\to\infty} \left(\dfrac{1}{n^2}+\dfrac{2}{n^2}+\cdots+\dfrac{n}{n^2}\right)$

e) $\lim\limits_{n\to\infty} \dfrac{\text{sen}\,(n)}{n}$

2.2- Calcule $\lim\limits_{n\to\infty} a_n$ onde $a_n = \dfrac{1}{1.2}+\dfrac{1}{2.3}+\cdots+\dfrac{1}{n(n+1)}$.

2.3- Mostre que $\lim\limits_{n\to\infty} \dfrac{1}{2^n} = 0$.

2.4- Seja $S \subset \mathbb{R}$ não vazio e limitado superiormente, e seja $M = \sup S$. Mostre que existe uma sequência (x_n) de elementos de S tal que $\lim\limits_{n\to\infty} x_n = M$.

2.5- A sequência (x_n) tal que $x_n = \dfrac{(-1)^n\text{sen}(n)}{3}$ possui alguma subsequência convergente? Justifique sua resposta.

2.6- Mostre que se (a_n) e (b_n) são sequências convergentes para a e b, respectivamente então $\max\{a_n, b_n\}$ converge $\max\{a, b\}$ e $\min\{a_n, b_n\}$ converge para $\min\{a, b\}$.

2.7- Mostre que se $\lim\limits_{n\to\infty} |a_n| = 0$ então $\lim\limits_{n\to\infty} a_n = 0$.

2.8- Mostre que se $\lim\limits_{n\to\infty} a_n = 0$ e (b_n) é uma sequência limitada então $\lim\limits_{n\to\infty} a_nb_n = 0$.

2.9- Mostre que a sequência $\sqrt{2}, \sqrt{2\sqrt{2}}, \sqrt{2\sqrt{2\sqrt{2}}}\cdots$ converge e o seu limite é 2.

2.10- Mostre que $\lim\limits_{n\to\infty} \sqrt[n]{a} = 1$ se $a > 0$.

2.11- Mostre que $\lim_{n\to\infty} \sqrt[n]{n} = 1$.

2.12- Mostre que:

i) Se $x_n > 0$, $\forall n \in \mathbb{N}$, e $\lim_{n\to\infty} \frac{x_{n+1}}{x_n} = a < 1$ então vale que $\lim_{n\to\infty} x_n = 0$.

ii) Use o item anterior para mostrar que

$$\lim_{n\to\infty} \frac{n^k}{\alpha^n} = \lim_{n\to\infty} \frac{\alpha^n}{n!} = 0,$$

onde $k \in \mathbb{N}$ e $\alpha > 1$.

2.13- Use a parte i) do problema anterior e o fato de que

$$\lim_{n\to\infty} \left(1 + \frac{1}{n}\right)^n = e$$

para mostrar que $\lim_{n\to\infty} \frac{n!}{n^n} = 0$.

2.14- Dadas (x_n) e (y_n) defina (z_n) pondo $z_{2n-1} = y_n$ e $z_{2n} = x_n$. Prove que $\lim_{n\to\infty} x_n = \lim_{n\to\infty} y_n = a$ se, e somente se, $\lim_{n\to\infty} z_n = a$.

2.15- Suponha que existe $\varepsilon > 0$ tal que $\varepsilon \leq x_n \leq n^2$ para todo n suficientemente grande. Prove que $\lim_{n\to\infty} \sqrt[n]{x_n} = 1$.

2.16- Se $\lim_{n\to\infty} x_n = a$ prove que $\lim_{n\to\infty} \frac{x_1 + x_2 + \cdots + x_n}{n} = a$. A recíproca é verdadeira? Justifique sua resposta.

2.17- Seja (x_n) uma sequência com a seguinte propriedade: existe um número $p \in \mathbb{N}$ tal que $x_{n+p} = x_n \quad \forall n \in \mathbb{N}$. Prove que se (x_n) é convergente então (x_n) é constante.

2.18- Prove que se uma sequência monótona tem uma subsequência convergente então ela própria é convergente.

2.19- Dados $a, b \in \mathbb{R}_+$ defina as sequências (x_n) e (y_n) pondo $x_1 = \sqrt{ab}, y_1 = \frac{a+b}{2}$ e $x_{n+1} = \sqrt{x_n y_n}, y_{n+1} = \frac{x_n+y_n}{2}$. Prove que (x_n) e (y_n) convergem para o mesmo limite.

2.20- Se $0 < r < 1$ e uma sequência (x_n) satisfaz a desigualdade $|x_{n+1} - x_n| < r^n$, $\forall\, n \in \mathbb{N}$, mostre que (x_n) é de Cauchy.

2.21- Sejam $a > 0$ e $b > 0$. Mostre que $\lim\limits_{n\to\infty} (a^n + b^n)^{\frac{1}{n}} = \max\{a, b\}$.

2.22- Mostre que a sequência (x_n) tal que

$$x_n = 1 + \frac{1}{2} + \frac{1}{3} + \cdots + \frac{1}{n}$$

é divergente.

2.23- Mostre que a sequência (a_n) definida recursivamente por $a_1 = 1$ e $a_n = \sqrt{1 + a_{n-1}}$, $n \geq 2$, converge e calcule seu limite.

2.24- Mostre que se (a_n) é não crescente e limitada inferiormente então (a_n) converge e seu limite é o $\inf\{a_n; n \in \mathbb{N}\}$.

2.25- Mostre que $\lim\limits_{n\to\infty} a_n = a$ se, e somente se, toda subsequência (a_{n_k}) de (a_n) possui subsequências $(a_{n_{k_j}})$ tal que $\lim\limits_{j\to\infty} a_{n_{k_j}} = a$.

2.26- Mostre que se uma sequência de Cauchy (a_n) tem uma subsequência que converge para a, então $\lim\limits_{n\to\infty} a_n = a$.

2.27- Seja $x_1 > 0$ dado. Para $n > 1$ defina $x_n = \frac{1}{1+x_{n-1}}$. Mostre que $\lim\limits_{n\to\infty} x_n$ existe e determine-o.

2.28- Seja (x_n) tal que $x_n = 1 + 1 + \dfrac{1}{2!} + \dfrac{1}{3!} + \cdots + \dfrac{1}{n!}$. Use o critério de Cauchy para mostrar que $\lim\limits_{n\to\infty} x_n$ existe.

2.29- Seja (x_n) uma sequência tal que $|x_{n+1} - x_n| \leq c_n$ e suponha que a sequência $(s_n) = \sum\limits_{k=1}^{n} c_k$ converge. Então (x_n) converge.

2.30- Prove que (x_n) converge se, e só se, para cada $p \geq 1$,

$$\lim_{n\to\infty} (a_{n+p} - a_n) = 0.$$

2.31- Seja $x_1 = 1$ e defina $x_{n+1} = 2 - \frac{1}{x_n}$. Mostre que (x_n) é monótona e limitada. Calcule $\lim\limits_{n\to\infty} x_n$.

2.32- A sequência (a_n) definida como sendo $a_1 = 1$, $a_2 = 1$ e $a_{n+2} = a_{n+1} + a_n$ para $n = 1, 2, 3 \ldots$, conhecida como sequência de Fibonacci[4], é claramente divergente mas, a sequência (r_n) dada por $r_n = \dfrac{a_{n+1}}{a_n}$ converge. Prove a última afirmação e calcule $\lim\limits_{n \to \infty} r_n$. *Sugestão:* Prove que (r_{2k}) é não crescente e limitada inferiormente e (r_{2k-1}) é não decrescente e limitada superiormente.

[4]Leonardo Fibonacci (1175-1250), matemático italiano mais conhecido como Leonardo de Pisa.

Capítulo 3

Séries Numéricas

A ideia de "série infinita" surge quando imaginamos a operação de somar sucessivamente sem que essa operação termine após um número finito de parcelas. Um exemplo motivador para essa questão pode ser visto ao considerarmos o seguinte problema geométrico simples. Dado um quadrado de área igual a 2, ao traçarmos uma das suas diagonais dividimo-lo em dois triângulos retângulos cada um com área igual a 1. Em seguida dividamos um dos triângulos ao meio traçando a bissetriz do seu ângulo reto para obter dois triâgulos retângulos, cada um com área igual a $\frac{1}{2}$. Dividamos novamente um dos triângulos de área $\frac{1}{2}$ pela bissetriz de seu ângulo reto para obter dois triângulos de áreas iguais a $\frac{1}{4}$. Prosseguindo com essas divisões indefinidamente, obtemos uma infinidade de triângulos, cada um com área igual à metade da área do anterior, e tais que a soma das áreas vale a área do quadrado original. Em outras palavras, podemos dizer que a área do quadrado original se exprime como a "soma infinita" das áreas dos triângulos.

Assim, podemos dizer que

$$1 + \frac{1}{2} + \frac{1}{4} + \frac{1}{8} + \frac{1}{16} + \frac{1}{32} + \cdots \tag{3.1}$$

"possui" o valor 2 e escrevemos,

$$1 + \frac{1}{2} + \frac{1}{4} + \frac{1}{8} + \frac{1}{16} + \frac{1}{32} + \cdots = 2.$$

Vemos, desse modo, que o conceito de série infinita estende o conceito aritmético de **soma de uma quantidade finita de parcelas** para **soma de uma quantidade infinita de parcelas.** Evidentemente que faz-se necessário estabelecer as condições matemáticas para dar sentido a tal conceito. O objetivo desse capítulo é, portanto, introduzir o conceito matemático de série de números reais, quando também apresentaremos diversos exemplos e daremos os principais critérios e testes de convergência.

3.1 Séries

Dada uma sequência de números reais (a_n), podemos formar uma nova sequência (s_n) da seguinte forma:

$$\begin{aligned} s_1 &= a_1, \\ s_2 &= a_1 + a_2, \\ s_3 &= a_1 + a_2 + a_3, \\ &\vdots \\ s_n &= a_1 + a_2 + \cdots + a_n, \\ &\vdots \end{aligned}$$

O termo geral da sequência (s_n) é chamado de $n-$ésima soma parcial, ou de reduzida de ordem de n de (a_n). A sequência (s_n) assim obtida é chamada de série infinita, ou simplesmente de série e é denotada por $\sum_{n=1}^{\infty} a_n$.

Quando (s_n) converge para um limite S dizemos que a série $\sum_{n=1}^{\infty} a_n$ é convergente e escrevemos $\sum_{n=1}^{\infty} a_n = S$. Quando uma série não é convergente dizemos que é divergente.

Observação 3.1 *Observe que, no caso de séries convergentes, estamos usando o* *mesmo símbolo* $\sum_{n=1}^{\infty} a_n$ *para denotar tanto a própria série como o seu limite.*

É natural que, na prática, deduzir se uma dada série converge ou não, usando como argumento para tal dedução somente a definição, pode ser um trabalho muito difícil. Nesse sentido, é importante termos critérios para podermos garantir se uma dada série é convergente ou não.

Uma condição necessária para a convergência de uma série é que seu termo geral tenha limite zero. De fato, se $\sum_{n=1}^{\infty} a_n$ é convergente para S, ou seja, se $\lim_{n\to\infty} s_n = S$, então

$$\lim_{n\to\infty} a_n = \lim_{n\to\infty}(s_n - s_{n-1}) = \lim_{n\to\infty} s_n - \lim_{n\to\infty} s_{n-1} = S - S = 0.$$

Essa condição, no entanto, não é suficiente para a convergência de uma série, como mostra o importante exemplo a seguir.

Exemplo 3.1 (A Série Harmônica) *Dada a série* $\sum_{n=1}^{\infty} \frac{1}{n}$, *chamada de Série Harmônica, seu termo geral* $a_n = \frac{1}{n}$ *tem limite zero, no entanto a série diverge. De fato, consideremos a sua reduzida* s_{2^n} *de ordem* 2^n

$$s_{2^n} = 1 + \tfrac{1}{2} + \left(\tfrac{1}{3} + \tfrac{1}{4}\right) + \cdots + \overbrace{\left(\frac{1}{2^{n-1}+1} + \cdots + \frac{1}{2^n}\right)}^{2^{n-1}\text{ parcelas}} >$$

$$1 + \tfrac{1}{2} + \left(\tfrac{1}{4} + \tfrac{1}{4}\right) + \cdots + \underbrace{\left(\frac{1}{2^n} + \cdots + \frac{1}{2^n}\right)}_{2^{n-1}\text{parcelas iguais a } \frac{1}{2^n}} =$$

$$\underbrace{1 + \frac{1}{2} + \frac{2}{4} + \cdots + \frac{2^{n-1}}{2^n}}_{n \text{ parcelas iguais a } \frac{1}{2}} = 1 + n\tfrac{1}{2}.$$

Observe que para obtenção da desigualdade acima substituimos em cada parêntese todas as parcelas pela menor delas. Vemos, assim, que a subsequência (s_{2^n}) *de* (s_n) *cresce arbitrariamente e, consequentemente, a sequência* (s_n) *também cresce.*

A Série Harmônica se constitui num exemplo de uma série divergente. Vamos agora apresentar um exemplo importante de uma série convergente e que inclui como caso particular o exemplo usado como motivação na introdução desse capítulo.

Exemplo 3.2 (A Série Geométrica) *Dado* $q \in \mathbb{R}$ *consideremos a série* $\sum_{n=1}^{\infty} q^n$. *Se* $|q| < 1$ *temos que* $\lim_{n\to\infty} q^n = 0$. *Temos também (vide* Exemplo 2.4 *do* Capítulo 2) *que*

$$s_n = \frac{q}{1-q} - \frac{q^{n+1}}{1-q} = \frac{q}{1-q}(1-q^n)$$

e, portanto,

$$\lim_{n\to\infty} s_n = \frac{q}{1-q}\left(1 - \lim_{n\to\infty} q^n\right) = \frac{q}{1-q}.$$

Em muitos casos é mais prático considerar uma série com o somatório iniciando em $n = 0$. Este é o caso da série geométrica e temos $\sum_{n=0}^{\infty} q^n = \frac{1}{1-q}$.

Para o caso particular da série geométrica com $q = \frac{1}{2}$ obtemos a série (3.1) da introdução desse Capítulo, ou seja

$$\sum_{n=0}^{\infty} \frac{1}{2^n} = 2.$$

Um critério de convergência para séries, muito importante do ponto de vista teórico, é o chamado Critério de Cauchy para Séries dado pela proposição a seguir.

Proposição 3.1 (Critério de Cauchy para Séries) *Uma série* $\sum_{n=1}^{\infty} a_n$ *converge se, e somente se, para cada* $\varepsilon > 0$ *existe* $N \in \mathbb{N}$ *tal que, para todo* $p \in \mathbb{N}$

$$n \geq N \Rightarrow |a_{n+1} + a_{n+2} + \cdots + a_{n+p}| < \varepsilon.$$

Prova: Uma série $\sum_{n=1}^{\infty} a_n$ é convergente se, e somente se, a sequência das somas parciais (s_n) é convergente. Mas, (s_n) é convergente se, e somente se, $\forall \varepsilon > 0$, $\exists N \in \mathbb{N}$ tal que $\forall p \geq 1$ e $n \geq N$ temos

$$|s_{n+p} - s_n| = |a_{n+1} + a_{n+2} + \cdots + a_{n+p}| < \epsilon,$$

como queríamos. ■

As séries convergentes se comportam compativelmente com as operações algébricas de $\mathbb{R}$, conforme estabelece a proposição a seguir.

Proposição 3.2 *Se* $\sum_{n=1}^{\infty} a_n$ *e* $\sum_{n=1}^{\infty} b_n$ *são séries convergentes e* α *e* β *são constantes reais, então a série* $\sum_{n=1}^{\infty}(\alpha a_n + \beta b_n)$ *é convergente. Além disso, se* $\sum_{n=1}^{\infty} a_n = a$ *e* $\sum_{n=1}^{\infty} b_n = b$*, então* $\sum_{n=1}^{\infty}(\alpha a_n + \beta b_n) = \alpha a + \beta b$*. Simbolicamente escrevemos*

$$\sum_{n=1}^{\infty}(\alpha a_n + \beta b_n) = \alpha \sum_{n=1}^{\infty} a_n + \beta \sum_{n=1}^{\infty} b_n.$$

Prova: A prova segue do resultado correspondente aplicado às sequências das reduzidas. ■

3.1.1 Séries de Termos não Negativos

Apresentaremos aqui o principal critério de convergência para séries de termos não negativos. Trata-se do Critério de Comparação, conteúdo da próxima Proposição.

Proposição 3.3 (Critério de Comparação) *Dadas as séries de termos não negativos* $\sum_{n=1}^{\infty} a_n$ *e* $\sum_{n=1}^{\infty} b_n$, *se existir uma constante* $C > 0$ *tal que* $a_n \leq Cb_n, \quad \forall n \in \mathbb{N}$, *então a convergência de* $\sum_{n=1}^{\infty} b_n$ *implica a de* $\sum_{n=1}^{\infty} a_n$ *e a divergência de* $\sum_{n=1}^{\infty} a_n$ *implica a de* $\sum_{n=1}^{\infty} b_n$.

Prova: Desde que $a_n \geq 0$ e $b_n \geq 0$ para todo $n \in \mathbb{N}$ então as reduzidas (s_n) e (t_n) de $\sum_{n=1}^{\infty} a_n$ e $\sum_{n=1}^{\infty} b_n$, respectivamente, são sequências monótonas não decrescentes e, além disso, $s_n \leq Ct_n$, para todo $n \in \mathbb{N}$. Se (t_n) for convergente então, em particular, é limitada e, assim, (s_n) é limitada e monótona não decrescente, portanto, convergente. Por outro lado, se (s_n) não for convergente, sendo monótona não decrescente, é necessariamente não limitada, o que implica na não limitação de (t_n) e, portanto na não convergência de $\sum_{n=1}^{\infty} b_n$. ■

Exemplo 3.3 *A série* $\sum_{n=0}^{\infty} \frac{1}{(n+1)2^n}$ *é convergente uma vez que*

$$\frac{1}{(n+1)2^n} \leq \frac{1}{2^n}$$

para todo $n \in \mathbb{N}$ *e a série* $\sum_{n=0}^{\infty} \frac{1}{2^n}$ *é convergente, como vimos anteriormente.*

Observação 3.2 *Na demonstração da Proposição 3.3 o argumento utilizado foi, em outras palavras, o seguinte: uma série de termos não negativos* $\sum_{n=1}^{\infty} a_n$ *é convergente se, e somente se, a sequência* (s_n) *das suas reduzidas é limitada. Vamos utilizar essa observação no exemplo a seguir.*

Exemplo 3.4 (p**−séries**) *Considere a série* $\sum_{n=1}^{\infty} \frac{1}{n^p}$, $p \in \mathbb{R}$. *Vamos usar a Observação 3.2 acima para mostrar que se* $p > 1$ *então* $\sum_{n=1}^{\infty} \frac{1}{n^p}$ *é convergente. De fato, para* $n = 2^m - 1$ *temos*

$$1 + \left(\tfrac{1}{2^p} + \tfrac{1}{3^p}\right) + \cdots + \left(\tfrac{1}{(2^{m-1})^p} + \cdots + \tfrac{1}{(2^m-1)^p}\right) <$$

$$1 + \left(\tfrac{1}{2^p} + \tfrac{1}{2^p}\right) + \cdots + \underbrace{\left(\frac{1}{2^{p(m-1)}} + \cdots + \frac{1}{2^{p(m-1)}}\right)}_{2^{m-1}\ \text{parcelas}} =$$

$$1 + \tfrac{2}{2^p} + \cdots + \tfrac{2^{m-1}}{2^{(m-1)p}} = 1 + \tfrac{1}{2^{p-1}} + \left(\tfrac{1}{2^{p-1}}\right)^2 + \cdots + \left(\tfrac{1}{2^{p-1}}\right)^{m-1},$$

onde, para a obtenção da desigualdade acima, substituimos em cada parêntese todos os termos pelo maior de todos eles. Desde que $p - 1 > 0$, *então* $\frac{1}{2^{p-1}} < 1$. *Logo a série geométrica* $\sum_{n=0}^{\infty} \left(\frac{1}{2^{p-1}}\right)^n$ *converge. Em particular a sequência das suas somas parciais é limitada. Assim,* $\sum_{n=1}^{\infty} \frac{1}{n^p}$ *é convergente pela Observação 3.2 acima. Veja que, se* $p \leq 1$ *temos* $n^p \leq n$ *e, assim,* $\frac{1}{n} \leq \frac{1}{n^p}$. *Como a série* $\sum_{n=1}^{\infty} \frac{1}{n}$ *é divergente, segue da Proposição 3.3 que* $\sum_{n=1}^{\infty} \frac{1}{n^p}$ *é divergente.*

As séries convergentes de termos não negativos têm ainda uma propriedade interessante, qual seja a de que o valor de sua soma é independente da ordem em que os termos são somados. Para formalizar esse resultado seja $\sum_{n=1}^{\infty} a_n$ uma série de termos não negativos e convergente para o limite S_1. Se $\sigma : \mathbb{N} \to \mathbb{N}$ é uma bijeção de $\mathbb{N}$ e $b_n = a_{\sigma(n)}$, vamos mostrar que $\sum_{n=1}^{\infty} b_n$, obtida de $\sum_{n=1}^{\infty} a_n$ por uma reindexação, é convergente e $\sum_{n=1}^{\infty} b_n = S_1$. De fato, se t_m é a $m-$ésima soma parcial de $\sum_{n=1}^{\infty} b_n$, consideremos $j = \max\{\sigma(i);\ i = 1, 2, \cdots, m\}$ e s_j a $j-$ésima soma parcial de $\sum_{n=1}^{\infty} a_n$. Então, $t_m \leq S_1$, pois $t_m = \sum_{i=1}^{m} b_i = \sum_{i=1}^{m} a_{\sigma(i)} = a_{\sigma(1)} + \ldots + a_{\sigma(m)} \leq a_1 + a_2 + \ldots + a_j = \sum_{k=1}^{j} a_k = t_j \leq S_1$. Logo a sequência das somas parciais de $\sum_{n=1}^{\infty} b_n$ é limitada e, consequentemente, é convergente (pois é não decrescente). Portanto, existe $S_2 \in \mathbb{R}$ tal que $\lim_{m\to\infty} t_m = S_2$ e, além disso, $S_2 \leq S_1$. Do mesmo modo, podemos pensar em $\sum_{n=1}^{\infty} a_n$ como obtida de $\sum_{n=1}^{\infty} b_n$ por uma reindexação e deduzimos que $S_1 \leq S_2$. Logo, $S_1 = S_2$.

3.1.2 Séries Alternadas

Quando os termos de uma série se alternam de sinal dizemos que é uma série alternada. Uma série alternada é, portanto, uma série de um dos tipos $\sum_{n=1}^{\infty}(-1)^{n+1} a_n$ ou $\sum_{n=1}^{\infty}(-1)^n a_n$, onde $a_n > 0$ para todo $n \in \mathbb{N}$.

Vimos que para uma série qualquer ser convergente é necessário que o seu termo geral tenha limite zero. No caso das séries alternadas vale uma "quase recíproca", que é um resultado conhecido como Critério de Leibniz[1] para séries alternadas, e

[1]Gottfrid Wilhelm Leibniz (1646-1716), filófofo e metemático alemão.

está dado na proposição a seguir.

Proposição 3.4 (Critério de Leibniz) *Seja (a_n) uma sequência decrescente de termos positivos tal que $\lim_{n\to\infty} a_n = 0$. Então a série alternada $\sum_{n=1}^{\infty}(-1)^{n+1}a_n$ é convergente.*

Prova: Vamos analisar as reduzidas de ordem par, (s_{2n}) e as de ordem ímpar, (s_{2n-1}) de $\sum_{n=1}^{\infty}(-1)^{n+1}a_n$. Temos que

$$s_{2n} = (a_1 - a_2) + (a_3 - a_4) + \cdots + (a_{2n-1} - a_{2n}),$$

sendo cada parcela entre parêntese um número positivo. Logo (s_{2n}) é uma sequência crescente de termos positivos. Também podemos escrever

$$s_{2n} = a_1 - (a_2 - a_3) - \cdots - (a_{2n} - a_{2n-1}),$$

e sendo cada parcela entre parênteses um número positivo deduzimos que $0 < s_{2n} < a_1$ para todo $n \in \mathbb{N}$. Portanto (s_{2n}) é convergente para um limite S. Agora, observe que $s_{2n-1} = s_{2n} + a_{2n}$. Logo,

$$\lim_{n\to\infty} s_{2n-1} = \lim_{n\to\infty} s_{2n} + \lim_{n\to\infty} a_{2n} = S + 0 = S.$$

Segue que $\lim_{n\to\infty} s_n = S$ (ver Exercício 2.14). ■

O resultado expresso na Proposição 3.4 obviamente vale também para séries alternadas do tipo $\sum_{n=1}^{\infty}(-1)^n a_n$.

Exemplo 3.5 *A série harmônica alternada*

$$\sum_{n=1}^{\infty}(-1)^{n+1}\frac{1}{n} = 1 - \frac{1}{2} + \frac{1}{3} - \frac{1}{4} + \cdots$$

é convergente pois $\left(\frac{1}{n}\right)$ *é decrescente e* $\lim_{n\to\infty}\frac{1}{n} = 0$.

3.2 Convergência Absoluta

A série harmônica alternada dada no Exemplo 3.5, a qual é convergente, é tal que a série obtida tomando-se os valores absolutos dos seus termos, que é a série harmônica, não é convergente. Esse fato é destacado e sugere a definição a seguir.

Definição 3.1 *Dizemos que uma série* $\sum_{n=1}^{\infty} a_n$ *é absolutamente convergente se* $\sum_{n=1}^{\infty} |a_n|$ *converge. Quando* $\sum_{n=1}^{\infty} a_n$ *converge mas* $\sum_{n=1}^{\infty} |a_n|$ *não converge dizemos que* $\sum_{n=1}^{\infty} a_n$ *é condicionalmente convergente.*

A série harmônica alternada, como vimos anteriormente, é um exemplo de uma série condicionalmente convergente.

Exemplo 3.6 *As séries do tipo* $\sum_{n=1}^{\infty}(-1)^{n+1}\frac{1}{n^p}$, *com* $p > 1$, *são absolutamente convergentes pois, como sabemos, as séries* $\sum_{n=1}^{\infty} \frac{1}{n^p}$, *com* $p > 1$, *são convergentes.*

Na verdade a própria série $\sum_{n=1}^{\infty}(-1)^{n+1}\frac{1}{n^p}$, com $p > 1$, é convergente (trata-se de uma série alternada com $a_n = \frac{1}{n^p}$ a qual, para $p > 1$, forma uma sequência decrescente com limite zero). Esse fato é verdadeiro em geral, séries absolutamente convergentes também são convergentes, como bem expressa a proposição a seguir.

Proposição 3.5 *Toda série absolutamente convergente é convergente.*

Prova: Consideremos $\sum_{n=1}^{\infty} a_n$ uma série absolutamente convergente. Desde que $-|a_n| \leq$

$a_n \leq |a_n|$, segue que $0 \leq a_n + |a_n| \leq 2|a_n|$ para todo $n \in \mathbb{N}$. Como, por hipótese, $\sum_{n=1}^{\infty} |a_n|$ é convergente, segue, do critério de comparação para séries de termos não negativos, que $\sum_{n=1}^{\infty}(a_n + |a_n|)$ é convergente. Por outro lado, a série $\sum_{n=1}^{\infty} -|a_n|$ é convergente, logo $\sum_{n=1}^{\infty} a_n = \sum_{n=1}^{\infty}(a_n + |a_n| - |a_n|)$ converge. ■

3.3 Critérios de Convergência

Ao tratarmos com uma série numérica, as questões que se apresentam são, em primeiro lugar investigar se dada série dada é convergente ou não e, uma vez garantida a convergência da mesma, calcular (ou pelo menos estimar) o valor da sua soma. Para a investigação da convergência ou não de determinadas séries existem alguns critérios de convergência.

Apresentamos nessa secção três critérios de convergência. Os dois primeiros já familiares para os estudantes desde os cursos elementares de Cálculo Diferencial e Integral, quais sejam, o Critério de d'Alembert[2] (ou Teste da Razão) e o Critério de Cauchy (ou Teste da Raiz) e o terceiro é o Critério de Dirichlet[3]. Há muitos testes de convergência, alguns deixados como exercícios, como o Teste da Integral, o Teste de Comparação no Limite e o Teste de Abel[4], e outros, de demonstração e de aplicação um pouco mais elaborados, que o estudante interessado poderá consultar a bibliografia recomendada ao final desse texto.

Proposição 3.6 (Teste da Razão) *Seja $\sum_{n=1}^{\infty} a_n$ uma série de termos não nulos e suponhamos que $\lim_{n\to\infty} \frac{|a_{n+1}|}{|a_n|} = L$. Então*

---

[2]Jean Le Rond d'Alembert (1717-1783), matemático francês.

[3]Peter Gustav Lejeune Dirichlet (1805-1859), matemático alemão.

[4]Neils Henrik Abel (1802-1828), matemático norueguês.

a) *Se $L < 1$ a série é absolutamente convergente.*

b) *Se $L > 1$ a série é divergente.*

c) *Se $L = 1$ o teste é inconclusivo.*

Prova: Para a prova de a) ecolhamos $b \in \mathbb{R}$ tal que $L < b < 1$. Como $\lim_{n\to\infty} \frac{|a_{n+1}|}{|a_n|} = L$ então existe $N \in \mathbb{N}$ tal que $\frac{|a_{n+1}|}{|a_n|} \leq b$ para todo $n \geq N$. Portanto,

$$|a_{N+1}| \leq b|a_N|$$

$$|a_{N+2}| \leq b|a_{N+1}| \leq b^2|a_N|$$

$$|a_{N+3}| \leq b|a_{N+2}| \leq b^3|a_N|$$

e podemos deduzir, usando o Primeiro Princípio de Indução, que

$$|a_{N+j}| \leq b^j|a_N|, \quad \text{para todo} \quad j \in \mathbb{N}.$$

Sendo $0 \leq b < 1$ então $\sum_{j=1}^{\infty} |a_N|b^j = |a_N| \sum_{j=1}^{\infty} b^j$ é convergente e segue do critério de comparação que $\sum_{n=1}^{\infty} |a_n|$ é convergente. Logo $\sum_{n=1}^{\infty} a_n$ é absolutamente convergente. Para a prova de b) temos que existe $N \in \mathbb{N}$ tal que $\frac{|a_{n+1}|}{|a_n|} > 1$, para todo $n \geq N$. Assim, para todo $j \in \mathbb{N}$ temos que

$$|a_{N+j}| > |a_{N+j-1}| > |a_{N+j-2}| > \cdots |a_N| > 0,$$

isto é, a sequência (a_n) não tem limite zero, portanto $\sum_{n=1}^{\infty} a_n$ não converge. Para justificar a inconclusibilidade do teste no caso $L = 1$ consideremos as séries $\sum_{n=1}^{\infty} \frac{1}{n}$ e $\sum_{n=1}^{\infty} \frac{1}{n^2}$. Temos que $\lim_{n\to\infty} \frac{|a_{n+1}|}{|a_n|} = 1$ em ambos os casos, sendo que a primeira série diverge e a segunda converge. ■

Exemplo 3.7 *A série* $\sum_{n=1}^{\infty}(-1)^n \frac{1}{n!}$ *é absolutamente convergente pois*

$$\frac{|a_{n+1}|}{|a_n|} = \frac{\left|(-1)^{n+1}\frac{1}{(n+1)!}\right|}{\left|(-1)^n\frac{1}{n!}\right|} = \frac{n!}{(n+1)!} = \frac{1}{n+1},$$

donde $\lim_{n\to\infty} \frac{|a_{n+1}|}{|a_n|} = 0 < 1.$

Proposição 3.7 (Teste da Raiz) *Consideremos* $\sum_{n=1}^{\infty} a_n$ *uma série e suponhamos que* $\lim_{n\to\infty} \sqrt[n]{|a_n|} = L$. *Então*

a) *Se* $L < 1$ *a série é absolutamente convergente.*

b) *Se* $L > 1$ *a série é divergente.*

c) *Se* $L = 1$ *o teste é inconclusivo.*

Prova: Para a prova de *a*) escolhamos $b \in \mathbb{R}$ tal que $L < b < 1$. Como $\lim_{n\to\infty} \sqrt[n]{|a_n|} = L$ então existe $N \in \mathbb{N}$ tal que $\sqrt[n]{|a_n|} \leq b$ para todo $n \geq N$. Portanto, $|a_n| \leq b^n$ para todo $n \geq N$. Sendo $0 \leq b < 1$ então $\sum_{n=1}^{\infty} b^n$ é convergente e segue do critério de comparação que $\sum_{n=1}^{\infty} |a_n|$ é convergente. Logo $\sum_{n=1}^{\infty} a_n$ é absolutamente convergente.
Para a prova de *b*) temos que existe $N \in \mathbb{N}$ tal que $\sqrt[n]{|a_n|} > 1$, para todo $n \geq N$. Assim, a sequência (a_n) não tem limite zero, portanto $\sum_{n=1}^{\infty} a_n$ diverge. Para ver que o teste é inconclusivo no caso $L = 1$ consideremos, novamente, as séries $\sum_{n=1}^{\infty} \frac{1}{n}$ e $\sum_{n=1}^{\infty} \frac{1}{n^2}$. Em ambos os casos $\lim_{n\to\infty} \sqrt[n]{|a_n|} = 1$ e, como sabemos, a primeira série diverge enquanto que a segunda converge. ■

Exemplo 3.8 *A série* $\displaystyle\sum_{n=1}^{\infty}(-1)^n\frac{r^n}{n^n}$ *é absolutamente convergente qualquer que seja* $r \in \mathbb{R}$ *pois*

$$\sqrt[n]{\left|(-1)^n\frac{r^n}{n^n}\right|} = \sqrt[n]{\frac{|r|^n}{n^n}} = \frac{|r|}{n},$$

donde $\displaystyle\lim_{n\to\infty}\sqrt{|a_n|} = 0 < 1$, *onde* $a_n = (-1)^n\dfrac{r^n}{n^n}$.

Proposição 3.8 (Critério de Dirichlet) *Sejam* (a_n) *e* (b_n) *sequências de números reais tais que*

i) *A sequência* (s_n) *das somas parciais de* (a_n) *é limitada.*

ii) *A sequência* (b_n) *é monótona e* $\displaystyle\lim_{n\to\infty} b_n = 0$.

Então a série $\displaystyle\sum_{n=1}^{\infty} a_n b_n$ *é convergente.*

Para a prova da Proposição 3.8 estabeleceremos inicialmente dois lemas técnicos.

Lema 3.1 *Sejam* $a_1, a_2, \cdots, a_p$ *e* $b_1, b_2, \cdots, b_p$ *números reais e consideremos* $s_k = \displaystyle\sum_{j=1}^{k} a_j$, $k = 1, 2, \cdots, p$. *Então*

$$a_1b_1 + a_2b_2 + \cdots + a_pb_p =$$

$$s_1(b_1 - b_2) + s_2(b_2 - b_3) + \cdots + s_{p-1}(b_{p-1} - b_p) + s_pb_p.$$

Prova: Observe que $a_1 = s_1$, $a_2 = s_2 - s_1$, $a_3 = s_3 - s_2$ e, de um modo geral, $a_{j+1} = s_{j+1} - s_j$, para $j = 1, 2, \cdots, p-1$. Portanto

$$a_1b_1 + a_2b_2 + a_3b_3 + \cdots + a_pb_p =$$

$$s_1b_1 + (s_2 - s_1)b_2 + (s_3 - s_2)b_3 + \cdots + (s_p - s_{p-1})b_p =$$

$$s_1b_1 + s_2b_2 - s_1b_2 + s_3b_3 - s_2b_3 + \cdots + s_pb_p - s_{p-1}b_p =$$

$$s_1(b_1 - b_2) + s_2(b_2 - b_3) + \cdots + s_{p-1}(b_{p-1} - b_p) + s_pb_p,$$

como queríamos. ■

Lema 3.2 *Sejam $b_1, b_2, b_3, \cdots, b_p$ números reais satisfazendo a hipótese $b_1 \geq b_2 \geq b_3 \geq \cdots \geq b_p \geq 0$ e $a_1, a_2, a_3, \cdots, a_p$ números reais quaisquer. Consideremos $s_k = \sum_{j=1}^{k} a_j$ e suponhamos que existem números reais μ e M tais que*

$$\mu \leq s_k \leq M, \ \forall k = 1, 2, \cdots, p.$$

Então

$$\mu b_1 \leq a_1b_1 + a_2b_2 + a_3b_3 + \cdots + a_pb_p \leq Mb_1.$$

Prova: Desde que $\mu \leq s_k \leq M$, para $k = 1, 2, \cdots, p$ e $b_1 \geq b_2 \geq b_3 \geq \cdots \geq b_p \geq 0$, então

$$\mu(b_1 - b_2) \leq s_1(b_1 - b_2) \leq M(b_1 - b_2)$$

$$\mu(b_2 - b_3) \leq s_2(b_2 - b_3) \leq M(b_2 - b_3)$$

$$\vdots$$

$$\mu(b_{p-1} - b_p) \leq s_{p-1}(b_{p-1} - b_p) \leq M(b_{p-1} - b_p)$$

$$\mu b_p \leq s_pb_p \leq Mb_p$$

Somando membro a membro essas desigualdades obtemos

$$\mu b_1 \leq s_1(b_1 - b_2) + s_2(b_2 - b_3) + \cdots + s_{p-1}(b_{p-1} - b_p) + s_pb_p \leq Mb_1.$$

Assim, pelo Lema 3.1

$$\mu b_1 \leq a_1b_1 + a_2b_2 + a_3b_3 + \cdots + a_pb_p \leq Mb_1$$

como queríamos. ■

Prova da Proposição 3.8:

Prova: Podemos supor, sem perda da generalidade, que a sequência (b_n) é não crescente e $b_n \geq 0$ para todo $n \in \mathbb{N}$. Como (s_n) é limitada existe $H > 0$ tal que $|s_n| \leq H$ para todo $n \in \mathbb{N}$. Logo

$$|a_{n+1} + a_{n+2} + \cdots + a_{n+k}| = |s_{n+k} - s_n| \leq |s_{n+k}| + |s_n| \leq 2H,$$

ou seja

$$-2H \leq a_{n+1} + a_{n+2} + \cdots + a_{n+k} \leq 2H.$$

Pelo Lema 3.2 temos

$$-2Hb_{n+1} \leq a_{n+1}b_{n+1} + a_{n+2}b_{n+2} + \cdots + a_{n+k}b_{n+k} \leq 2Hb_{n+1}$$

ou

$$|a_{n+1}b_{n+1} + a_{n+2}b_{n+2} + \cdots + a_{n+k}b_{n+k}| \leq 2Hb_{n+1}.$$

Desde que $\lim\limits_{n\to\infty} b_n = 0$ então, para cada $\varepsilon > 0$ existe $N \in \mathbb{N}$ tal que

$$n \geq N \;\Rightarrow\; b_n < \frac{\varepsilon}{2H}.$$

Logo

$$|a_{n+1}b_{n+1} + a_{n+2}b_{n+2} + \cdots + a_{n+k}b_{n+k}| = |\sum_{j=n+1}^{n+k} a_j b_j| < \varepsilon,$$

o que acarreta a convergência da série $\sum\limits_{n=1}^{\infty} a_n b_n$, pelo Critério de Cauchy. ∎

3.4 Exercícios do Capítulo 3

3.1- Considere as séries $\sum_{n=1}^{\infty} a_n$ e $\sum_{n=1}^{\infty} b_n$, onde,

$$a_n = \sqrt{n+1} - \sqrt{n} \quad e \quad b_n = \ln\left(1 + \frac{1}{n}\right).$$

Mostre que $\lim_{n\to\infty} a_n = \lim_{n\to\infty} b_n = 0$. Calcule explicitamente as n–ésimas somas parciais s_n e t_n dessas séries e mostre que $\lim_{n\to\infty} s_n = \lim_{n\to\infty} t_n = \infty$. Conclua que as séries dadas são divergentes.

3.2- Use o teste da raiz para mostrar que as séries abaixo convergem:

$$a)\ \sum_{n=1}^{\infty} \frac{n^5}{5^n}, \quad b)\ \sum_{n=1}^{\infty} \left(\sqrt[n]{n} - 1\right), \quad c)\ \sum_{n=1}^{\infty} \left(\frac{-n}{3n+1}\right)^n$$

3.3- Verifique se as seguintes séries convergem ou divergem:

$$a)\ \sum_{n=1}^{\infty} \left(\frac{2}{n}\right)^n n!, \quad b)\ \sum_{n=1}^{\infty} \frac{(-1)^n 2^n}{n!}, \quad c)\ \sum_{n=1}^{\infty} \frac{(-1)^n}{n(n+2)}$$

3.4- Se $\sum_{n=1}^{\infty} a_n,\ a_n \geq 0\ \ \forall n \in \mathbb{N}$, é convergente, então as séries

$$\sum_{n=1}^{\infty} a_n x^n,\ x \in [0,\ 1] \text{ e } \sum_{n=1}^{\infty} a_n \text{sen}(nx),\ x \in \mathbb{R}$$

são absolutamente convergentes.

3.5- Mostre que se $\sum_{n=1}^{\infty} a_n$ converge absolutamente, então $\sum_{n=1}^{\infty} a_n^2$ converge.

3.6- Prove que se $\sum_{n=1}^{\infty} a_n^2$ e $\sum_{n=1}^{\infty} b_n^2$ convergem, então $\sum_{n=1}^{\infty} a_n b_n$ converge absolutamente.

3.7- Prove que se $\sum_{n=1}^{\infty} a_n^2$ e $\sum_{n=1}^{\infty} b_n^2$ convergem, então

$$\sum_{n=1}^{\infty}(a_n + b_n)^2$$

também converge.

3.8- Prove que se as séries $\sum_{n=1}^{\infty} a_n^2$ e $\sum_{n=1}^{\infty} b_n^2$ convergem, então

$$\left(\sum_{n=1}^{\infty} a_n b_n\right)^2 \leq \left(\sum_{n=1}^{\infty} a_n^2\right)\left(\sum_{n=1}^{\infty} b_n^2\right).$$

3.9- Mostre que se as séries $\sum_{n=1}^{\infty} a_n$ e $\sum_{n=1}^{\infty} b_n$ são absolutamente convergentes , então a série (de funções) $\sum_{n=1}^{\infty}(a_n \cos(nx) + b_n \operatorname{sen}(nx))$ também converge.

3.10- Suponha que a sequência de termos não negativos (a_n) é decrecente e a série $\sum_{n=1}^{\infty} a_n$ converge. Mostre que

$$\lim_{n\to\infty} na_n = 0.$$

3.11- Mostre que uma série de números reais é absolutamente convergente se, e somente se, ela pode ser expressa como a diferença de séries convergentes de termos não negativos.

3.12- Prove que a série $\sum_{n=1}^{\infty} a_n,\ \ a_n \geq 0$, é convergente se, e somente se, a sequência (s_n) das somas parciais é limitada.

3.13- Determine para quais valores de x as séries $\sum_{n=1}^{\infty} \frac{x^n}{n^2}$ e $\sum_{n=1}^{\infty} \frac{x^n}{n^n}$ são convergentes.

3.14- Dê exemplos de uma série convergente $\sum_{n=1}^{\infty} a_n$ e de uma sequência limitada (x_n) tais que $\sum_{n=1}^{\infty} a_n x_n$ seja divergente.

3.15- Prove que se $a_n \geq 0$ para todo $n \in \mathbb{N}$ e $\sum_{n=1}^{\infty} a_n$ converge, então $\sum_{n=1}^{\infty} \frac{\sqrt{a_n}}{n}$ também converge.

3.16- Seja (a_n) é uma sequência decrescente de termos positivos com limite nulo e f uma função decrescente, definida em $[1, +\infty)$ e tal que $f(n) = a_n$, para todo $n \in \mathbb{N}$. Mostre que a série $\sum_{n=1}^{\infty} a_n$ converge se, e somente se, $\int_1^{\infty} f(x)dx$ converge.

3.17- Se $a_n \geq 0$ e $b_n > 0$ para todo $n \in \mathbb{N}$ e se $\lim_{n\to\infty} \frac{a_n}{b_n} = 0$ então $\sum_{n=1}^{\infty} a_n$ converge se $\sum_{n=1}^{\infty} b_n$ converge.

3.18- [Critério de Abel] Sejam (a_n) e (b_n) sequências de números reais tais que

a) $\sum_{n=1}^{\infty} a_n$ é convergente;

b) (b_n) é monótona e limitada.

Então $\sum_{n=1}^{\infty} a_n b_n$ é convergente.

3.19- Mostre que $\sum_{n=2}^{\infty} \frac{1}{n \ln n}$ é divergente.

3.20- Mostre que a série $\sum_{n=2}^{\infty} \frac{1}{n(\ln n)^r}$ converge se $r > 1$ e diverge se $r \leq 1$.

3.21- Sejam $\sum_{n=1}^{\infty} a_n$ e $\sum_{n=1}^{\infty} b_n$ duas séries de termos positivos tais que

$$0 < \lim_{n\to\infty} \frac{a_n}{b_n} < \infty.$$

Mostre que ou ambas as séries convergem ou ambas divergem.

3.22- A série $\sum_{n=1}^{\infty} \frac{1}{\sqrt{n(n+1)}}$ converge ou diverge? Justifique sua resposta.

3.23- Mostre que se $\sum_{n=1}^{\infty} a_n$ converge e se (s_n) é tal que $s_n = a_1 + a_2 + \cdots + a_n$ então a sequência $\frac{s_1 + s_2 + \cdots + s_n}{n}$ converge, e seu limite é $\sum_{n=1}^{\infty} a_n$.

3.24- Mostre que se $\sum_{n=1}^{\infty} a_n$ converge e $\sum_{n=1}^{\infty} b_n$ diverge, então a série $\sum_{n=1}^{\infty}(a_n + b_n)$ diverge.

3.25- A série $\sum_{n=1}^{\infty}(-1)^n \frac{n}{n+1}$ converge ou diverge? Justifique sua resposta.

3.26- Determine os valores de x para os quais a série $\sum_{n=1}^{\infty} \frac{x^n}{n^x}$ seja convergente.

3.27- Seja (a_n) é uma sequência decrescente de termos não negativos. Mostre que a série $\sum_{n=1}^{\infty} a_n$ converge se, e somente se, $\sum_{k=0}^{\infty} 2^k a_{2^k}$ converge.

3.28- Suponhamos que $\sum_{n=0}^{\infty} a_n = A$, $\sum_{n=0}^{\infty} b_n = B$ e a convergência de $\sum_{n=0}^{\infty} a_n$ é absoluta. Seja $c_n = \sum_{k=0}^{n} a_k b_{n-k}$, para $n = 0, 1, 2 \cdots$ Mostre que $\sum_{n=0}^{\infty} c_n = A.B$.

3.29- Mostre que, se $\sum_{n=1}^{\infty} a_n$ é absolutamente convergente, então, para toda bijeção $\sigma : \mathbb{N} \to \mathbb{N}$, tem-se que $\sum_{n=1}^{\infty} a_n = \sum_{n=1}^{\infty} a_{\sigma(n)}$.

Capítulo 4

Noções de Topologia

Topologia é o campo da Matemática que objetiva basicamente descrever como estão "colocadas" determinadas classes de subconjuntos de um conjunto maior, chamado de espaço topológico, e no qual alguma noção de proximidade está definida. A linguagem introduzida pela Topologia é fundamental para a generalização do conceito de continuidade de funções. Trata-se, portanto, de um importante campo de estudo. Contudo, uma vez que não faz parte dos objetivos desse texto o aprofundamento deste tema, nos limitaremos a apresentar as noções topológicas necessárias para trabalhar, nos próximos capítulos, com limite e continuidade de funções reais.

Usando fortemente a interpretação geométrica de $\mathbb{R}$ como pontos de uma reta, cuja noção de proximidade é medida pela função valor absoluto, priorizaremos aqui os aspectos topológicos que são vistos dessa perspectiva e dedicaremos uma secção desse capítulo a "Noções de Topologia da Reta", o que justifica essa nomenclatura. Antes, porém, retornaremos às questões de limites de sequências para introduzir alguns conceitos básicos para um melhor entendimento da linguagem da topologia da reta. É o que faremos na próxima secção.

4.1 Limite Superior e Limite Inferior

Um número real x chama-se ponto aderente de uma sequência de números reais (a_n) quando essa possui uma subsequência (a_{n_j}) tal que $\lim_{n_j\to\infty} a_{n_j} = x$. Portanto, o conjunto dos pontos aderentes de uma sequência é o conjunto dos limites de suas subsequências convergentes.

O Teorema 2.1 garante que o conjunto dos pontos aderentes de uma sequência limitada é sempre não vazio e a Proposição 2.1 afirma que uma sequência convergente possui um único ponto aderente que é exatamente o seu limite.

A sequência $(n)_{n\in\mathbb{N}}$, por ser estritamente crescente e não limitada, não possui ponto aderente algum. Por outro lado, a sequência que é construída considerando-se, para cada $n \in \mathbb{N}$, a repetição dos n primeiros naturais, ou seja, a sequência $(1, 1, 2, 1, 2, 3, 1, 2, 3, 4, \cdots)$, admite cada um deles como um ponto aderente. Vemos então, com esses dois últimos exemplos desse parágrafo e os comentários do parágrafo anterior, que o conjunto dos pontos aderentes de uma sequência tanto pode ser infinito como finito e até mesmo vazio.

Quando uma sequência (a_n) é limitada então o conjunto C de seus pontos aderentes, que é não vazio, é também limitado. Podemos, assim, para uma sequência limitada, definir o seu limite superior, o qual é denotado por $\limsup a_n$, e o seu limite inferior, o qual é denotado por $\liminf a_n$, como sendo

$$\limsup a_n = \sup C \quad \text{e} \quad \liminf a_n = \inf C.$$

Quando a ocorrer de uma sequência (a_n) não ser limitada superiormente escrevemos $\limsup a_n = \infty$ e, no caso em a sequência não ser limitada inferiormente escrevemos $\liminf a_n = -\infty$. É claro que $\limsup a_n \in \mathbb{R}$ se, e somente se, (a_n) é limitada superiormente. Analogamente, $\liminf a_n \in \mathbb{R}$ se, e somente se, (a_n) é limitada inferiormente.

Proposição 4.1 *Se* $L = \limsup a_n$ *e* $\ell = \liminf a_n$ *então, dado* $\varepsilon > 0$ *existe* $N \in \mathbb{N}$ *tal que*

$$n \geq N \;\Rightarrow\; \ell - \varepsilon < a_n < L + \varepsilon.$$

Prova: Desde que L e ℓ são números reais então (a_n) é limitada. Se para algum $\varepsilon_0 > 0$ tivéssemos $a_n \geq L + \varepsilon_0$ para um número infinito de índices n então poderíamos escolher $n_1 < n_2 < \cdots < n_k < \cdots$ em $\mathbb{N}$ de tal modo que $a_{n_k} \geq L + \varepsilon_0$. Sendo (a_n) limitada então (a_{n_k}) é também limitada e, pelo Teorema de Bolzano-Weierstrass, (a_{n_k}) possui uma subsequência $(a_{n_{k_j}})$ convergente para um limite $x \in \mathbb{R}$ que seria, assim, um ponto aderente de (a_n). Como $a_{n_{k_j}} \geq L + \varepsilon_0$ então $x \geq L + \varepsilon_0 > L$, o que é uma contradição pois L é o supremo do conjunto dos pontos aderentes de (a_n). Logo, para cada $\varepsilon > 0$, só pode haver um número finito de índices n com $a_n \geq L + \varepsilon$. Isto é, existe $N_1 \in \mathbb{N}$ tal que

$$n \geq N_1 \Rightarrow a_n < L + \varepsilon.$$

Por meio de um raciocínio semelhante podemos garantir que existe $N_2 \in \mathbb{N}$ tal que

$$n \geq N_2 \Rightarrow \ell - \varepsilon < a_n.$$

Tomando agora $N = \max\{N_1, N_2\}$ obtemos

$$n \geq N \Rightarrow \ell - \varepsilon < a_n < L + \varepsilon,$$

como queríamos demonstrar. ■

Corolário 4.1 *Uma sequência (a_n) é convergente se, e somente se,*

$$\limsup a_n = \liminf a_n.$$

Exemplo 4.1 *Considere a sequência (a_n) cujo termo geral é dado por*

$$a_n = \left(1 - \frac{1}{n}\right) \operatorname{sen} \frac{n\pi}{2}.$$

Temos que

$$a_{4n+1} = \left(1 - \frac{1}{4n+1}\right) \operatorname{sen} \frac{(4n+1)\pi}{2} = \left(1 - \frac{1}{4n+1}\right).1$$

e, assim, $\lim_{n \to \infty} a_{4n+1} = 1$. *Temos também que*

$$a_{4n-1} = \left(1 - \frac{1}{4n-1}\right) \operatorname{sen} \frac{(4n-1)\pi}{2} = \left(1 - \frac{1}{4n-1}\right).(-1)$$

e, portanto, $\lim\limits_{n\to\infty} a_{4n-1} = -1$. *Como*

$$|a_n| = \left|\left(1 - \frac{1}{n}\right)\text{sen}\frac{n\pi}{2}\right| \le 1$$

para todo $n \in \mathbb{N}$, *segue que* $\liminf a_n = -1$ *e* $\limsup a_n = 1$. *Podemos também concluir, usando o Corolário da* Proposição 4.1, *que* (a_n) *é divergente.*

Há outra forma de se introduzir o limite superior e o limite inferior de uma sequência (a_n), equivalente à acima apresentada, formulação essa que, em determinadas situações, facilita o trabalho com o limite superior e o limite inferior. Trata-se da seguinte formulação: para cada $n \in \mathbb{N}$ consideremos o conjunto

$$A_n = \{a_n, a_{n+1}, a_{n+2}, \cdots\}. \tag{4.1}$$

Uma vez que (a_n) é limitada então A_n é um conjunto limitado e, portanto, existem $\alpha_n = \inf A_n$ e $\beta_n = \sup A_n$. Como $A_{n+1} \subset A_n$, temos também que $\alpha_n \le \alpha_{n+1}$ e $\beta_{n+1} \le \beta_n$, ou seja, (α_n) e (β_n) são sequências monótonas, e sendo limitadas (pois (a_n) é limitada), são ambas convergentes (vide Proposição 2.8 e seu comentário logo a seguir). Sejam

$$\underline{L} = \lim_{n\to\infty} \alpha_n \quad \text{e} \quad \overline{L} = \lim_{n\to\infty} \beta_n.$$

Mostremos, na proposição a seguir, que

$$\underline{L} = \liminf a_n \quad \text{e} \quad \overline{L} = \limsup a_n.$$

Proposição 4.2 *Seja* (a_n) *uma sequência limitada. Então*

$$\liminf a_n = \underline{L} = \lim_{n\to\infty} \inf A_n$$

e

$$\limsup a_n = \overline{L} = \lim_{n\to\infty} \sup A_n,$$

onde A_n *está definido em* (4.1).

Prova: Vamos demonstrar que $\overline{L} = \limsup a_n$ e deixamos como um exercício a demonstração de que $\underline{L} = \liminf a_n$. Seja x um ponto aderente de (a_n), isto é, x é o limite de uma subsequência (a_{n_k}) de (a_n). Como $n_k \geq k$ então $a_{n_k} \in A_k$, logo, $a_{n_k} \leq \beta_k$. Assim,

$$x = \lim_{k\to\infty} a_{n_k} \leq \lim_{k\to\infty} \beta_k = \overline{L}.$$

Donde segue que

$$\limsup a_n \leq \overline{L}. \tag{4.2}$$

Vamos agora construir uma subsequência de (a_n) que converge para $\overline{L}$. Para $k = 1$, como $\beta_1 = \sup A_1$, existe $n_1 \in \mathbb{N}$ tal que

$$\beta_1 - 1 < a_{n_1} \leq \beta_1.$$

Para $k = 2$, como $\beta_{n_1+1} = \sup A_{n_1+1}$, podemos determinar $n_2 > n_1$ tal que

$$\beta_{n_1+1} - \frac{1}{2} < a_{n_2} \leq \beta_{n_1+1}.$$

Para $k = 3$, como $\beta_{n_2+1} = \sup A_{n_2+1}$, existe $n_3 > n_2$ tal que

$$\beta_{n_2+1} - \frac{1}{3} < a_{n_3} \leq \beta_{n_2+1}.$$

Prosseguindo com essa construção, para cada $k \in \mathbb{N}$ determinamos a_{n_k} tal que

$$\beta_{n_k+1} - \frac{1}{k+1} < a_{n_{k+1}} \leq \beta_{n_k+1}. \tag{4.3}$$

Passando ao limite em (4.3) quando $k \to \infty$ obtemos $\lim\limits_{k\to\infty} a_{n_k} = \overline{L}$. Assim, $\overline{L}$ é um ponto aderente de (a_n) e, consequentemente,

$$\overline{L} \leq \limsup a_n. \tag{4.4}$$

De (4.2) e (4.4) segue que $\overline{L} = \limsup a_n$, como queríamos demonstrar. ∎

Com o auxílio da Proposição 4.2 vamos dar uma caracterização para o limite superior e o limite inferior de uma sequência limitada.

Proposição 4.3 *Seja (a_n) uma sequência limitada. Então*

i) *L é o limite superior de (a_n) se, e somente se, dado $\varepsilon > 0$,*

a) *existe* $N \in \mathbb{N}$ *tal que* $a_n < L + \varepsilon$ *para todo* $n \geq N$ *e*

b) $a_n > L - \varepsilon$ *para uma infinidade de índices* n.

ii) ℓ *é o limite inferior de* (a_n) *se, e somente se, dado* $\varepsilon > 0$,

c) *existe* $N \in \mathbb{N}$ *tal que* $a_n > \ell - \varepsilon$ *para todo* $n \geq N$ *e*

d) $a_n < \ell + \varepsilon$ *para uma infinidade de índices* n.

Prova: Vamos demonstrar o item *i*) e deixamos como exercício o item *ii*). Suponhamos que $L = \limsup a_n$. Pela Proposição 4.2 temos que $L = \lim_{n\to\infty} \beta_n$, onde $\beta_n = \sup\{a_n, a_{n+1}, \cdots\}$. Logo existe $N \in \mathbb{N}$ tal que $\beta_N < L + \varepsilon$ e, portanto $a_n < L + \varepsilon$ para todo $n \geq N$, o que prova *a*). Outra vez pela Proposição 4.2 sabemos que existe uma subsequência de (a_n) que converge para L. Logo existe uma infinidade de índices n tais que $a_n > L - \varepsilon$, o que prova *b*). Reciprocamente, suponhamos que vale *a*) e *b*). Por *a*) temos que $\beta_n = \sup A_n \leq L + \varepsilon$ para $n \geq N$, e como por *b*) $a_n > L - \varepsilon$ para uma infinidade de índices n, sendo (β_n) uma sequência não crescente, segue que $\beta_n \geq L - \varepsilon$ para todo $n \in \mathbb{N}$. Donde obtemos $L = \lim_{n\to\infty} \beta_n$. ■

4.2 Noções de Topologia da Reta

Definição 4.1 *Dado um subconjunto* $S \subset \mathbb{R}$, *dizemos que um ponto* $x_0 \in \mathbb{R}$ *é um ponto de acumulação de* S *se para cada* $\varepsilon > 0$ *existe* $x \in S$ *tal que* $0 < |x - x_0| < \varepsilon$. *O conjunto dos pontos de acumulação de* S *é chamado de derivado de* S *e é denotado por* S'.

Exemplo 4.2 *Para o intervalo* $I = (0,\ 1)$ *os seus pontos extremos* 0 *e* 1 *são pontos de acumulação. Na realidade qualquer* $x \in \mathbb{R}$ *tal que* $0 \leq x \leq 1$ *é ponto de acumulação de* $(0,\ 1)$, *ou seja,* $I' = [0,\ 1]$.

Exemplo 4.3 *O subconjunto*

$$S = \left\{\frac{1}{2},\ \frac{2}{3},\ \frac{3}{4},\ \cdots,\ \frac{n}{n+1},\ \cdots\right\}$$

de $\mathbb{R}$ *tem exatamente um ponto de acumulação, a saber,* $x_0 = 1$.

Se $S \subset \mathbb{R}$ é finito então S não possui pontos de acumulação. O conjunto $\mathbb{N}$ dos números naturais também não possui pontos de acumulação. No entanto, vale a seguinte versão do Teorema de Bolzano-Weierstrass para conjuntos.

Teorema 4.1 *Todo subconjunto infinito e limitado de números reais possui pelo menos um ponto de acumulação.*

Prova: Seja $S \subset \mathbb{R}$ infinito e limitado. Podemos selecionar uma sequência (a_n) de pontos dois a dois distintos de S. Sendo S limitado então (a_n) é limitada e, pelo Teorema 2.1 (Teorema de Bolzano-Weirestrass), essa possui uma subsequência convergente (a_{n_j}). Considere $x_0 = \lim\limits_{n_j \to \infty} a_{n_j}$. Mostremos que x_0 é um ponto de acumulação de S. De fato, pelo fato de $x_0 = \lim\limits_{n_j \to \infty} a_{n_j}$, dado $\varepsilon > 0$ existe $N \in \mathbb{N}$ tal que

$$n_j \geq N \Rightarrow |a_{n_j} - x_0| < \varepsilon.$$

Se, eventualmente, $x_0 \in S$ já temos provado o Teorema. Se não, escolhamos $n_{j_0} > N$ tal que $a_{n_{j_0}} \neq x_0$. Tal escolha é possível tendo em vista que a sequência (a_n) é constituída de pontos dois a dois distintos. Logo, para cada $\varepsilon > 0$ existe $a_{n_{j_0}} \in S$ tal que $0 < |a_{n_{j_0}} - x_0| < \varepsilon$ o que prova que x_0 é um ponto de acumulação de S. ■

Proposição 4.4 *Seja $S \subset \mathbb{R}$ e x_0 é um ponto de acumulação de S. Então existe uma sequência (x_n) de pontos de S, com $x_n \neq x_0$ para todo $n \in \mathbb{N}$, satisfazendo $\lim\limits_{n \to \infty} x_n = x_0$.*

Prova: Como x_0 é um ponto de acumulação de S então, para cada $\varepsilon > 0$ existe $x \in S$ tal que $0 < |x - x_0| < \varepsilon$. Em particular, para cada $n \in \mathbb{N}$ existe $x_n \in S$ tal que $0 < |x_n - x_0| < \frac{1}{n}$. Portanto $\lim\limits_{n \to \infty} x_n = x_0$. ■

4.2.1 Conjuntos Abertos

Dados x um ponto de $\mathbb{R}$ e $\varepsilon > 0$, denominamos o intervalo $(x - \varepsilon, x + \varepsilon)$ de vizinhança de centro x e raio ε e o representamos por $V_\varepsilon(x)$. O conjunto $V_\varepsilon(x) -$

$\{x\}$, isto é, a vizinhança de centro x e raio ε suprimida de x, é denotada por $V_\varepsilon^*(x)$. Nessa terminologia, um ponto x é um ponto de acumulação de $S \subset \mathbb{R}$ se para toda vizinhança $V_\varepsilon^*(x)$ temos $V_\varepsilon^*(x) \cap S \neq \emptyset$.

Definição 4.2 *Um subconjunto A de* $\mathbb{R}$ *denomina-se aberto se para cada* $x \in A$ *existe* $\varepsilon > 0$ *tal que* $V_\varepsilon(x) \subset A$. *Em outras palavras, A é aberto quando para cada um dos seus pontos x, não somente o x, mas todos os pontos de uma vizinhança dele também pertencem a A.*

Exemplo 4.4 *Para a e b em* $\mathbb{R}$, *com* $a < b$, *o intervalo aberto* (a, b) *é um subconjunto aberto. De fato, para cada* $x \in (a, b)$ *podemos escolher* $\varepsilon = \min\{x - a, b - x\}$ *e temos* $V_\varepsilon(x) \subset (a, b)$. *Os intervalos do tipo* $(-\infty, a)$ *e* $(b, +\infty)$, *assim como o próprio* $\mathbb{R}$, *são também subconjuntos abertos (justifique).*

Observe que o conjunto vazio $\emptyset$ não contradiz a Definição 4.2 simplesmente porque não possui ponto algum, logo é um subconjunto aberto.

A classe dos subconjuntos abertos goza das propriedades dadas pela proposição a seguir, cuja demonstração é deixada para os exercícios.

Proposição 4.5 *A união de uma coleção qualquer de subconjuntos abertos é um subconjunto aberto e a interseção de uma coleção finita de subconjuntos abertos é um subconjunto aberto.*

Se $A \subset \mathbb{R}$ é um subconjunto aberto não vazio então, para cada $x \in A$ existe $\varepsilon_x > 0$ tal que $V_{\varepsilon_x}(x) \subset A$. Assim

$$A = \bigcup_{x \in A} V_{\varepsilon_x}(x).$$

Isto é, todo subconjunto aberto não vazio de $\mathbb{R}$ pode ser representado como uma união de intervalos abertos. Pode-se mostrar (vide [8]) um resultado mais refinado o qual afirma que "todo subconjunto aberto pode ser representado como uma união enumerável de intervalos abertos dois a dois disjuntos".

4.2.2 Conjuntos Fechados

Definição 4.3 *Um subconjunto F de $\mathbb{R}$ é denominado fechado se seu complementar $\mathbb{R} - F$ é aberto.*

Exemplo 4.5 *Para a e b em $\mathbb{R}$, com $a < b$, o intervalo fechado $[a,\ b]$ é um subconjunto fechado de $\mathbb{R}$. Para ver isto é bastante observar que*

$$\mathbb{R} - [a,\ b] = (-\infty,\ a) \cup (b,\ +\infty)$$

e usar o Exemplo 4.4 e a Proposição 4.5.

Exemplo 4.6 *Desde que $\mathbb{R}$ e $\emptyset$ são abertos e $\mathbb{R} = \mathbb{R} - \emptyset$, segue que $\emptyset$ é fechado. Como também $\emptyset = \mathbb{R} - \mathbb{R}$ e $\emptyset$ é aberto, segue que $\mathbb{R}$ é fechado.*

Observação 4.1 *Uma informação para o leitor interessado em leituras futuras mais avançadas de Matemática é que quando temos um conjunto T qualquer, não necessariamente $\mathbb{R}$, e uma coleção destacada τ de seus subconjuntos gozando das propriedades da Proposição 4.5 e, além disso, tanto T com $\emptyset$ pertencem a τ, esse conjunto T é denominado espaço topológico e a coleção τ de topologia.*

Um fato importante a respeito de $\mathbb{R}$ é que os seus únicos subconjuntos que são simultaneamente abertos e fechados são o vazio e o próprio $\mathbb{R}$. A demonstração deste fato extrapola os objetivos deste texto e pode ser vista em [8].

Decorre da Proposição 4.5, e das propriedades da operação de tomar complementares, que a coleção dos subconjuntos fechados de $\mathbb{R}$ goza das seguintes propriedades: "a interseção de uma coleção qualquer de fechados é um fechado" e "a união de uma coleção finita de fechados é um fechado".

Proposição 4.6 *Um subconjunto $F \subset \mathbb{R}$ é fechado se, e somente se, contém todos os seus pontos de acumulação.*

Prova: Suponhamos que F é fechado. Mostremos que nenhum ponto de $\mathbb{R} - F$ pode ser ponto de acumulação de F. Seja $x_0 \in \mathbb{R} - F$. Sendo $\mathbb{R} - F$ aberto, existe $\varepsilon_{x_0} > 0$ tal que $V_{\varepsilon_{x_0}}(x_0) \subset (\mathbb{R} - F)$. Nesse caso temos que $V_{\varepsilon_{x_0}}(x_0) \cap F = \emptyset$. Ou seja, não existe $x \in F$ tal que $0 < |x - x_0| < \varepsilon_{x_0}$. Portanto x_0 não é ponto de acumulação de F. Reciprocamente, suponhamos que F contém todos os seus pontos de acumulação. Seja x_0 um ponto arbitrário de $\mathbb{R} - F$. Temos, por hipótese, que x_0 não é ponto de acumulação de F. Sendo assim, existe $\varepsilon_{x_0} > 0$ tal que para todo $x \in F$ vale $V_{\varepsilon_{x_0}} \cap F = \emptyset$. Ou seja, $V_{\varepsilon_{x_0}}(x_0) \subset (\mathbb{R} - F)$, o que mostra que $\mathbb{R} - F$ é aberto e, consequentemente, F é fechado. ■

Os conjuntos fechados podem também ser caracterizados em termos de limites de sequências de seus pontos, conforme estabelece a proposição seguinte.

Proposição 4.7 *Uma condição necessária e suficiente para que um conjunto $F \subset \mathbb{R}$ seja fechado é que, para qualquer sequência convergente (x_n) de pontos de F tem-se $\lim_{n\to\infty} x_n \in F$.*

Prova: Suponhamos que $F \subset \mathbb{R}$ é um subconjunto fechado e seja (x_n) uma sequência convergente para $x \in \mathbb{R}$, com $x_n \in F$ para todo $n \in \mathbb{N}$. Somente duas situações podem ocorrer: ou é verdade que $x = x_{n_0}$, para algum $n_0 \in \mathbb{N}$, e nesse caso já temos que $x \in F$, ou então é verdade que $x \neq x_n$ para todo $n \in \mathbb{N}$ e, nesse caso, para cada $\varepsilon > 0$ existe $N \in \mathbb{N}$ tal que $0 < |x_n - x| < \varepsilon$ para todo $n \geq N$. Em outras palavras, x é um ponto de acumulação de F, e pela Proposição 4.6 segue que $x \in F$. Suponhamos agora que F contém os limites de todas as suas sequências convergentes. Mostremos que F', o conjunto dos pontos de acumulação de F, está contido em F. Se $F' = \emptyset$, então $F' \subset F$. Se $F' \neq \emptyset$, seja $x \in F'$. Pela Proposição 4.4 existe uma sequência (x_n) de pontos de F tal que $\lim_{n\to\infty} x_n = x$ e, portanto, $x \in F$. Assim, em qualquer caso tem-se $F' \subset F$, ou seja, F é fechado. ■

4.2.3 Conjuntos Compactos

Definição 4.4 *Um subconjunto $K \subset \mathbb{R}$ é denominado compacto quando é limitado e fechado.*

Exemplo 4.7 *Todo intervalo* $[a, b]$ *de* $\mathbb{R}$ *é compacto pois é limitado e fechado. Intervalos do tipo* $(a, b]$ *ou* $[a, b)$ *não são compactos pois são limitados mas não são fechados e intervalos do tipo* $[a, +\infty)$ *ou* $(-\infty, a]$ *não são compactos pois são fechados mas não são limitados.*

Uma caracterização dos subconjuntos compactos de $\mathbb{R}$ em termos de sequências é dada pela proposição a seguir.

Proposição 4.8 *Um subconjunto* $K \subset \mathbb{R}$ *é compacto se, e somente se, toda sequência* (x_n) *de pontos de* K *possui uma subsequência* (x_{n_j}) *convergente para um ponto de* K.

Prova: Suponhamos K compacto, isto é, limitado e fechado, e seja (x_n) uma sequência de pontos de K. Temos que (x_n) é limitada e, pelo Teorema de Bolzano-Weierstrass, (x_n) possui uma subsequência (x_{n_j}) convergente para um limite $x \in \mathbb{R}$. Sendo K fechado segue, da Proposição 4.7, que $x \in K$. Reciprocamente, suponhamos que toda sequência (x_n) de pontos de K possui uma subsequência (x_{n_j}) convergente para um ponto $x \in K$. Se K não fosse limitado para cada $n \in \mathbb{N}$ existiria $x_n \in K$ com $|x_n| \geq n$. Neste caso teríamos uma sequência (x_n) de pontos de K que não admitiria nenhuma subsequência convergente, contradizendo a hipótese sobre K. Também se K não fosse fechado existiria $x \in K'$ com $x \notin K$ e, pela Proposição 4.4, existiria uma sequência (x_n) de pontos de K convergente para x, o que novamente contradiria a hipótese sobre K.

Há uma outra caracterização dos subconjuntos compactos de $\mathbb{R}$ cuja formulação matemática é a que se usa em Topologia Geral para definir compactos. Para darmos essa caracterização necessitamos da definição seguinte.

Definição 4.5 *Uma coleção de conjuntos abertos* $\mathcal{A} = \{A_\lambda;\ \lambda \in \Gamma\}$, *onde* Γ *é um conjunto de índices qualquer, é denominada cobertura aberta de um subconjunto* $S \subset \mathbb{R}$ *se* $S \subset \bigcup_{\lambda \in \Gamma} A_\lambda$.

Na Definição 4.5, qualquer subcoleção de $\mathcal{A}$ cuja união contém S é chamada de subcobertura de S.

De posse da Definição 4.5 podemos enunciar, sem darmos a demonstração, o Teorema de Borel Lebesgue[1,2] que se constitui muma caracterização dos compactos de $\mathbb{R}$.

Teorema 4.2 (Teorema de Borel-Lebesgue) *Um subconjunto $K \subset \mathbb{R}$ é compacto se, e somente se, toda cobertura aberta de K possui uma subcobertura finita.*

Para a prova do Teorema 4.2 recomendamos a leitura de [10].

Exemplo 4.8 *Para o subconjunto $(0,\ 1]$ de $\mathbb{R}$, o qual não é compacto pois não é fechado, a coleção de abertos $\mathcal{A} = \{(\frac{1}{n},\ 2);\ n \in \mathbb{N}\}$ é um exemplo de uma cobertura aberta que não possui nenhuma subcobertura finita. Do mesmo modo, para o subconjunto $[0,\ +\infty)$ de $\mathbb{R}$, o qual não é compacto pois não é limitado, a coleção de abertos $\mathcal{A} = \{(n-2,\ n);\ n \in \mathbb{N}\}$ é um exemplo de uma cobertura aberta que não possui nenhuma subcobertura finita.*

4.2.4 Conjuntos Completos

No Capítulo 1 nós dissemos que um corpo ordenado era um "corpo completo" quando valia o Teorema 1.2, isto é, quando todo subconjunto não vazio e limitado superiormente possuía supremo e, naquele capítulo, vimos que $\mathbb{R}$ era um corpo completo. Analisando a demonstração do Teorema 1.2 observamos que a propriedade de $\mathbb{R}$ ser um corpo completo não depende do fato de $\mathbb{R}$ ser corpo, ou seja, não depende das propriedades algébricas e sim da noção de ordem entre pontos de $\mathbb{R}$ e, naturalmente, da validade do Teorema de Dedekind. Aqui nessa secção, usando sequências de Cauchy, vamos introduzir um outro conceito de completitude que é o conceito de "conjunto completo" como sendo aquele conjunto de números reais em que toda sequência de Cauchy é convergente e veremos, por meio do Exemplo 4.9, que o próprio $\mathbb{R}$ é um conjunto completo. Evidentemente que, para a introdução do conceito de sequência de Cauchy, e em particular o conceito de conjunto completo, é fundamental a função valor absoluto, ou seja, a ferramenta matemática usada em $\mathbb{R}$ para "medir" distâncias.

---

[1]Emile Borel (1871-1938), matemático francês.

[2]Henri Lebesgue (1875-1941), matemático francês.

Definição 4.6 *Um subconjunto $S \subset \mathbb{R}$ é dito completo se toda sequência de Cauchy de pontos de S é convergente para um ponto de S.*

Exemplo 4.9 *O próprio $\mathbb{R}$ é completo uma vez que toda sequência de Cauchy de números reais é convergente, conforme estabelece a Proposição 2.11.*

Uma outra demonstração de que $\mathbb{R}$ é um conjunto completo, usando o lim inf e lim sup, é a seguinte. Dada (x_n) uma sequência de Cauchy em $\mathbb{R}$ e $\varepsilon > 0$, existe $N \in \mathbb{N}$ tal que

$$|x_n - x_m| < \varepsilon \text{ para todo } m, n \geq N.$$

Consequentemente, para todo $n \geq N$, temos que $x_N - \varepsilon < x_n < x_N + \varepsilon$ e, assim,

$$x_N - \varepsilon \leq \alpha_N \leq \lim_{n\to\infty} \alpha_n \leq \lim_{n\to\infty} \beta_n \leq \beta_N \leq x_N + \varepsilon, \tag{4.5}$$

onde

$$\alpha_n = \inf\{x_n, x_{n+1}, \cdots\} \text{ e } \beta_n = \sup\{x_n, x_{n+1}, \cdots\}.$$

Da Proposição 4.2 segue que $\liminf x_n = \lim\limits_{n\to\infty} \alpha_n$ e $\limsup x_n = \lim\limits_{n\to\infty} \beta_n$, segue de (4.5) que $\liminf x_n$ e $\limsup x_n$ são finitos e

$$0 \leq \limsup x_n - \liminf x_n \leq 2\varepsilon.$$

Sendo $\varepsilon > 0$ arbitrário temos $\limsup x_n = \liminf x_n$ e, pelo Corolário da Proposição 4.1 segue que (x_n) é convergente.

Exemplo 4.10 *O subconjunto* $(0, 1]$ *de* $\mathbb{R}$ *não é completo pois* $(\frac{1}{n})$ *é uma sequência de pontos de* $(0, 1]$ *que é de Cauchy mas não converge em* $(0, 1]$.

Exemplo 4.11 *O subconjunto* $\mathbb{Q}$ *dos números racionais não é completo pois a sequência*

$$(1,\ 1{,}4,\ 1{,}41,\ 1{,}414,\ 1{,}4142, \cdots),$$

das aproximações decimais de $\sqrt{2}$, *converge para* $\sqrt{2}$ *e, portanto, é uma sequência de Cauchy que não é convergente em* $\mathbb{Q}$ *uma vez que* $\sqrt{2}$ *é irracional.*

4.3 Exercícios do Capítulo 4

4.1- Determine os pontos aderentes de cada sequência dada abaixo

$$a)\left(\operatorname{sen}\tfrac{n\pi}{2}+(-1)^n\right),\quad b)\left(\cos\tfrac{n\pi}{2}+(-1)^n\right),$$

$$c)\ (n!),\qquad d)\left(\tfrac{1}{n!}\right),$$

$$e)\left(\tfrac{n-n^2}{1+2n^2}\right),\qquad f)\left(\tfrac{2+(-1)^n}{2}-\tfrac{1}{n}\right).$$

4.2- Sejam (x_n) e (y_n) sequências limitadas de $\mathbb{R}$ satisfazendo a condição $x_n \leq y_n$, para todo $n \in \mathbb{N}$. Mostre que

$$\liminf x_n \leq \liminf y_n \quad \text{e} \quad \limsup x_n \leq \limsup y_n.$$

4.3- Seja (x_n) uma sequência limitada de $\mathbb{R}$. Mostre que:

a) Se $c \geq 0$ então

$$\liminf(cx_n) = c\liminf x_n$$

e

$$\limsup(cx_n) = c\limsup x_n.$$

b) Se $c < 0$ então

$$\liminf(cx_n) = c\limsup x_n$$

e

$$\limsup(cx_n) = c\liminf x_n.$$

4.4- Sejam (x_n) e (y_n) sequências limitadas de $\mathbb{R}$. Mostre que:

a) $\liminf(x_n + y_n) \geq \liminf x_n + \liminf y_n$;

b) $\limsup(x_n + y_n) \leq \limsup x_n + \limsup y_n$.

4.5- Dê exemplos para mostrar as desigualdades no exercício anterior podem ser desigualdades estritas.

4.6- Mostre que todo subconjunto finito de $\mathbb{R}$ é fechado.

4.7- Prove que a união de uma coleção finita e a interseção de uma coleção qualquer de subconjuntos compactos de $\mathbb{R}$ é um subconjunto compacto.

4.8- Dado um subconjunto S de $\mathbb{R}$, dizemos que um ponto $x \in \mathbb{R}$ é um ponto fronteira de S se toda vizinhança de x contém pontos de S e de $\mathbb{R} - S$. Denotamos por ∂S o conjunto dos pontos fronteira de S. Prove que $A \subset \mathbb{R}$ é aberto se, e somente se, $A \cap \partial A = \emptyset$.

4.9- Seja S um subconjunto de $\mathbb{R}$. Dizemos que x é um ponto aderente de S se x é o limite de alguma sequência (x_n) de pontos de S. Chamamos de fecho de S, e denotamos por $\overline{S}$, o conjunto dos pontos aderentes de S. Prove que, para todo $S \subset \mathbb{R}$, tem-se $\overline{S} = S \cup \partial S$. Deduza, então, que S é fechado se, e somente se, $\partial S \subset S$.

4.10- Mostre que para quaisquer dois subconjuntos A e B de $\mathbb{R}$ tem-se que $\overline{A \cup B} = \overline{A} \cup \overline{B}$ e $\overline{A \cap B} \subset \overline{A} \cap \overline{B}$. Dê exemplos de subconjuntos de $\mathbb{R}$ para os quais vale que $\overline{A \cap B}$ é um subconjunto próprio de $\overline{A} \cap \overline{B}$.

4.11- Prove que, para todo $S \subset \mathbb{R}$, tem-se que S', o conjunto dos pontos de acumulação de S, é um conjunto fechado.

4.12- Seja $F_n = [a_n, b_n]$, $n \in \mathbb{N}$, uma família de intervalos fechados, limitados e tais que $[a_{n+1}, b_{n+1}] \subset [a_n, b_n]$. Mostre que existe pelo menos um ponto x_0 pertencente a todo os F_n, em outras palavras, $\bigcap_{n \in \mathbb{N}} F_n \neq \emptyset$. Mostre ainda que se $\lim_{n \to \infty} (b_n - a_n) = 0$ então existe exatamente um ponto x_0 que pertence a todos os intervalos F_n.

4.13- Nesse exercício vemos que a condição de ser fechado e limitado do Exercício 4.12 é essencial.

a) Seja $I_n = \left(0,\ \frac{1}{n}\right)$. Mostre que $\bigcap_{n \in \mathbb{N}} I_n = \emptyset$.

b) Seja $J_n = [n,\ +\infty)$. Mostre que $\bigcap_{n \in \mathbb{N}} J_n = \emptyset$.

4.14- Seja E um subconjunto de $\mathbb{R}$. Um subconjunto $D \subset \mathbb{R}$ é dito denso em E se $D \subset E \subset \overline{D}$. Prove que se C é denso em D e D é denso em E, então C é denso em E.

4.15- Prove que se $S \subset \mathbb{R}$ é finito então S', o seu derivado, é vazio.

4.16- Prove que x_0 é um ponto de acumulação de S se, e somente se, toda vizinhança de x_0 contém infinitos pontos de S.

4.17- Demonstre a Proposição 4.5.

4.18- Demonstre que:

a) A interseção de uma família qualquer de conjuntos fechados é um conjunto fechado.

b) A união de uma coleção finita de conjuntos fechados é um conjunto fechado.

4.19- Dê exemplo de uma família de conjuntos fechados cuja união não é um fechado.

4.20- Dê exemplo de uma família de conjuntos abertos cuja interseção não é um aberto.

4.21- Seja $D \subset \mathbb{R}$ um conjunto denso em $\mathbb{R}$ (Vide Definição 1.3 do Capítulo 1). Prove que D é denso em $\mathbb{R}$ se, e somente se, todo número real x_0 é ponto de acumulação de D.

4.22- Se A e B são conjuntos não vazios, define-se a distância entre A e B por

$$d(A, B) = \inf\{|a - b|;\ a \in A \text{ e } b \in B\}.$$

a) Prove que se $d(A, B) = 0$, com A fechado e B compacto, então $A \cap B \neq \emptyset$.

b) Dê exemplos de dois conjuntos fechados A e B tais que $d(A, B) = 0$ e $A \cap B = \emptyset$.

4.23- Mostre que toda coleção de abertos não vazios e dois a dois disjuntos de $\mathbb{R}$ é enumerável.

Capítulo 5

Limites de Funções

O principal objetivo desse Capítulo é ampliar o conceito de limite, já introduzido no Capítulo 2 quando tratamos o caso de sequências numéricas, para a situação mais geral de funções reais definidas em subconjuntos de $\mathbb{R}$. Nossa estratégia, considerando o público-alvo desse texto, é apresentar o conceito na forma mais ampla possível, de modo a dar condições mínimas aos interessados em leituras mais avançadas, mas procurando estabelecer as equivalências em termos de limites de sequências numéricas, de tal modo a aproveitar bem o material até agora estudado.

5.1 Funções Limitadas

Definição 5.1 *Dada uma função $f\colon S \to \mathbb{R}$, onde $S \subset \mathbb{R}$, dizemos que f é limitada inferiormente quando existe $m \in \mathbb{R}$ tal que*

$$m \leq f(x) \ \ para\ todo\ \ x \in S.$$

Analogamente, dizemos que f é limitada superiormente quando existe $M \in \mathbb{R}$ tal que

$$f(x) \leq M \ \ para\ todo\ \ x \in S.$$

Quando f é ao mesmo tempo limitada inferiormente e superiormente dizemos que é limitada. Ou seja, quando existem m e M em $\mathbb{R}$ tais que

$$m \leq f(x) \leq M \quad \text{para todo} \quad x \in S$$

ou, equivalentemente, existe $C > 0$ tal que

$$|f(x)| \leq C \quad \text{para todo} \quad x \in S.$$

Vemos, desse modo, que $f: S \to \mathbb{R}$ é uma função limitada se, e somente se, a sua imagem $f(S) = \{f(x); \quad x \in S\}$ é um subconjunto limitado de $\mathbb{R}$ e, portanto, existem $\inf_{x \in S} f(x)$ e $\sup_{x \in S} f(x)$.

Exemplo 5.1 *A função $f: \mathbb{R} \to \mathbb{R}$ dada por $f(x) = x^2$ é limitada inferiormente, pois $0 \leq f(x)$ para todo $x \in \mathbb{R}$, mas, não é limitada superiormente, pois para cada $M > 0$, tomando $x_0 = \sqrt{M+1}$ obtemos,*

$$f(x_0) = f(\sqrt{M+1}) = (\sqrt{M+1})^2 = M + 1 > M.$$

Exemplo 5.2 *A função $f: (0, +\infty) \to \mathbb{R}$ definida por $f(x) = \dfrac{1}{x}$ não é limitada superiormente, pois dado $M > 0$ podemos encontrar $x > 0$ de tal modo que $x < \dfrac{1}{M}$ e, consequentemente, $f(x) = \dfrac{1}{x} > M$. Mas f é limitada inferiormente, pois $0 < f(x)$ para todo $x \in (0, +\infty)$. Além disso, temos que $\inf_{x>0} f(x) = 0$ pois, dado $\varepsilon > 0$, existe $x \in \mathbb{R}$ tal que $x > \dfrac{1}{\varepsilon}$ e, assim, $0 < f(x) = \dfrac{1}{x} < \varepsilon$. Agora, para $a > 0$, f restrita a $[a, +\infty)$ é limitada, pois se $x \geq a > 0$ temos $0 < \dfrac{1}{x} \leq \dfrac{1}{a}$.*

Proposição 5.1 *Sejam f e g funções reais definidas em $S \subset \mathbb{R}$*

i) *Se f e g são limitadas então $f + g$ e $f.g$ são limitadas.*

ii) *Se f é limitada e existe $\alpha > 0$ tal que $|g(x)| \geq \alpha \; \forall x \in S$ então $\dfrac{f}{g}$ é limitada.*

Prova:

i) Existem $M_1 > 0$ e $M_2 > 0$ tais que

$$|f(x)| \leq M_1 \text{ e } |g(x)| \leq M_2, \quad \forall x \in S.$$

Então

$$|(f+g)(x)| = |f(x) + g(x)| \leq |f(x)| + |g(x)| \leq M_1 + M_2$$

e

$$|(f.g)(x)| = |f(x).g(x)| = |f(x)|.|g(x)| \leq M_1.M_2.$$

ii) Existe $M > 0$ tal que $|f(x)| \leq M$ para todo $x \in S$. Logo

$$\left|\left(\frac{f}{g}\right)(x)\right| = \left|\frac{f(x)}{g(x)}\right| = \frac{|f(x)|}{|g(x)|} \leq \frac{M}{\alpha},$$

para todo $x \in S$. ■

5.2 Limites de Funções Reais

Sejam S um subconjunto de $\mathbb{R}$, a um ponto de acumulação de S e $f: S \to \mathbb{R}$ uma função real. Dizemos que $L \in \mathbb{R}$ é o limite de f em a, e escrevemos $\lim\limits_{x \to a} f(x) = L$, quando para cada $\varepsilon > 0$ existe $\delta > 0$ tal que $x \in S$ e $0 < |x - a| < \delta$ acarreta $|f(x) - L| < \varepsilon$. Equivalentemente, $\lim\limits_{x \to a} f(x) = L$ quando dada qualquer vizinhança $V_\varepsilon(L)$ existe $V^*_\delta(a)$ tal que se $x \in S \cap V^*_\delta(a)$ então $f(x) \in V_\varepsilon(L)$.

É claro que o número δ, cuja existência é assegurada pela definição de limite, não é único pois para qualquer $\delta' > 0$ satisfazendo $\delta' < \delta$ também tem-se que $x \in S$ e $0 < |x - a| < \delta'$ acarreta $|f(x) - L| < \varepsilon$.

Exemplo 5.3 *Considere $f: \mathbb{R} \to \mathbb{R}$ definida por $f(x) = 3x - 1$. Então $\lim\limits_{x \to 3} f(x) = 8$. De fato, dado $\varepsilon > 0$ tome $\delta = \frac{\epsilon}{3}$ e temos que se $0 < |x - 3| < \delta$*

$$|f(x) - 8| = |3x - 1 - 8| = |3x - 9| = 3|x - 3| < 3\delta = \varepsilon.$$

Exemplo 5.4 *Considere $f: \mathbb{R} \to \mathbb{R}$ definida por:*

$$f(x) = \begin{cases} \dfrac{x^2 - 4}{x - 2}, & se\ x \neq 2 \\ -1, & se\ x = 2 \end{cases}$$

Então $\lim_{x \to 2} f(x) = 4$. Com efeito, dado $\varepsilon > 0$ tome $\delta = \varepsilon$ e temos que se $0 < |x - 2| < \delta$

$$\left| \frac{x^2 - 4}{x - 2} - 4 \right| = \left| \frac{(x - 2)(x + 2)}{x - 2} - 4 \right| = |x - 2| < \delta = \varepsilon.$$

Exemplo 5.5 *Seja $f: \mathbb{R} \to \mathbb{R}$ definida por $f(x) = x^2$. Então $\lim_{x \to 3} f(x) = 9$. De fato, dado $\varepsilon > 0$ devemos determinar $\delta > 0$ tal que $0 < |x - 3| < \delta$ implique em $|f(x) - 9| < \varepsilon$. Como queremos estimar f nas proximidades do ponto 3 podemos nos restringir aos pontos x tais que $|x - 3| < 1$. Nesse caso temos $|x| = |x - 3 + 3| \leq |x - 3| + 3 < 4$ e, assim $|x + 3| < 7$. Logo*

$$|f(x) - 9| = |x^2 - 9| = |(x + 3)(x - 3)| = |x + 3||x - 3| < 7|x - 3|.$$

Vemos, então, que se escolhemos $\delta = \min\left\{1, \dfrac{\varepsilon}{7}\right\}$ temos

$$0 < |x - 3| < \delta \Rightarrow |x^2 - 9| < 7\delta \leq \varepsilon.$$

Exemplo 5.6 *A função $f: (0, +\infty) \to \mathbb{R}$ dada por $f(x) = \sqrt{x}$ é tal que $\lim_{x \to a} f(x) = \sqrt{a}$, para $a > 0$. De fato, dado $\varepsilon > 0$ devemos determinar $\delta > 0$ tal que $0 < |x - a| < \delta$ implique em $|\sqrt{x} - \sqrt{a}| < \varepsilon$. Mas*

$$|\sqrt{x} - \sqrt{a}| < \frac{1}{\sqrt{a}} |x - a|$$

e, portanto, dado $\varepsilon > 0$ podemos escolher $\delta = \varepsilon \sqrt{a}$ para termos $|\sqrt{x} - \sqrt{a}| < \varepsilon$.

A proposição a seguir estabelece uma equivalência entre a definição de limite formulada em termos de *epsilons* e *deltas* com uma formulação em termos de sequências convergentes.

Proposição 5.2 *Sejam* $f\colon S \to \mathbb{R}$ *uma função real e* a *um ponto de acumulação de* S. *Então* $\lim_{x\to a} f(x) = L$ *se, e somente se, para toda sequência* (x_n) *de pontos de* S *com* $x_n \neq a$ *para todo* $n \in \mathbb{N}$ *e* $\lim_{n\to\infty} x_n = a$ *tem-se* $\lim_{n\to\infty} f(x_n) = L$.

Prova: Suponhamos que $\lim_{x\to a} f(x) = L$. Se (x_n) é uma sequência de pontos de S com $x_n \neq a$ para todo $n \in \mathbb{N}$ e $\lim_{n\to\infty} x_n = a$, então dado $\varepsilon > 0$ existe $\delta > 0$ tal que

$$x \in S \text{ e } 0 < |x - a| < \delta \Rightarrow |f(x) - L| < \varepsilon.$$

Por outro lado, para o $\delta > 0$ acima determinado existe $N \in \mathbb{N}$ tal que

$$n \geq N \Rightarrow |x_n - a| < \delta.$$

Assim, para $n \geq N$ temos $0 < |x_n - a| < \delta$ e, portanto, $|f(x_n) - L| < \varepsilon$, ou seja, $\lim_{n\to\infty} f(x_n) = L$. Reciprocamente, suponhamos que para qualquer sequência (x_n) de pontos de S, com $x_n \neq a$ para todo $n \in \mathbb{N}$ e $\lim_{n\to\infty} x_n = a$, tem-se $\lim_{n\to\infty} f(x_n) = L$. Mostremos que $\lim_{x\to a} f(x) = L$. Negar essa hipótese significa dizer que existe um número $\varepsilon_0 > 0$ tal que para cada $n \in \mathbb{N}$ é possível encontrar $x_n \in S$ com $0 < |x_n - a| < \frac{1}{n}$, mas $|f(x_n) - L| \geq \varepsilon_0$. Nesse caso teríamos $x_n \neq a$ para todo $n \in \mathbb{N}$ com $\lim_{n\to\infty} x_n = a$ sem que $\lim_{n\to\infty} f(x_n) = L$, uma contradição. ■

Corolário 5.1 *Se* $\lim_{x\to a} f(x) = L$ *e* $\lim_{x\to a} f(x) = M$ *então* $L = M$.

Prova: Considere uma sequência (x_n) com $x_n \neq a$ para todo $n \in \mathbb{N}$ e $\lim_{n\to\infty} x_n = a$. Temos então que $\lim_{n\to\infty} f(x_n) = L$ e $\lim_{n\to\infty} f(x_n) = M$ o que implica (vide Proposição 2.1) em $L = M$. ■

Corolário 5.2 *Sejam* $f\colon S \to \mathbb{R}$ *e* $g\colon S \to \mathbb{R}$ *com* $\lim_{x\to a} f(x) = L$ *e* $\lim_{x\to a} g(x) = M$ *então:*

i) $\lim_{x\to a}(f(x) \pm g(x)) = L \pm M$.

ii) $\lim_{x\to a} f(x).g(x) = L.M$.

iii) *Se* $g(x) \neq 0$ *e* $M \neq 0$ *então* $\lim\limits_{x\to a} \dfrac{f(x)}{g(x)} = \dfrac{L}{M}$.

Prova: Seja (x_n) tal que $x_n \neq a$ para todo $n \in \mathbb{N}$ e $\lim\limits_{n\to\infty} x_n = a$. Então $\lim\limits_{n\to\infty} f(x_n) = L$ e $\lim\limits_{n\to\infty} g(x_n) = M$. Segue agora da Proposição 2.3 que

a) $\lim\limits_{n\to\infty} (f(x_n) \pm g(x_n)) = L \pm M$

b) $\lim\limits_{n\to\infty} f(x_n).g(x_n) = L.M$

c) $\lim\limits_{n\to\infty} \dfrac{f(x_n)}{g(x_n)} = \dfrac{L}{M}$

o que demonstra o corolário. ■

Corolário 5.3 *Sejam* f *e* g *funções reais tais que* $f(x) \leq g(x)$ *para todo* $x \neq a$. *Se* $\lim\limits_{x\to a} f(x) = L$ *e* $\lim\limits_{x\to a} g(x) = M$ *então* $L \leq M$.

Prova: Seja (x_n) tal que $x_n \neq a$ para todo $n \in \mathbb{N}$ e $\lim\limits_{n\to\infty} x_n = a$. Então $\lim\limits_{n\to\infty} f(x_n) = L$ e $\lim\limits_{x\to\infty} g(x_n) = M$. Como $f(x_n) \leq g(x_n)$ para todo $n \in \mathbb{N}$, segue da Proposição 2.4 que $L \leq M$. ■

Corolário 5.4 *Sejam* f, g *e* h *funções reais tais que* $f(x) \leq g(x) \leq h(x)$ *para todo* $x \neq a$. *Se* $\lim\limits_{x\to a} f(x) = \lim\limits_{x\to a} h(x) = L$ *então* $\lim\limits_{x\to a} g(x) = L$.

Prova: Seja (x_n) tal que $x_n \neq a$ para todo $n \in \mathbb{N}$ e $\lim\limits_{n\to\infty} x_n = a$. Então $\lim\limits_{n\to\infty} f(x_n) = \lim\limits_{n\to\infty} h(x_n) = L$. Como $f(x_n) \leq g(x_n) \leq h(x_n)$ para todo $n \in \mathbb{N}$, segue da Proposição 2.5 que $\lim\limits_{n\to\infty} g(x_n) = L$ e, portanto, $\lim\limits_{x\to a} g(x) = L$. ■

Corolário 5.5 *Se* $\lim\limits_{x\to a} f(x) = L$ *então* $\lim\limits_{x\to a} |f(x)| = |L|$.

Prova: Seja (x_n) tal que $x_n \neq a$ para todo $n \in \mathbb{N}$ e $\lim\limits_{n\to\infty} x_n = a$. Temos que $\lim\limits_{n\to\infty} f(x_n) = L$ e, portanto, da Proposição 2.4, segue que $\lim\limits_{n\to\infty} |f(x_n)| = |L|$. Logo $\lim\limits_{x\to a} |f(x)| = |L|$. ■

Proposição 5.3 *Sejam $f : S \to \mathbb{R}$ e $g : S \to \mathbb{R}$ funções reais e a um ponto de acumulação de S. Suponhamos que $\lim\limits_{x\to a} f(x) = 0$ e g é limitada em uma vizinhança de a. Então $\lim\limits_{x\to a} f(x)g(x) = 0$.*

Prova: Sendo g limitada em uma vizinhaça de a então existem números reais C e h positivos tais que $|g(x)| \leq C$ para todo $x \in S$ com $0 < |x - a| < h$. Logo $0 \leq |f(x)g(x)| = |f(x)||g(x)| \leq C|f(x)|$. Como $\lim\limits_{x\to a} |f(x)| = |\lim\limits_{x\to a} f(x)| = 0$, temos, pelo Corolário 5.4 da Proposição 5.2, que $\lim\limits_{x\to a} |f(x)g(x)| = 0$, logo $\lim\limits_{x\to a} f(x)g(x) = 0$. ■

Exemplo 5.7 *Sejam $f, g\colon \mathbb{R} \to \mathbb{R}$ dadas por $f(x) = c$, c constante, e $g(x) = x$. Então, para todo $a \in \mathbb{R}$ temos $\lim\limits_{x\to a} f(x) = c$ e $\lim\limits_{x\to a} g(x) = a$ pois se (x_n) é tal que $x_n \neq a$ para todo $n \in \mathbb{N}$ e $\lim\limits_{n\to\infty} x_n = a$ temos $f(x_n) = c$ e $g(x_n) = x_n$ para todo $n \in \mathbb{N}$ e, portanto, $\lim\limits_{n\to\infty} f(x_n) = c$ e $\lim\limits_{n\to\infty} g(x_n) = a$.*

Exemplo 5.8 *Seja $p\colon \mathbb{R} \to \mathbb{R}$ um polinômio, isto é, $p(x) = a_0 + a_1 x + \cdots + a_n x^n$ para todo $x \in \mathbb{R}$, onde $a_0, a_1, \cdots, a_n$ são constantes reais. Usando o Exemplo 5.7 e fazendo aplicações sucessivas do Corolário 5.2 da Proposição 5.2 segue que $\lim\limits_{x\to a} p(x) = p(a)$. Temos também que se q é um polinômio com $q(x_0) \neq 0$ então existe uma vizinhança de x_0 na qual $q(x) \neq 0$ e, assim, em tal vizinhança a função $f(x) = \frac{p(x)}{q(x)}$ está bem definida e vale $\lim_{x\to a} \frac{p(x)}{q(x)} = \frac{p(a)}{q(a)}$.*

Exemplo 5.9 *Seja $f\colon \mathbb{R} - \{0\} \to \mathbb{R}$ dada por $f(x) = \operatorname{sen}\left(\frac{1}{x}\right)$. Temos que f não tem limite em $x_0 = 0$, pois, para (x_n) dada por $x_n = \frac{2}{(2n+1)\pi}$ segue que $x_n \neq 0$ $\forall n \in \mathbb{N}$, $\lim_{n\to\infty} x_n = 0$ e $f(x_n) = \operatorname{sen}\left(\frac{(2n+1)\pi}{2}\right) = \operatorname{sen}\left(n\pi + \frac{\pi}{2}\right)$. Assim, $f(x_n) = 1$ se n é par e $f(x_n) = -1$ se n é ímpar. Veja um esboço do gráfico de f a seguir.*

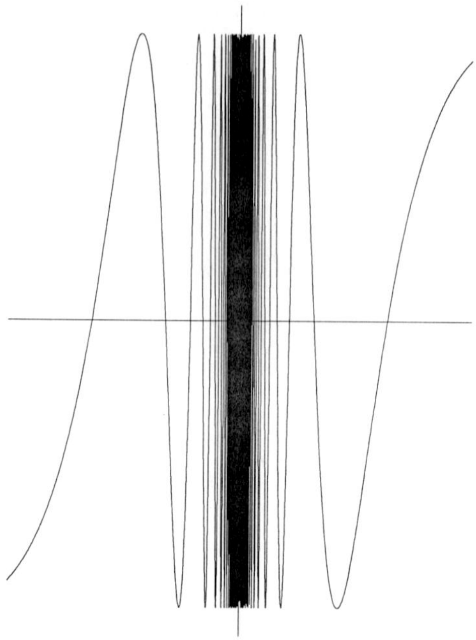

Figura 5.1: Gráfico de $f(x) = \operatorname{sen}\left(\frac{1}{x}\right)$

Exemplo 5.10 *Considere a função* $f\colon \mathbb{R} - \{0\} \to \mathbb{R}$ *definida por* $f(x) = x \operatorname{sen}\left(\frac{1}{x}\right)$. *Temos que* $\lim\limits_{x\to 0} x = 0$ *e* $\left|\operatorname{sen}\left(\frac{1}{x}\right)\right| \leq 1$ *para todo* $x \neq 0$. *Pela Proposição 5.3 segue que* $\lim\limits_{x\to 0} f(x) = 0$. *Veja um esboço do gráfico de* f *na Figura 5.2*

Exemplo 5.11 *A função*[1] $f\colon \mathbb{R} \to \mathbb{R}$ *dada por*

$$f(x) = \begin{cases} 1, & se \quad x \in \mathbb{Q}, \\ 0, & se \quad x \in \mathbb{R} - \mathbb{Q}. \end{cases}$$

não tem limite em ponto algum de $\mathbb{R}$. *De fato, se* $a \in \mathbb{R}$, *podemos escolher uma sequência de racionais* (x_n) *e uma sequência de irracionais* (y_n), *com* $x_n \neq a$ *e* $y_n \neq a$ *para todo* $n \in \mathbb{N}$ *e tais que* $x_n \to a$ *e* $y_n \to a$. *Neste caso temos* $f(x_n) = 1$ *e* $f(y_n) = 0$ *para todo* $n \in \mathbb{N}$ *e, portanto,* $\lim\limits_{n\to\infty} f(x_n) = 0$ *e* $\lim\limits_{n\to\infty} f(y_n) = 1$, *ou seja,* f *não possui limite em* a.

[1] A função f do Exemplo 5.11 é conhecida como Função de Dirichlet

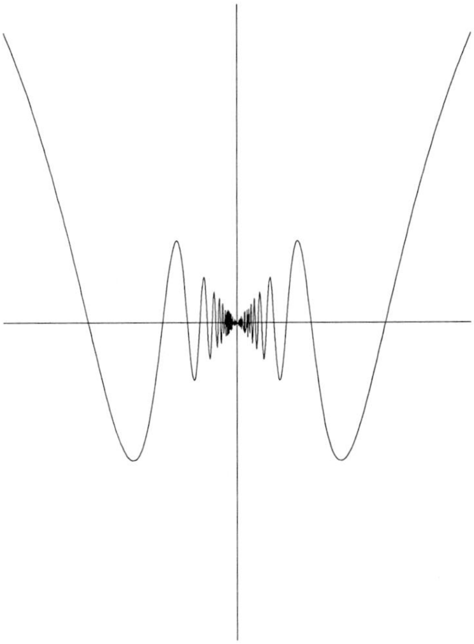

Figura 5.2: Gráfico de $f(x) = x\text{sen}\left(\frac{1}{x}\right)$

No estudo de algumas funções reais particulares, certas situações merecem destaque. Duas delas podemos citar inicialmente: a) na vizinhança de um determinado ponto o comportamento dos valores da função pode ser diferente quando a variável independente se aproxima do ponto em questão pela esquerda ou pela direita e b) a função pode estar definida para valores muito grandes (em valores absolutos) e é importante analisar o que ocorre com os valores da função quando a variável independente cresce em valor absoluto. O nosso objetivo nas próximas subsecções é introduzir a linguagem matemática adequada para tratar tais situações.

5.2.1 Limites Laterais

Definição 5.2 *Seja f definida em $(a,\ a+\eta)$, para algum $\eta > 0$. Um número L é o limite lateral à direita de f em a, e anotamos $\lim_{x\to a^+} f(x) = L$, se, para cada $\varepsilon > 0$ existe $\delta > 0$ $(\delta < \eta)$ tal que $a < x < a + \delta$ acarreta $|f(x) - L| < \varepsilon$. Analogamente, se*

f está definida em um intervalo $(a-\eta, a)$, para algum $\eta > 0$, dizemos que um número L é o limite lateral à esquerda de f em a, e escrevemos $\lim_{x\to a^-} f(x) = L$, quando para cada $\varepsilon > 0$ existe $\delta > 0$ $(\delta < \eta)$ tal que $a - \delta < x < a$ acarreta $|f(x) - L| < \varepsilon$.

Exemplo 5.12 *Consideremos $f: \mathbb{R} \to \mathbb{R}$ dada por*

$$f(x) = \begin{cases} x+1, & se \quad x \leq 2, \\ 2x-3, & se \quad x > 2. \end{cases}$$

Temos $\lim_{x\to 2^+} f(x) = 1$ e $\lim_{x\to 2^-} f(x) = 3$. De fato, dado $\varepsilon > 0$ tomemos $\delta = \dfrac{\varepsilon}{2}$ e obtemos, para $2 < x < 2 + \delta$, isto é, $0 < x - 2 < \delta$,

$$|f(x) - 1| = |2x - 3 - 1| = |2x - 4| = 2|x - 2| = 2(x - 2) < 2\delta = \varepsilon.$$

Para o cálculo do limite à esquerda no ponto 2, tome agora $\delta = \varepsilon$ e temos, para $2 - \delta < x < 2$, isto é $-(x - 2) < \delta$,

$$|f(x) - 3| = |(x + 1) - 3| = |x - 2| = -(x - 2) < \delta = \varepsilon.$$

Vide esboço do gráfico de f a seguir.

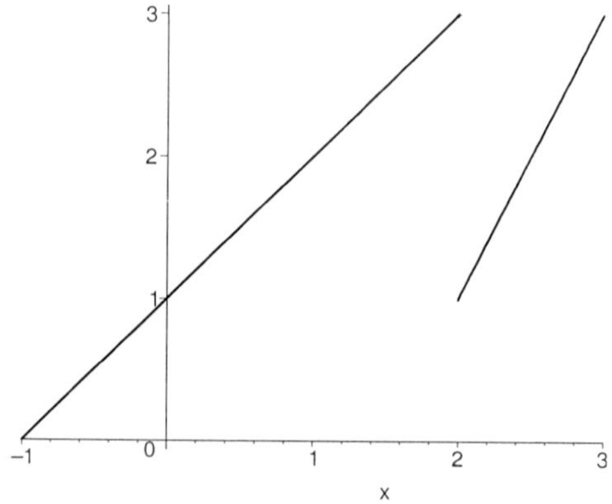

Figura 5.3: Limites laterais distintos

Proposição 5.4 *Seja $f: (a-\eta,\ a) \cup (a,\ a+\eta) \to \mathbb{R}$. Então $\lim_{x\to a} f(x) = L$ se, e somente se,*

$$\lim_{x\to a^-} f(x) = \lim_{x\to a^+} f(x) = L.$$

Prova: Suponhamos que $\lim_{x \to a} f(x) = L$. Assim, dado $\varepsilon > 0$, existe $\delta > 0$ tal que se $0 < |x - a| < \delta$ então $|f(x) - L| < \varepsilon$. Portanto, $a < x < a + \delta$ implica $|f(x) - L| < \varepsilon$ e $a - \delta < x < a$ implica $|f(x) - L| < \varepsilon$. Assim, $\lim_{x \to a^+} f(x) = L$ e $\lim_{x \to a^-} f(x) = L$. Reciprocamente, suponhamos que $\lim_{x \to a^-} f(x) = \lim_{x \to a^+} f(x) = L$. Dado $\varepsilon > 0$ existem $\delta_1 > 0$ e $\delta_2 > 0$ tais que, se $a < x < a + \delta_1$ tem-se $|f(x) - L| < \varepsilon$ e se $a - \delta_2 < x < a$ tem-se $|f(x) - L| < \varepsilon$. Seja $\delta = \min\{\delta_1, \delta_2\}$. Então, para $0 < |x - a| < \delta$, ou seja, $x \in (a - \delta,\ a) \subset (a - \delta_2,\ a)$ ou $x \in (a,\ a + \delta) \subset (a,\ a + \delta_1)$ temos $|f(x) - L| < \varepsilon$. Logo $\lim_{x \to a} f(x) = L$. ■

Exemplo 5.13 *: Seja $f: \mathbb{R} \to \mathbb{R}$ definida por*

$$f(x) = \begin{cases} x^2, & se \quad x \geq 0, \\ -x, & se \quad x < 0. \end{cases}$$

Dado $\varepsilon > 0$ escolhamos $\delta = \sqrt{\varepsilon}$. Se consideramos $0 < x < \delta$ então $|f(x) - 0| = |x^2| = x^2 < \delta^2 = \varepsilon$. Assim, $\lim_{x \to 0^+} f(x) = 0$. Por outro lado, dado $\varepsilon > 0$ podemos escolher $\delta = \varepsilon$ e temos, para $-\delta < x < 0$, $|f(x) - 0| = |-x| = -x < \delta = \varepsilon$, isto é, $\lim_{x \to 0^-} f(x) = 0$. Logo, pela Proposição 5.4, $\lim_{x \to 0} f(x) = 0$.

5.2.2 Limites Infinitos

Definição 5.3 *Seja $f: S \to \mathbb{R}$ e a um ponto de acumulação de S. Dizemos que o limite de f em a é $+\infty$, e escrevemos $\lim_{x \to a} f(x) = +\infty$, quando para cada $M > 0$ existe $\delta > 0$ tal que $0 < |x - a| < \delta$ então $f(x) > M$. Analogamente, dizemos que o limite de f em a é $-\infty$, e escrevemos $\lim_{x \to a} f(x) = -\infty$, quando para cada $M > 0$ existe $\delta > 0$ tal que $0 < |x - a| < \delta$ então $f(x) < -M$.*

Exemplo 5.14 *Consideremos $f: \mathbb{R} - \{0\} \to \mathbb{R}$ definida por $f(x) = \dfrac{1}{|x|}\cdot$ Dado $M > 0$ escolhamos $\delta = \dfrac{1}{M}\cdot$ Então para $0 < |x - 0| < \delta$, ou seja, $0 < |x| < \dfrac{1}{M}$, obtemos $\dfrac{1}{|x|} > M$. Portanto, $\lim_{x \to 0} f(x) = +\infty$.*

Exemplo 5.15 *Seja* $f: \mathbb{R} - \{0\} \to \mathbb{R}$ *definida por* $f(x) = \ln|x|$. *Dado* $M > 0$ *tomemos* $\delta = e^{-M}$. *Se* $0 < |x - 0| < \delta$, *ou seja,* $0 < |x| < e^{-M}$, *então* $\ln|x| < -M$. *Logo,* $\lim_{x\to 0} f(x) = -\infty$.

5.2.3 Limites no Infinito

Definição 5.4 *Seja* $f: (a, +\infty) \to \mathbb{R}$. *Dizemos que um número L é o limite de f em* $+\infty$, *e escrevemos* $\lim_{x\to+\infty} f(x) = L$, *quando, para cada* $\varepsilon > 0$ *existe* $K > 0$ *tal que, se* $x > K$ *acarreta* $|f(x) - L| < \varepsilon$. *Analogamente, se* $f: (-\infty, a) \to \mathbb{R}$, *dizemos que L é o limite de f em* $-\infty$, *e escrevemos* $\lim_{x\to-\infty} f(x) = L$, *quando para cada* $\varepsilon > 0$ *existe* $K > 0$ *tal que* $x < -K$ *então* $|f(x) - L| < \varepsilon$.

Exemplo 5.16 *Seja* $f: (0, +\infty) \to \mathbb{R}$ *dada por* $f(x) = \frac{-1}{1+x}$. *Dado* $\varepsilon > 0$ *tomemos* $K = \frac{1}{\varepsilon}$ *e obteremos, para* $x > K$,

$$|f(x) - 0| = \left|-\frac{1}{1+x}\right| = \frac{1}{1+x} < \frac{1}{x} < \frac{1}{K} = \varepsilon.$$

Portanto, $\lim_{x\to+\infty} f(x) = 0$.

Exemplo 5.17 *Considere* $f: (-\infty, -1) \to \mathbb{R}$ *definida por* $f(x) = \frac{-1}{1+x}$. *Dado* $\varepsilon > 0$ *tomemos* $K = 1 + \frac{1}{\varepsilon}$ *para obter, para* $x < -\left(1 + \frac{1}{\varepsilon}\right)$,

$$|f(x) - 0| = \left|-\frac{1}{1+x}\right| = -\frac{1}{1+x} < \varepsilon.$$

Portanto $\lim_{x\to-\infty} f(x) = 0$.

Exemplo 5.18 *A função do exemplo anterior possui limite lateral à esquerda igual a* $+\infty$ *no ponto* -1. *Para ver isto, se* $K > 0$ *é dado, tomemos* $\delta = \dfrac{1}{K}$ *e temos, para* $-1 - \delta < x < -1$, *isto é,* $0 < -(1 + x) < \delta$,

$$f(x) = -\frac{1}{1+x} > \frac{1}{\delta} = K.$$

Portanto $\lim_{x\to-1^-} f(x) = +\infty$.

Definição 5.5 *Seja $f\colon (a, +\infty) \to \mathbb{R}$. Dizemos que f tem limite $+\infty$ quando x tende a $+\infty$, e escrevemos $\lim\limits_{x\to+\infty} f(x) = +\infty$, quando para cada $M > 0$ existe $K > 0$ tal que, se $x > K$ então $f(x) > M$. Analogamente, se $f\colon (-\infty, a) \to \mathbb{R}$, dizemos que f tem limite $+\infty$ quando x tende a $-\infty$, e escrevemos $\lim\limits_{x\to-\infty} f(x) = +\infty$, quando para cada $M > 0$ existe $K > 0$ tal que, se $x < -K$ implica $f(x) > M$.*

Há ainda os casos $\lim\limits_{x\to+\infty} f(x) = -\infty$ e $\lim\limits_{x\to-\infty} f(x) = -\infty$, os quais recomendamos ao leitor formalizá-los como exercícios.

Exemplo 5.19 *Seja $f : (0, +\infty) \to \mathbb{R}$ dada por $f(x) = \sqrt{x}$. Para cada $M > 0$ escolhamos $K = M^2$ e obtemos, para $x > K$, $f(x) = \sqrt{x} > \sqrt{K} = \sqrt{M^2} = M$, ou seja, $\lim\limits_{x\to+\infty} f(x) = +\infty$.*

5.3 Funções Monótonas

Uma função $f\colon S \to \mathbb{R}$, definida em um subconjunto S de $\mathbb{R}$, é dita não decrescente se, para todo par de pontos x_1 e x_2 em S, com $x_1 < x_2$, tem-se $f(x_1) \leq f(x_2)$. Quando vale a desigualdade estrita dizemos que f é crescente. Analogamente define-se função não crescente e função decrescente. Classificamos tais tipos de funções como funções monótonas. Notemos que uma função constante é simultaneamente não crescente e não decrescente. Observe que pode ocorrer de $f : S \to \mathbb{R}$ não ser monótona, mas sua restrição a algum subconjunto de S ser. É o caso da função $f : \mathbb{R} \to \mathbb{R}$ dada por $f(x) = |x|$, a qual decresce no intervalo $(-\infty, 0]$ e cresce no intervalo $[0, +\infty)$.

Exemplo 5.20 *A função $f : \mathbb{R} \to \mathbb{R}$ tal que $f(x) = x^3$ é crescente. Com efeito, inicialmente $f(x) - f(y) = x^3 - y^3 = (x - y)(x^2 + xy + y^2)$. Mas, quaisquer que sejam x e y tem-se $x^2 + xy + y^2 = x^2 + 2x\frac{y}{2} + \frac{y^2}{4} + 3\frac{y^2}{4} = (x + \frac{y}{2})^2 + 3\frac{y^2}{4} \geq 0$ logo, se $x < y$, $f(x) - f(y) < 0$.*

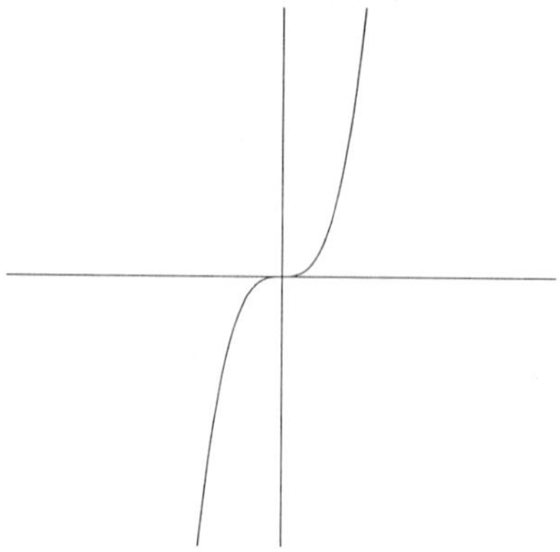

Figura 5.4: Gráfico de $f(x) = x^3$

Exemplo 5.21 *Consideremos a função* $f\colon [1, +\infty) \to \mathbb{R}$ *dada por* $f(x) = \dfrac{1}{[x]}$, *onde* $[x]$ *denota a função "chão de* x*", isto é,* $[x] =$ *"o maior inteiro que é menor ou igual a* x*". Mostremos que* f *é não crescente. Para tanto sejam* x_1 *e* x_2 *em* $[1, +\infty)$ *com* $x_1 < x_2$*. Temos que existem únicos números naturais* n_1 *e* n_2 *tais que* $x_1 \in [n_1, n_1 + 1)$ *e* $x_2 \in [n_2, n_2 + 1)$ *e, além disso,* $n_1 \leq n_2$ *uma vez que* $x_1 < x_2$*. Portanto*

$$f(x_1) = \frac{1}{[x_1]} = \frac{1}{n_1} \geq \frac{1}{n_2} = \frac{1}{[x_2]} = f(x_2),$$

ou seja, f *é não crescente. Vide esboço do gráfico de* f *abaixo.*

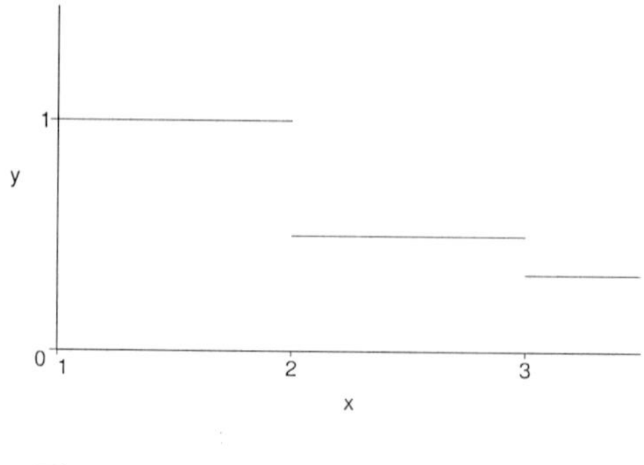

Figura 5.5: Gráfico de $f(x) = 1/[x]$

Observemos que, quando $f\colon S \to \mathbb{R}$ é crescente (ou decrescente) segue da definição que f é injetiva, isto é, $x_1 \neq x_2$ acarreta que $f(x_1) \neq f(x_2)$. Portanto, existe a função inversa $f^{-1}: f(S) \to S$ dada por $f^{-1}(y) = x$ se, e somente se, $f(x) = y$.

Proposição 5.5 *Se $f: (a, b) \to \mathbb{R}$ é monótona, então existem os limites laterais de f em cada ponto $x_0 \in (a, b)$.*

Prova: Suponhamos que f é não decrescente (o caso f não crecente é análogo e deixado como exercício). Se $x_0 \in (a, b)$, para todo $x \in (a, x_0)$ temos $f(x) \leq f(x_0)$. Ou seja, f restrita a (a, x_0) é limitada superiormente. Seja α o supremo do conjunto $\{f(x);\ x \in (a, x_0)\}$. Mostremos que $\lim_{x \to x_0^-} f(x) = \alpha$. Para tanto, dado $\varepsilon > 0$, sendo α o supremo de f em (a, x_0), existe $x_1 \in (a, x_0)$ satisfazendo $\alpha - \varepsilon < f(x_1) \leq \alpha$. Tomemos $\delta = x_0 - x_1 > 0$ e obtemos, para $x_0 - \delta < x < x_0$,

$$|f(x) - \alpha| = \alpha - f(x) \leq \alpha - f(x_1) < \varepsilon,$$

ou seja, $\lim_{x \to x_0^-} f(x) = \alpha$. Por outro lado f é limitada inferiormente em (x_0, b) pois aí $f(x_0) \leq f(x)$. Tomemos agora β o ínfimo do conjunto $\{f(x);\ x \in (x_0, b)\}$ e mostremos que $\lim_{x \to x_0^+} f(x) = \beta$. Dado $\varepsilon > 0$, sendo β o ínfimo de f em (x_0, b), existe $x_2 \in (x_0, b)$ tal que $\beta \leq f(x_2) < \beta + \varepsilon$. Tomemos $\delta = x_2 - x_0 > 0$ e então, para todo x tal que $x_0 < x < x_0 + \delta$, temos

$$|f(x) - \beta| = f(x) - \beta \leq f(x_2) - \beta < \varepsilon,$$

isto é, $\lim_{x \to x_0^+} f(x) = \beta$. ■

Corolário 5.6 *Se f é não decrescente em (a, b) então para cada $x_0 \in (a, b)$ temos*

$$\lim_{x \to x_0^-} f(x) = \sup_{x \in (a, x_0)} f(x) \leq f(x_0) \leq \inf_{x \in (x_0, b)} f(x) = \lim_{x \to x_0^+} f(x)$$

e se f é não crescente em (a, b) então para cada $x_0 \in (a, b)$ temos

$$\lim_{x \to x_0^+} f(x) = \inf_{x \in (x_0, b)} f(x) \leq f(x_0) \leq \sup_{x \in (a, x_0)} f(x) = \lim_{x \to x_0^-} f(x).$$

Segue do Corolário 5.6 da Proposição 5.5 que quando f é monótona em (a, b) então o valor de f em x_0 é finito uma vez que existem e são finitos os limites laterais em cada ponto $x_0 \in (a, b)$.

Corolário 5.7 *Se f é não decrescente em $(a,\ b)$ e se $a < x_1 < x_2 < b$ então*

$$\lim_{x \to x_1^+} f(x) \leq \lim_{x \to x_2^-} f(x).$$

Prova: Escolha $\hat{x} \in (x_1, x_2)$. Desde que $\hat{x} \in (x_1, b)$ temos

$$\inf_{x \in (x_1, b)} f(x) \leq f(\hat{x}).$$

Analogamente, desde que $\hat{x} \in (a, x_2)$ então

$$f(\hat{x}) \leq \sup_{x \in (a, x_2)} f(x).$$

Agora, pelo Corolário 1 da Proposição 5.5 temos

$$\lim_{x \to x_1^+} f(x) = \inf_{x \in (x_1, b)} f(x) \leq f(\hat{x}) \leq \sup_{x \in (a, x_2)} f(x) = \lim_{x \to x_2^-} f(x),$$

o que demonstra o Corolário. ■

Uma propriedade de destaque das funções monótonas definidas em intervalos é que, em cada ponto do seu domínio, o limite existe e esse coincide com o valor da função no ponto, exceto, eventualmente, em um subconjunto contável. Esse resultado é o que estabelece a proposição a seguir.

Proposição 5.6 *Se $f\colon (a,\ b) \to \mathbb{R}$ é monótona então, exceto, eventualmente, em uma quantidade contável de pontos de $(a,\ b)$, existe $\lim\limits_{x \to x_0} f(x)$ e é igual a $f(x_0)$,*

Prova: Suponhamos que f é não decrescente (o caso não crescente é feito de maneira semelhante) em $(a,\ b)$. Sabemos, pelo Corolário 5.6 da Proposição 5.5, que para todo ponto x_0 de $(a,\ b)$ temos

$$\lim_{x \to x_0^-} f(x) \leq f(x_0) \leq \lim_{x \to x_0^+} f(x).$$

Chamemos de $\mathcal{N}$ o subconjunto de $(a,\ b)$ dado por

$$\mathcal{N} = \left\{ x_0 \in (a,\ b);\ \lim_{x \to x_0^-} f(x) < \lim_{x \to x_0^+} f(x) \right\}.$$

Dizer que $x_0 \notin \mathcal{N}$ significa que $\lim\limits_{x \to x_0^-} f(x) = f(x_0) = \lim\limits_{x \to x_0^+} f(x)$, ou seja, o limite de f em x_0 existe e é igual a $f(x_0)$. Assim, é suficiente provarmos que $\mathcal{N}$ é contável. Para cada $x_0 \in \mathcal{N}$ escolhamos $r_{x_0} \in \mathbb{Q}$ tal que

$$\lim_{x \to x_0^-} f(x) < r_{x_0} < \lim_{x \to x_0^+} f(x).$$

Um tal r_{x_0} sempre existe em virtude da densidade de $\mathbb{Q}$ em $\mathbb{R}$. Seja $\Psi : \mathcal{N} \to \mathbb{Q}$ a função que a cada $x_0 \in \mathcal{N}$ associa o r_{x_0} acima escolhido. Afirmamos que Ψ é injetiva. De fato, se x_1 e x_2 pertencem a $\mathcal{N}$ com $x_1 < x_2$ então

$$\lim_{x \to x_1^-} f(x) < \lim_{x \to x_1^+} f(x) \quad \text{e} \quad \lim_{x \to x_2^-} f(x) < \lim_{x \to x_2^+} f(x)$$

e pelo Corolário 2 da Proposição 5.5 temos

$$\lim_{x \to x_1^+} f(x) \leq \lim_{x \to x_2^-} f(x).$$

Logo

$$\Psi(x_1) = r_{x_1} < \lim_{x \to x_1^+} f(x) \leq \lim_{x \to x_2^-} f(x) < r_{x_2} = \Psi(x_2).$$

Isto é, $\Psi(x_1) \neq \Psi(x_2)$ e, portanto, Ψ é injetiva. Segue da Proposição 1.6 que $\mathcal{N}$ é contável, como queríamos. ∎

5.4 Exercícios do Capítulo 5

5.1- Prove que:

i) $\lim\limits_{x\to 1} x^3 = 1$

ii) $\lim\limits_{x\to 1} \dfrac{x^2-1}{x-1} = 2$

iii) $\lim\limits_{x\to 2} (2x-1) = 3$

iv) $\lim\limits_{x\to a} \cos(x) = \cos(a)$

5.2- Prove que se $\lim\limits_{x\to a} f(x) = L$ então existe uma vizinhança de a na qual f é limitada.

5.3- Mostre que, se $f(x) \geq 0,\ \forall x \neq a$ e $\lim\limits_{x\to a} f(x) = L$, então tem-se que $\lim\limits_{x\to a} \sqrt{f(x)} = \sqrt{L}$

5.4- Prove que cada uma das seguintes funções é limitada no intervalo indicado:

a) $f(x) = \dfrac{\operatorname{sen}(x)}{1+x^2}$ em $(-\infty,\ \infty)$

b) $f(x) = \dfrac{\operatorname{sen}(x)}{\sqrt{x}}$ em $(0,\ +\infty)$

c) $f(x) = \dfrac{\cos(x)}{x^2-2x+2}$ em $(-\infty,\ \infty)$

d) $f(x) = \dfrac{1-x^2}{1+x^3}$ em $(-1,\ 1)$

5.5- Encontre o supremo e o ínfimo das seguintes funções:

a) $f(x) = 3 + 2x - x^2$ em $(0,\ 4)$

b) $f(x) = 2 - |x-1|$ em $(-2,\ 2)$

c) $f(x) = -e^{-|x|}$ em $(-\infty,\ \infty)$

5.6- Suponha que f é limitada em A e g é ilimitada em A. Prove que $f + g$ deixa de ser limitada em A.

5.7- Encontre funções f e g nenhuma das quais é limitada em A, mas que o produto é limitado em A.

5.8- Prove que se $\lim\limits_{x\to a} |f(x)| = 0$ então: $\lim\limits_{x\to a} f(x) = 0$

5.9- Calcule os seguintes limites

a) $\lim\limits_{x\to 0} \dfrac{\sqrt{x+1}-1}{x}$

b) $\lim\limits_{x\to\infty} (\sqrt{x+1} - \sqrt{x})$

5.10- Sejam $f, g : S \subset \mathbb{R} \to \mathbb{R}$ funções limitadas. Prove que:

a) $\sup(f+g) \leq \sup f + \sup g$

b) $\inf(f+g) \geq \inf f + \inf g$

c) $\sup(cf) = c\sup f$ e $\inf(cf) = c\inf f$ se $c \geq 0$

d) Se $c < 0$ tem-se: $\sup(cf) = c\inf f$ e $\inf(cf) = c\sup f$

5.11- Prove que:

i) Para todo $a, b \in \mathbb{R}, a^2 + ab + b^2 \geq 0$.

ii) A função $f : \mathbb{R} \to \mathbb{R}$ tal que $f(x) = x^3$ é extritamente crescente em $\mathbb{R}$.

5.12- Prove que se $\lim\limits_{x\to a} f(x) = \infty$ e $f(x) \leq g(x)$ em alguma vizinhança suprimida de $x = a$ então: $\lim\limits_{x\to a} g(x) = \infty$

5.13- Prove que:

a) Se $\lim\limits_{x\to a} f(x) = \infty$ então: $\lim\limits_{x\to a} \dfrac{1}{f(x)} = 0$

b) Se $\lim\limits_{x\to a} f(x) = 0$ e $f(x) \neq 0 \quad \forall x \in V_\delta^*(a)$ então: $\lim\limits_{x\to a} \dfrac{1}{f(x)} = +\infty$

5.14- Prove que se $\lim\limits_{x\to\infty} f(x) = L$ então: existe $a \in \mathbb{R}$ tal que f é limitada em $[a, +\infty)$.

5.15- Prove que se f é monótona decrescente em (a, b) então, para cada $x_0 \in (a, b)$, $\lim\limits_{x\to x_0^+} f(x)$ e $\lim\limits_{x\to x_0^-} f(x)$ ambos existem e vale:

$$\lim_{x\to x_0^-} f(x) = \inf_{x\in(a,x_0)} f(x) \geq f(x_0)$$

e

$$f(x_0) \geq \sup_{x\in(x_0,b)} f(x) = \lim_{x\to x_0^+} f(x)$$

5.16- Prove que se f é monótona decrescente em $(a,\ b)$, então para $a < x_1 < x_2 < b$ temos

$$\lim_{x\to x_1^-} f(x) \geq \lim_{x\to x_2^+} f(x).$$

5.17- Se $f(x) < g(x)\ \forall x \in S$, dê um contraexemplo para mostrar que, em geral, não se tem $\lim_{x\to a} f(x) < \lim_{x\to a} g(x)$.

5.18- Seja $f : \mathbb{Q} \to \mathbb{R}$ definida por $f\left(\dfrac{p}{q}\right) = \dfrac{1}{q}$ onde, p e q são primos entre si e $q \geq 1$. Mostre que $\forall a \in \mathbb{R}\quad \lim_{x\to a} f(x) = 0$.

Capítulo 6

Funções Contínuas

Apresentamos nesse capítulo o conceito de continuidade de funções reais. Tal conceito é, sem dúvida, um dos mais básicos em Cálculo e Análise Real. Muito importante em aplicações, dada a sua utilidade em problemas de aproximações, e fundamental em outras áreas como Geometria e Topologia. Intuitivamente falando, a propriedade de continuidade de uma função significa dizer que "pequenas variações" na variável independente produz "pequenas variações" nos valores da função.

6.1 Funções Contínuas

Definição 6.1 *Sejam $f: S \to \mathbb{R}$ uma função definida em um subconjunto não vazio de $\mathbb{R}$ e $x_0 \in S$ (podendo ser ou não um ponto de acumulação de S). Dizemos que f é contínua em x_0 se $\lim_{x \to x_0} f(x) = f(x_0)$, isto é, se para cada $\varepsilon > 0$ existe $\delta > 0$ (que pode depender de ε e de x_0) tal que*

$$x \in S \ \ e \ \ |x - x_0| < \delta \ \ \Rightarrow \ \ |f(x) - f(x_0)| < \varepsilon.$$

Uma observação necessária a ser feita neste instante é que, quando definimos limite de uma função $f: S \to \mathbb{R}$ em um ponto x_0 (vide Seção 5.2), não exigimos que tal ponto fosse necessariamente um ponto de S, mas sim, que fosse ponto de acumulação de S. A exigência dessa hipótese é que, ao investigarmos a existência do limite de uma função em um ponto $x_0 \in \mathbb{R}$, não importa se a função está definida em x_0 e sim que esteja definida em pontos próximos de x_0. Por outro lado, na Definição 6.1 acima, o ponto x_0 pertence a S, o domínio de f, podendo ser ou não um ponto de acumulação de S. Ocorre, no entanto, que se x_0 não for ponto de acumulação de S, isto é, se existe $\delta_0 > 0$ tal que $(x_0 - \delta_0,\ x_0 + \delta_0) \cap S = \{x_0\}$, então f é necessariamente contínua em x_0 pois, dado $\varepsilon > 0$ podemos tomar $\delta = \delta_0$ e teremos que se $x \in S$ e $|x - x_0| < \delta_0$ então $x = x_0$, logo $|f(x) - f(x_0)| = 0 < \varepsilon$.

Quando $x_0 \in S$ não é ponto de acumulação de S dizemos que é um ponto isolado de S. O que acabamos de mostrar no parágrafo anterior foi que toda função é contínua em pontos isolados do seu domínio de definição.

Uma outra observação importante a ser feita é que a propriedade de f ser contínua em x_0 é uma propriedade "local", isto é, o que importa são os valores de f para x em uma vizinhança de x_0. É com base nessa observação que, ao investigarmos a existência do limite de uma determinada função f em um ponto x_0 e, em particular, ao verificarmos se f é contínua em x_0, podemos restringir os valores de x a uma vizinhança específica (e conveniente) de x_0. Usamos esse procedimento no Exemplo 6.4.

Exemplo 6.1 *Seja $f : \mathbb{R} \to \mathbb{R}$ definida por $f(x) = k$, k uma constante. Se x_0 é um ponto arbitrário de $\mathbb{R}$ então f é contínua em x_0 pois para qualquer $\varepsilon > 0$ podemos tomar δ como sendo qualquer valor positivo e temos*

$$|x - x_0| < \delta \quad \Rightarrow \quad |f(x) - f(x_0)| = |k - k| = 0 < \varepsilon.$$

Exemplo 6.2 *Considere $f : \mathbb{R} \to \mathbb{R}$ definida por $f(x) = x$ e seja x_0 um ponto arbitrário de $\mathbb{R}$. Se $\varepsilon > 0$ é dado tomemos $\delta = \varepsilon$ e obtemos*

$$|x - x_0| < \delta \quad \Rightarrow \quad |f(x) - f(x_0)| = |x - x_0| < \delta = \varepsilon.$$

Portanto f é contínua em x_0.

Exemplo 6.3 *Seja $f : \mathbb{R} \to \mathbb{R}$ definida por $f(x) = ax+b$, a e b constantes. Considere x_0 um ponto arbitrário de $\mathbb{R}$. Se $a = 0$ então f é constante e já vimos no Exemplo 6.1* *que f é contínua em x_0. Se agora $a \neq 0$, dado $\varepsilon > 0$ tomemos $\delta = \dfrac{\varepsilon}{|a|}$ e temos*

$$|f(x) - f(x_0)| = |ax + b - ax_0 - b| = |a||x - x_0| < \varepsilon$$

se $|x - x_0| < \delta$. Portanto, em qualquer caso, f é contínua em x_0.

Exemplo 6.4 *Considere $f: \mathbb{R} \to \mathbb{R}$ definida por $f(x) = x^2$ e seja x_0 um ponto arbitrário de $\mathbb{R}$. Mostremos que f é contínua em x_0. Em primeiro lugar vamos considerar $x \in (x_0 - 1,\ x_0 + 1)$, ou seja $|x - x_0| < 1$. Neste caso $|x| < 1 + |x_0|$. Assim,*

$$\begin{aligned}|f(x) - f(x_0)| = |x^2 - x_0^2| = |x + x_0||x - x_0| \leq \\ (|x| + |x_0|)|x - x_0| < (1 + 2|x_0|)|x - x_0|.\end{aligned}$$

Portanto, dado $\varepsilon > 0$, tomando $\delta = \min\left\{1, \dfrac{\varepsilon}{1 + 2|x_0|}\right\}$, teremos

$$|x - x_0| < \delta \quad \Rightarrow \quad |f(x) - f(x_0)| < \varepsilon.$$

No Exemplo 6.4 fica evidente a dependência do δ ao ε dado e ao x_0 considerado.

Exemplo 6.5 *Seja $f: \mathbb{R} \to \mathbb{R}$ dada por $f(x) = |x|$. Sabemos que, quaisquer que sejam x e x_0 em $\mathbb{R}$, $\big|\, |x| - |x_0| \,\big| \leq |x - x_0|$. Portanto, dado $\varepsilon > 0$ arbitrário, podemos tomar $\delta = \varepsilon$ para concluirmos que $\big|f(x) - f(x_0)\big| = \big|\, |x| - |x_0| \,\big| \leq |x - x_0| < \varepsilon$ se $|x - x_0| < \delta$.*

Quando $f: S \to \mathbb{R}$ não é contínua em $x_0 \in S$ dizemos que é descontínua em x_0, ou que x_0 é uma descontinuidade de f. Assim, como costumamos proceder nos cursos de Cálculo, para f ser contínua em x_0 devemos observar três itens:

1) f está definida em x_0;

2) Existe o limite de f em x_0;

3) $\lim\limits_{x \to x_0} f(x) = f(x_0)$.

Se pelo menos um dos itens acima não for verdadeiro então f é descontínua em x_0.

Exemplo 6.6 *Consideremos* $f : \mathbb{R} - \{1\} \to \mathbb{R}$ *definida por* $f(x) = \dfrac{x^2 - 1}{x - 1}$. *Temos que*

$$\lim_{x\to 1} f(x) = \lim_{x\to 1} \frac{x^2 - 1}{x - 1} = \lim_{x\to 1} \frac{(x+1)(x-1)}{x - 1} = \lim_{x\to 1}(x+1) = 2.$$

Como f não está definida em $x_0 = 1$ não cabe arguir sobre continuidade ou descontinuidade neste ponto. No entanto, temos uma boa alternativa para estender f à reta inteira de modo a termos uma função contínua, basta definir $f(1) = 2$.

Exemplo 6.7 *Seja* $f : \mathbb{R} \to \mathbb{R}$ *definida por*

$$f(x) = \begin{cases} x, & se \ \ x \neq 0, \\ 1, & se \ \ x = 0. \end{cases}$$

Temos que

$$\lim_{x\to 0^-} f(x) = 0 \quad e \quad \lim_{x\to 0^+} f(x) = 0.$$

Portanto $\lim_{x\to 0} f(x) = 0 \neq f(0) = 1$, *ou seja, f é descontínua em $x_0 = 0$.*

No Exemplo 6.7 acima poderíamos redefinir f no ponto 0 como sendo $f(0) = 0$ e, assim, a nova função f seria contínua no ponto. Uma descontinuidade como a desse exemplo é chamada de descontinuidade removível.

Observe que o que fizemos nos Exemplos 6.6 e 6.7 para obter uma função contínua foi (re)definir o valor da função no ponto como sendo o valor do limite de f. O que estava ocorrendo era que o limite de f no ponto existia mas, ou f não estava definida naquele ponto ou, quando estava definida, o valor de f no ponto era diferente do valor do limite. O que fizemos foi "consertar as coisas", isto é, removemos a descontinuidade. Daí a denominação "descontinuidade removível".

Exemplo 6.8 *Consideremos* $f : \mathbb{R} - \{0\} \to \mathbb{R}$ *definida por* $f(x) = \dfrac{|x|}{x}$. *Temos que*

$$\lim_{x\to 0^-} f(x) = -1 \quad e \quad \lim_{x\to 0^+} f(x) = 1.$$

Assim, f não possui limite em $x_0 = 0$ sendo, portanto, descontínua nesse ponto.

No Exemplo 6.8 acima, uma vez que os limites laterais de f existem mas são distintos, é impossível (re)definir f no ponto $x_0 = 0$ de modo a ter uma função f contínua. Uma descontinuidade como a deste exemplo é chamada de descontinuidade de salto.

As descontinuidades removíveis e as de salto são classificadas como descontinuidades de 1ª espécie. Todos os outros tipos de descontinuidades são classificadas como descontinuidades de 2ª espécie.

Exemplo 6.9 *Seja $f\colon \mathbb{R} \to \mathbb{R}$ definida por*

$$f(x) = \begin{cases} 1, & se \;\; x \in \mathbb{Q}, \\ \\ 0, & se \;\; x \in \mathbb{R} - \mathbb{Q}. \end{cases}$$

Já vimos no Exemplo 5.11 que f não possui limite em ponto algum de $\mathbb{R}$. Na verdade uma reformulação simples do argumento utilizado naquele Exemplo mostra que, em qualquer ponto de $\mathbb{R}$, os limites laterais não existem. Ou seja f é descontínua em todos os pontos e todas as descontinuidades são de 2ª espécie.

A seguir estabelecemos a equivalência entre a definição de continuidade em termos de *epsilons* e *deltas* e em termos de sequências convergentes.

Proposição 6.1 *Seja $f\colon S \to \mathbb{R}$ uma função real. Então f é contínua em $x_0 \in S$ se, e somente se, para qualquer sequência (x_n) de pontos de S com $\lim\limits_{n\to\infty} x_n = x_0$ tem-se que $(f(x_n))$ é convergente e $\lim\limits_{n\to\infty} f(x_n) = f(x_0)$.*

Prova: Demonstração análoga a da Proposição 5.2. ■

Proposição 6.2 *Sejam f e g de $S \subset \mathbb{R}$ em $\mathbb{R}$ contínuas em $x_0 \in S$. Então:*

a) *$f + g$ é contínua em x_0;*

b) *fg é contínua em x_0;*

c) *Se $g(x_0) \neq 0$ então existe uma vizinhança $V_\eta(x_0)$ tal que a função $\dfrac{f}{g}$ está bem definida em $V_\eta(x_0) \cap S$ e é contínua em x_0.*

Prova: A prova dos itens *a*) e *b*) segue diretamente do Corolário 5.2 da Proposição 5.2. Para a prova do item *c*), como $g(x_0) \neq 0$, consideremos $\varepsilon_0 = \dfrac{|g(x_0)|}{2}$ e, desde que g é contínua em x_0, existe $\eta > 0$ tal que se $x \in S$ e $|x - x_0| < \eta$ então $|g(x) - g(x_0)| < \varepsilon_0$, isto é

$$g(x_0) - \frac{|g(x_0)|}{2} < g(x) < g(x_0) + \frac{|g(x_0)|}{2}.$$

Se for $g(x_0) > 0$ segue que

$$0 < \frac{g(x_0)}{2} < g(x),$$

e se for $g(x_0) < 0$ segue que

$$g(x) < \frac{g(x_0)}{2} < 0.$$

Em qualquer caso temos $g(x) \neq 0$ em $V_\eta(x_0) \cap S$ e, portanto, $\dfrac{f}{g}$ está aí bem definida. A continuidade de $\dfrac{f}{g}$ em x_0 decorre do Corolário 5.2 da Proposição 5.2. ■

Exemplo 6.10 *Vimos, nos Exemplos 6.1 e 6.2, que toda função constante e a função identidade são contínuas em todo ponto $x_0 \in \mathbb{R}$. Logo, por aplicações sucessivas dos itens a) e b) da Proposição 6.2, deduzimos que as funções polinomiais são contínuas em todo ponto $x_0 \in \mathbb{R}$. Segue agora, deste último fato e do item c) da Proposição 6.2 que as funções racionais, isto é, definidas como quociente de dois polinômios, são contínuas em todos os pontos onde o denominador não se anule.*

Observe que usando a Proposição 6.2 obtemos, outrav ez, a continuidade das funções dadas nos Exemplos 6.3 e 6.4.

Proposição 6.3 *Sejam* $f\colon S \to \mathbb{R}$ *e* $g\colon T \to \mathbb{R}$ *com* $f(S) \subset T$, f *contínua em* $x_0 \in S$ *e* g *contínua em* $f(x_0) \in T$. *Então* $g \circ f\colon S \to \mathbb{R}$ *é contínua em* x_0.

Prova: Seja (x_n) uma sequência de pontos de S tal que $\lim\limits_{n\to\infty} x_n = x_0$. Sendo f contínua em x_0 então $\lim\limits_{n\to\infty} f(x_n) = f(x_0)$ e sendo g contínua em $f(x_0)$ segue que $\lim\limits_{n\to\infty} g(f(x_n)) = g(f(x_0))$. Ou seja $\lim\limits_{n\to\infty}(g \circ f)(x_n) = (g \circ f)(x_0)$, o que significa a continuidade de $g \circ f$ em x_0. ■

Usando a Proposição 6.3 e o Exemplo 6.5 deduzimos que se $f\colon S \to \mathbb{R}$ é contínua em $x_0 \in S$ então $|f|\colon S \to \mathbb{R}$ dada por $|f|(x) = |f(x)|$ é contínua em x_0.

Quando uma função f é contínua em todos os pontos do seu domínio de definição S, dizemos que é contínua em S.

Exemplo 6.11 *Considere* $f : S \to \mathbb{R}$ *uma função com a seguinte propriedade*[1]: *existe* $k > 0$ *tal que* $|f(x) - f(y)| \le k|x - y|$. *Então* f *é contínua em* S *pois dados um ponto qualquer* x_0 *de* S *e* $\varepsilon > 0$ *tomemos* $\delta = \dfrac{\varepsilon}{k}$ *e temos que, se* $x \in S$ *e* $|x - x_0| < \delta$,

$$|f(x) - f(x_0)| \le k|x - x_0| < k\frac{\varepsilon}{k} = \varepsilon.$$

Exemplo 6.12 *Vamos mostrar que a função* seno *é contínua em todo* $\mathbb{R}$. *Em primeiro lugar temos que para todo* $x \in \mathbb{R}$ $|\text{sen} x| \le |x|$ *e em segundo lugar temos que*

$$\text{sen} x - \text{sen} y = 2\text{sen}(\tfrac{x-y}{2})\cos(\tfrac{x+y}{2}).$$

Logo, como a função cosseno *é limitada por* 1, *vem que*

$$|\text{sen} x - \text{sen} y| \le |x - y|,$$

[1]Uma função com tal propriedade é dita função lipschitziana em honra ao matemático alemão Rudolph Lipschitz (1831-1904).

para todo $x, y \in \mathbb{R}$, isto é, a função seno *é lipschitziana. Segue do Exemplo 6.11 que* seno *é contínua.*

Exemplo 6.13 *Seja $f: \mathbb{R} \to \mathbb{R}$ definida por*

$$f(x) = \begin{cases} \operatorname{sen}\left(\frac{1}{x}\right), & se \quad x \neq 0, \\ 0, & se \quad x = 0. \end{cases}$$

Temos que f é contínua em $\mathbb{R} - \{0\}$ uma vez que é a composta da função seno *com a função racional $\dfrac{1}{x}$ em $\mathbb{R} - \{0\}$. Observe que, conforme podemos deduzir do Exemplo 5.9, f não possui limites laterais em $x_0 = 0$ sendo este ponto, portanto, uma descontinuidade de 2ª espécie.*

Exemplo 6.14 *Considere $g: \mathbb{R} \to \mathbb{R}$ definida por*

$$g(x) = \begin{cases} x\operatorname{sen}\left(\frac{1}{x}\right), & se \quad x \neq 0, \\ 0, & se \quad x = 0. \end{cases}$$

Então g é contínua em todo $\mathbb{R}$. De fato, se $x_0 = 0$ temos

$$\lim_{x \to 0} g(x) = \lim_{x \to 0} x\operatorname{sen}\left(\frac{1}{x}\right) = 0 = g(0).$$

Logo g é contínua em x_0. Agora, se $x \neq 0$ temos, pelo Exemplo 6.13, que a função f dada por $f(x) = \operatorname{sen}\left(\dfrac{1}{x}\right)$ é contínua em $\mathbb{R} - \{0\}$ e, pelo Exemplo 6.2, a função h dada por $h(x) = x$ é contínua em $\mathbb{R}$. Portanto, pelo item b) da Proposição 6.2, segue que g é contínua em $\mathbb{R}$. Observe que para $x \neq 0$

$$|g(x)| = \left|x\operatorname{sen}\left(\frac{1}{x}\right)\right| = |x|\left|\operatorname{sen}\left(\frac{1}{x}\right)\right| \leq |x|.$$

Como $g(0) = 0$, concluimos que para todo $x \in \mathbb{R}$, $-|x| \leq g(x) \leq |x|$. Assim, o gráfico de g está compreendido entre as retas $y = x$ e $y = -x$.

Exemplo 6.15 *Utilizando um racicínio totalmente análogo ao do exemplo anterior podemos mostrar que a função $g\colon \mathbb{R} \to \mathbb{R}$ definida por*

$$g(x) = \begin{cases} x^2 \operatorname{sen}\left(\frac{1}{x}\right), & se \;\; x \neq 0, \\ 0, & se \;\; x = 0. \end{cases}$$

é contínua em todo $\mathbb{R}$. Nesse exemplo temos que para $x \neq 0$

$$|g(x)| = \left| x^2 \operatorname{sen}\left(\frac{1}{x}\right) \right| = x^2 \left| \operatorname{sen}\left(\frac{1}{x}\right) \right| \leq x^2.$$

Como $g(0) = 0$, concluimos que para todo $x \in \mathbb{R}$, $-x^2 \leq g(x) \leq x^2$. Assim, o gráfico de g fica compreendido entre as parábolas $y = x^2$ e $y = -x^2$.

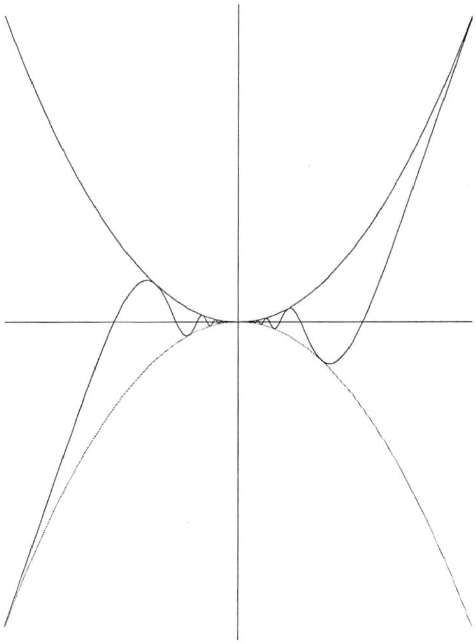

Figura 6.1: Gráfico de $f(x) = x^2 \operatorname{sen}\left(\frac{1}{x}\right)$

6.1.1 Funções Contínuas em Intervalos

Conforme já comentamos anteriormente, a propriedade de continuidade é uma propriedade "local". No entanto, quando as funções contínuas estão definidas em intervalos, estas possuem ótimas propriedades "globais". Algumas destas propriedades serão exploradas nessa seção. Antes, porém, a fim de garantir a clareza dos enunciados, faz-se necessário introduzir o conceito de continuidade à direita e à esquerda de um ponto.

Definição 6.2 *Diz-se que uma função $f : S \to \mathbb{R}$ é contínua à direita no ponto $x_0 \in S$ se $\lim_{x \to x_0^+} f(x) = f(x_0)$. Analogamente f é contínua à esquerda em x_0 se $\lim_{x \to x_0^-} f(x) = f(x_0)$.*

Exemplo 6.16 *Consideremos $f : \mathbb{R} \to \mathbb{R}$ dada por $f(x) = [x]$, onde $[x]$ indica o maior inteiro que é menor ou igual a x. Dado $k \in \mathbb{Z}$ temos $f(x) = k$, para $k \leq x < k + 1$ e $f(x) = k - 1$ para $k - 1 \leq x < k$. Portanto $\lim_{x \to k^-} f(x) = k - 1 \neq f(k)$ e $\lim_{x \to k^+} f(x) = k = f(k)$. Logo, em $x_0 = k$ temos que f é contínua à direita e descontínua à esquerda.*

Dada uma função real f definida em um intervalo fechado $[a, b]$ quando dissermos que f é contínua em $[a, b]$ fica subentendido que nas extremidades do intervalo estamos considerando a continuidade lateral correspondente.

Teorema 6.1 *Consideremos $[a, b]$ um intervalo fechado e limitado de $\mathbb{R}$. Então toda função contínua $f : [a, b] \to \mathbb{R}$ é limitada.*

Prova: Suponhamos, por absurdo, que f não fosse limitada. Então, para cada $n \in \mathbb{N}$ existiria um ponto x_n em $[a, b]$ tal que $|f(x_n)| > n$. Sendo $[a, b]$ um limitado então (x_n) seria uma sequência limitada e, pelo Teorema de Bolzano-Weierstrass, possuiria uma subsequência (x_{n_j}) convergente para um ponto $\alpha \in \mathbb{R}$. Sendo $[a, b]$ um fechado de $\mathbb{R}$ segue, da Proposição 4.7, que $\alpha \in [a, b]$. Pela continuidade de f teríamos que $(f(x_{n_j}))$ seria convergente (exatamente para $f(\alpha)$) e, em particular, seria limitada. Mas isso não poderia ocorrer pois $|f(x_{n_j})| > n_j$. Logo f terá que ser limitada. ∎

Observação 6.1 *Na demonstração do Teorema 6.1 acima não usamos o fato de $[a, b]$ ser um intervalo, mas somente o fato de ser um fechado e limitado, isto é,* *um compacto de* $\mathbb{R}$. *Assim, o que demonstramos foi que funções reais contínuas definidas em compactos são limitadas.*

Teorema 6.2 (Teoema do Máximo e do Mínimo) *Se* $[a, b]$ *é um intervalo fechado e limitado e* $f : [a, b] \to \mathbb{R}$ *é contínua, então existem* α *e* β *em* $[a, b]$ *tais que* $f(\alpha) \leq f(x) \leq f(\beta), \forall x \in [a, b]$.

Prova: Pelo Teorema 6.1 temos que $f([a, b])$ é um subconjunto limitado de $\mathbb{R}$. Logo existem

$$m = \inf_{x \in [a, b]} f(x) \quad \text{e} \quad M = \sup_{x \in [a, b]} f(x).$$

Mostremos que existem α e β em $[a, b]$ tais que $f(\alpha) = m$ e $f(\beta) = M$, isto é, o máximo e o mínimo são atingidos em pontos de $[a, b]$. Suponhamos, por contradição, que o máximo M não é atingido, ou seja, $f(x) < M$ para todo $x \in [a, b]$. Seja $g : [a, b] \to \mathbb{R}$ dada por $g(x) = \dfrac{1}{M - f(x)}$. Temos que g é contínua e $g(x) > 0$ para todo $x \in [a, b]$. Pelo Teorema 6.1 existe $K > 0$ tal que $0 < g(x) \leq K$, para todo $x \in [a, b]$. Ou seja, $\dfrac{1}{M - f(x)} \leq K$, para todo $x \in [a, b]$. Ou ainda, $f(x) \leq M - \dfrac{1}{K}$, para todo $x \in [a, b]$. Mas isso é uma contradição pois $M - \dfrac{1}{K} < M$ e M é supremo de f em $[a, b]$. A demostração para o caso do ínfimo é feita de maneira análoga. ■

Teorema 6.3 (Teorema do Valor Intermediário) *Se* f *é uma função real e contínua definida em* $[a, b]$ *tal que* $f(a) \neq f(b)$, *então, para cada* $c \in \mathbb{R}$ *entre* $f(a)$ *e* $f(b)$, *existe* $x_0 \in [a, b]$ *tal que* $f(x_0) = c$.

Prova: Se for $c = f(a)$ temos $x_0 = a$ e se for $c = f(b)$ temos $x_0 = b$. Suponhamos, sem perda da generalidade, que $f(a) > f(b)$ e seja c com $f(a) > c > f(b)$. Consideremos $g : [a, b] \to \mathbb{R}$ definida por $g(x) = f(x) - c$ e seja

$$S = \{x \in [a, b];\ g(x) > 0\}.$$

Notemos que S é limitado e não vazio, uma vez que $g(a) = f(a) - c > 0$. Logo existe $x_0 = \sup S$. Vamos provar que $x_0 \in (a, b)$ e $f(x_0) = c$. De fato, como g é contínua à direita em a, então existe $\delta_1 > 0$ tal que se $x \in [a, a + \delta_1)$ então $g(x) > 0$. Ou seja,

$[a, a+\delta_1) \subset S$. De modo que $a < x_0 \leq b$. Por outro lado $g(b) = f(b) - c < 0$ e como g é contínua à esquerda em b existe $\delta_2 > 0$ tal que se $x \in (b - \delta_2, b]$ então $g(x) < 0$. Consequentemente $a < x_0 < b$. Sendo $x_0 = \sup S$, para cada $n \in \mathbb{N}$, existe $x_n \in S$ tal que $x_0 - \dfrac{1}{n} < x_n \leq x_0$. Assim, $\lim\limits_{n\to\infty} x_n = x_0$. Sendo g contínua em x_0 então $\lim\limits_{n\to\infty} g(x_n) = g(x_0)$. Como $g(x_n) > 0$ para todo $n \in \mathbb{N}$ então $\lim\limits_{n\to\infty} g(x_n) \geq 0$. Isto é, $g(x_0) \geq 0$. Agora, para todo $x \in [a, b]$ e $x > x_0$ temos $g(x) \leq 0$. Isso acarreta que $\lim\limits_{x\to x_0^+} g(x) \leq 0$. Ora, como g é contínua em x_0 temos

$$g(x_0) = \lim_{x\to x_0} g(x) = \lim_{x\to x_0^+} g(x) \leq 0.$$

Concluimos que $g(x_0) = 0$, ou seja, que $f(x_0) = c$, como queríamos provar. ■

Corolário 6.1 *Se f está nas condições do Teorema do Valor Intermediário e é não constante então a imagem de f é o intervalo fechado $[m, M]$, onde*

$$m = \inf_{x\in[a,\, b]} f(x) \quad e \quad M = \sup_{x\in[a,\, b]} f(x).$$

Prova: Os números m e M existem pois $f([a, b])$ é um subconjunto não vazio e limitado de $\mathbb{R}$. Pelo Teorema do Máximo e do Mínimo (Teorema 6.2) existem x_1 e x_2 em $[a, b]$ tais que $f(x_1) = m$ e $f(x_2) = M$. Temos também que $m < M$ pois f é não constante. Pelo Teorema do Valor Intermediário, para todo $y \in (m, M)$ existe $x \in [a, b]$ tal que $f(x) = y$. Logo $f([a, b]) = [m, M]$. ■

Corolário 6.2 *Se f está nas condições do Teorema do Valor Intermediário e é crescente (respec. decrescente) então existe exatamente um x_0 em $[a, b]$ tal que $f(x_0) = c$.*

Prova: Suponhamos f crescente. Se existissem x_0 e $\bar{x}_0$ em $[a, b]$ com $x_0 < \bar{x}_0$ e $f(x_0) = f(\bar{x}_0) = c$ teríamos uma contradição pois

$$c = f(x_0) < f(\bar{x}_0) = c.$$

■

A proposição a seguir é uma ótima aplicação do Teorema do Valor Intermediário.

Proposição 6.4 *Se* $f : [a, b] \to [a, b]$ *é contínua então existe* $x_0 \in [a, b]$ *tal que* $f(x_0) = x_0$.

Prova: Considere $g : [a, b] \to \mathbb{R}$ dada por $g(x) = x - f(x)$. Temos que g é contínua em $[a, b]$, $g(a) = a - f(a) \le 0$ e $g(b) = b - f(b) \ge 0$. Logo, pelo Teorema do Valor Intermediário, existe $x_0 \in [a, b]$ tal que $g(x_0) = 0$. Isto é, $f(x_0) = x_0$. ■

Proposição 6.5 *Seja* $f : [a, b] \to \mathbb{R}$ *contínua e injetiva. Então a função inversa* $f^{-1} : [m, M] \to [a, b]$ *é contínua, onde*

$$m = \inf_{x \in [a, b]} f(x) \quad e \quad M = \sup_{x \in [a, b]} f(x).$$

Prova: Sejam $y_0 \in [m, M]$ e (y_n) uma sequência de pontos de $[m, M]$ com $\lim_{n \to \infty} y_n = y_0$. Devemos mostrar que $x_n = f^{-1}(y_n)$ converge para $x_0 = f^{-1}(y_0)$. Suponhamos, por contradição, que isso não ocorre. Então existe $\varepsilon_0 > 0$ tal que $|x_n - x_0| \ge \varepsilon_0$ para uma infinidade de índices, isto é, existe uma subsequência (x_{n_j}) de (x_n) tal que

$$|x_{n_j} - x_0| \ge \varepsilon_0. \tag{6.1}$$

Como (x_{n_j}) é limitada, pelo Teorema de Bolzano-Weierstrass e pelo fato de $[a, b]$ ser um fechado de $\mathbb{R}$, a sequência (x_{n_j}) possui uma subsequência $(x_{n_{j_k}})$ convergente para um ponto $\bar{x} \in [a, b]$. Em virtude de (6.1) temos que, necessariamente, $x_0 \neq \bar{x}$. Sendo f contínua então $(f(x_{n_{j_k}}))$ converge para $f(\bar{x})$. Mas $(f(x_{n_{j_k}}))$ é uma subsequência de (y_n) e, portanto, converge para $y_0 = f(x_0)$. Logo, pela unicidade do limite, temos $f(x_0) = f(\bar{x})$. Mas isso é uma contradição uma vez que $x_0 \neq \bar{x}$ e f é injetiva. ■

6.1.2 Funções Uniformemente Contínuas

Na definição de continuidade de uma função f em um ponto x_0, o *delta* que intervém depende, em geral, tanto de *epsilon* como do próprio ponto x_0. No entanto, determinadas funções contínuas têm um comportamento mais uniforme no seu domínio de definição e o *delta* depende somente do *epsilon* positivo dado. Estas são as funções uniformemente contínuas. Formalmente temos

Definição 6.3 *Uma função $f: S \to \mathbb{R}$ é denominada uniformente contínua em S se, para cada $\varepsilon > 0$, existe $\delta(\varepsilon) > 0$ tal que*

$$\forall\, x, x' \in S;\ |x - x'| < \delta \ \Rightarrow\ |f(x) - f(x')| < \varepsilon.$$

Exemplo 6.17 *A função $f: \mathbb{R} \to \mathbb{R}$ tal que $f(x) = |x|$ é uniformemente contínua, pois dado $\varepsilon > 0$ basta escolher $\delta = \varepsilon$ e temos que se $|x - y| < \delta$ então*

$$|f(x) - f(y)| = ||x| - |y|| \leq |x - y| < \varepsilon.$$

Exemplo 6.18 *A função $f: \mathbb{R} \to \mathbb{R}$ dada por $f(x) = \operatorname{sen} x$ é uniformemente contínua, pois*

$$|\operatorname{sen} x - \operatorname{sen} y| \leq |x - y|$$

e, portanto, dado $\varepsilon > 0$ tomemos $\delta = \varepsilon$ para obtermos $|x - y| < \delta$ acarretando $|f(x) - f(y)| < \epsilon$.

Exemplo 6.19 *A função $f: (0, 1) \to \mathbb{R}$ dada por $f(x) = \dfrac{1}{x}$ é contínua em $(0, 1)$ mas não é uniformemente contínua. De fato, para $\varepsilon = \frac{1}{2}$, dado $\delta > 0$ qualquer, seja $n \in \mathbb{N}$ tal que $\frac{1}{n} < \delta$, e tomemos $x_1 = \frac{1}{n}$ e $x_2 = \frac{1}{n+1}$. Temos que x_1 e x_2 pertencem a $(0, 1)$ e $|x_1 - x_2| = \left|\frac{1}{n} - \frac{1}{n+1}\right| < \frac{1}{n} < \delta$, mas*

$$|f(x_1) - f(x_2)| = \left|\frac{1}{x_1} - \frac{1}{x_2}\right| = |n - (n + 1)| = 1 > \varepsilon.$$

O que mostra que f não é uniformemente contínua em $(0, 1)$.

Proposição 6.6 *Sejam $[a, b]$ um intervalo fechado e limitado e $f: [a, b] \to \mathbb{R}$ contínua. Então f é uniformemente contínua.*

Prova: Suponhamos, por absurdo, que f não seja uniformemente contínua. Então existe $\varepsilon_0 > 0$ tal que para todo $\delta > 0$ podemos encontrar pontos x e y em $[a, b]$ com $|x - y| < \delta$ mas que $|f(x) - f(y)| \geq \varepsilon_0$. Em particular, para cada $n \in \mathbb{N}$, podemos escolher $\delta = \frac{1}{n}$ e obtemos sequências (x_n) e (y_n) em $[a, b]$ de tal modo que $|x_n - y_n| <$

$\frac{1}{n}$, mas $|f(x_n) - f(y_n)| \geq \varepsilon_0$. Como (x_n) e (y_n) são limitadas então, pelo Teorema de Bolzano-Weierstrass e pelo fato de $[a,\ b]$ ser fechado, elas possuem subsequências (x_{n_j}) e (y_{n_j}), respectivamente, que convergem para pontos de $[a,\ b]$. Sejam então

$$r = \lim_{j\to\infty} x_{n_j} \quad \text{e} \quad s = \lim_{j\to\infty} y_{n_j}.$$

Temos então que

$$0 \leq \lim_{j\to\infty} |x_{n_j} - y_{n_j}| \leq |\lim_{j\to\infty}(x_{n_j} - y_{n_j})| \leq \lim_{j\to\infty} \frac{1}{n_j} = 0,$$

isto é, $0 \leq |r - s| \leq 0$, donde $r = s$. Pela continuidade de f temos

$$\lim_{j\to\infty} f(x_{n_j}) = \lim_{j\to\infty} f(y_{n_j}) = f(r),$$

logo

$$\lim_{j\to\infty} [f(x_{n_j}) - f(y_{n_j})] = 0.$$

Mas isto é uma contradição, pois $|f(x_{n_j}) - f(y_{n_j})| \geq \varepsilon_0$ para todo n_j. ■

Voltando ao Exemplo 6.19, se para qualquer $x_0 > 0$ considerarmos f definida em $[x_0, +\infty)$, teremos que f é uniformemente contínua, como uma decorrência da proposição a seguir.

Proposição 6.7 *Consideremos* $f\colon [a,\ +\infty) \to \mathbb{R}$ *uma função contínua e suponhamos que* $\lim_{x\to+\infty} f(x) = L \in \mathbb{R}$. *Então* f *é uniformemente contínua em* $[a,\ +\infty)$.

Prova: Seja $\varepsilon > 0$ dado. Então existe $b > 0$ de tal modo que $|f(x) - L| < \dfrac{\varepsilon}{2}$, para todo $x \geq b$. Assim, se $x_1 \geq b$ e $x_2 \geq b$, então $|f(x_1) - f(x_2)| < \varepsilon$. Pela Proposição 6.6 segue que f é uniformemente contínua em $[a, b+1]$, logo existe $\delta > 0$, o qual podemos considerá-lo menor que 1, tal que se $x_1, x_2 \in [a, b+1]$ e $|x_1 - x_2| < \delta$ então $|f(x_1) - f(x_2)| < \varepsilon$. Agora, dados x_1 e x_2 em $[a, +\infty)$ com $|x_1 - x_2| < \delta$, ou ocorre de x_1 e x_2 pertencerem a $[a, b+1]$ e neste caso $|f(x_1) - f(x_2)| < \varepsilon$, ou ocorre de x_1 e x_2 pertencerem a $[b,\ +\infty)$, e nesse caso também acontece que $|f(x_1) - f(x_2)| < \varepsilon$, ou, em último caso, estão ambos na interseção $[b, b+1]$ e, novamente, temos $|f(x_1) - f(x_2)| < \varepsilon$. ■

Corolário 6.3 *Se f é contínua em $(-\infty,\ b]$ e $\lim_{x \to -\infty} f(x) = \ell \in \mathbb{R}$ então f é uniformemente contínua em $(-\infty,\ b]$.*

Prova: A prova é deixada para os exercícios. ∎

Proposição 6.8 *Seja $f : \mathbb{R} \to \mathbb{R}$ contínua e vamos supor que existem $\lim_{x \to -\infty} f(x) = \ell$ e $\lim_{x \to +\infty} f(x) = L$. Então f é uniformemente contínua em $\mathbb{R}$.*

Prova: Deixamos para os exercícios. ∎

6.2 Exercícios do Capítulo 6

6.1- Mostre que a função

$$f(x) = \begin{cases} x, & \text{se} \quad x \in \mathbb{Q}, \\ \\ 0, & \text{se} \quad x \in \mathbb{R} - \mathbb{Q}. \end{cases}$$

tem descontinuidade de 2ª espécie em cada $x_0 \neq 0$ e é contínua em $x_0 = 0$.

6.2- Prove que se f é contínua em x_0 e $f(x) \geq 0, \forall x \in \mathbb{R}$ então $h(x) = \sqrt{f(x)}$ é contínua em x_0.

6.3- Mostre que se f é contínua em $\mathbb{R}$ e $f(x) = 0$ para todo $x \in \mathbb{Q}$ então $f(x) = 0$ para todo $x \in \mathbb{R}$.

6.4- Seja $f : \mathbb{R} \to \mathbb{R}$ contínua em $x_0 = 0$ e satisfaz a condição

$$f(x + y) = f(x) + f(y), \quad \forall x \in \mathbb{R}.$$

Mostre que f é contínua em $\mathbb{R}$.

6.5- Prove que se g é contínua em $x_0 = 0$, $g(0) = 0$ e existe $\delta > 0$ tal que

$$|f(x)| \leq |g(x)|, \forall x \in V_\delta(0)$$

então f é contínua em $x_0 = 0$.

6.6- Seja f contínua em $(a,\ b)$ e tal que ambos $\lim\limits_{x \to a^+} f(x)$, $\lim\limits_{x \to b^-} f(x)$ existem. Mostre que f é limitada em $(a,\ b)$.

6.7- Mostre que se f é contínua e injetiva em $[a, b]$ então f é monótona crescente ou decrescente.

6.8- Prove que o polinômio $p(x) = a_0 + a_1 x + \cdots + a_n x^n$, onde $a_n \neq 0$ e n é ímpar, possui pelo menos uma raiz $x_0 \in \mathbb{R}$.

6.9- Mostre, mediante um exemplo, que se f e g são uniformemente contínuas em I, então o produto fg pode deixar de ser uniformemente contínua em I.

6.10- Seja f contínua em (a, b). Mostre que f é uniformemente contínua em (a, b) se, e somente se, existem $\lim_{x \to a^+} f(x)$ e $\lim_{x \to b^-} f(x)$.

6.11- Prove que se f é contínua em $\mathbb{R}$ então f é uniformemente contínua em todo intervalo limitado I.

6.12 - Verifique se as funções abaixo são contínuas em seus domínios:

a) $f(x) = \sqrt{x^2 + 1}, \quad x \in \mathbb{R}.$

b) $g(x) = \begin{cases} e^{-\frac{1}{x}}, & \text{se} \quad x > 0, \\ 0, & \text{se} \quad x \leq 0. \end{cases}$

c) $u(x) = \begin{cases} x^2 \text{sen}\left(\frac{1}{x}\right), & \text{se} \quad x \neq 0, \\ 0, & \text{se} \quad x = 0. \end{cases}$

d) $v(x) = \begin{cases} \dfrac{\text{sen} x}{x}, & \text{se} \quad x \neq 0, \\ 1, & \text{se} \quad x = 0. \end{cases}$

6.13- Sejam $f, g : I \to \mathbb{R}$ contínuas. Mostre que:

$$h(x) = \max\{f(x), g(x)\} \quad \text{e} \quad k(x) = \min\{f(x), g(x)\}$$

são contínuas em $\mathbb{R}$.

6.14- Mostre que toda função *lipschitziana* $f : I \to \mathbb{R}$ é contínua.

6.15- Seja $f : \mathbb{R} \to \mathbb{R}$ tal que $f(x) = x^3$. Mostre que f restrita ao intervalo $[-\alpha, \alpha]$, $\alpha > 0$, é lipschitziana.

6.16- Seja $f : \mathbb{R} \to \mathbb{R}$ tal que $f(\lambda x) = \lambda f(x)$ para todo x e todo $\lambda \in \mathbb{R}$. Mostre que f é contínua em $\mathbb{R}$.

6.17- Seja $f : \mathbb{R} \to \mathbb{R}$ definida por

$$f(x) = \begin{cases} 0, & \text{se} \quad x \in \mathbb{R} - \mathbb{Q}, \\ 1, & \text{se} \quad x = 0, \\ 1/q, & \text{se} \quad x = p/q, \;\; q > 0 \;\text{ e }\; mdc(p, q) = 1, \end{cases}$$

Prove que, $\forall\, a \in \mathbb{R}$, $\lim_{x \to a} f(x) = 0$ e conclua que f é contínua apenas em $\mathbb{R} - \mathbb{Q}$.

6.18- Seja $f : \mathbb{R} \to \mathbb{R}$ uma função contínua tal que

$$f(x + y) = f(x) + f(y), \forall x, y \in \mathbb{R}$$

Prove que f é da forma αx, para algum $\alpha \in \mathbb{R}$.

6.19- Mostre que a equação

$$\frac{5}{x-1} + \frac{7}{x-2} + \frac{16}{x-3} = 0$$

admite uma solução entre 1 e 2 e outra entre 2 e 3.

6.20- Mostre que se f é contínua em $[a, b]$ então existe uma função contínua g em $\mathbb{R}$ tal que $g(x) = f(x)$ para todo $x \in [a, b]$. Uma tal função é chamada de extensão contínua de f a $\mathbb{R}$.

6.21- Seja $f : \mathbb{R} \to \mathbb{R}$ uma função contínua tal que

$$\lim_{x \to -\infty} f(x) = \lim_{x \to \infty} f(x) = 0.$$

Mostre que f é limitada em $\mathbb{R}$.

6.22- Seja $I \subset \mathbb{R}$ um intervalo e $f : I \to \mathbb{R}$ uma função. Defina

$$\mathcal{D} = \left\{ \frac{f(x) - f(y)}{x - y}; \quad x, y \in I \text{ e } x \neq y \right\}.$$

Prove que se $\mathcal{D}$ é limitado então f é uniformemente contínua em I.

6.23- Prove que se f e g são uniformemente contínuas em um intervalo limitado (a, b) então o produto fg é uma função uniformemente contínua em (a, b).

6.24- Seja $f : [0, 1] \to [a, b]$ satisfazendo a seguinte condição: existe $0 \leq \lambda < 1$ tal que $|f(x) - f(y)| \leq \lambda |x - y|$ para todo x e todo y em $[a, b]$. Mostre que existe um único $x_0 \in [a, b]$ tal que $f(x_0) = x_0$.

6.25- Seja $f : \mathbb{R} \to \mathbb{R}$ uma função tal que $|f(x) - f(y)| \leq \lambda |x - y|$ para todo x e todo y de $\mathbb{R}$ e para algum $0 \leq \lambda < 1$. Mostre que existe um único $x \in \mathbb{R}$ tal que $f(x) = x$. (**Sugestão:** Dado $x_0 \in \mathbb{R}$ defina a sequência (x_n) por $x_n = f(x_{n-1})$, para $n = 1, 2, 3, \cdots$ e mostre que (x_n) é de Cauchy em $\mathbb{R}$.)

6.26- Seja $f : [a, b] \to \mathbb{R}$ dada por $f(x) = \sqrt{x}$. Mostre que f é uniformemente contínua porém, não é lipschitziana.

6.27- Dizemos que uma função $f : \mathbb{R} \to \mathbb{R}$ é periódica de período $p > 0$ se $f(x + p) = f(x)$ para todo $x \in \mathbb{R}$. Prove que toda função $f : \mathbb{R} \to \mathbb{R}$ contínua e periódica é limitada e existem pontos $x_1, x_2 \in \mathbb{R}$ satisfazendo a condição $f(x_1) \leq f(x) \leq f(x_2)$ para todo $x \in \mathbb{R}$.

6.28- Prove que $f : \mathbb{R} \to \mathbb{R}$ é contínua se, e somente se, para todo $S \subset \mathbb{R}$ tem-se $f(\overline{S}) \subset \overline{f(S)}$.

6.29- Mostre que se f é uniformemente contínua em $\mathbb{R}$ então, dadas quaisquer duas sequências, (x_n) e (y_n) tais que $\lim_{n\to\infty} |x_n - y_n| = 0$ tem-se que $\lim_{n\to\infty} |f(x_n) - f(y_n)| = 0$.

6.30- Sejam f, g, h e k funções de $[0, +\infty)$ em $\mathbb{R}$ definidas por, $f(x) = x^2$, $g(x) = \cos x$, $h(x) = \dfrac{1}{1+x}\cos(x^2)$ e $k(x) = \sqrt{x}$. Quais delas são uniformemente contínuas em $[0, +\infty)$?

6.31- Uma função real definida em um intervalo $[a, b]$ é dita afim por partes quando existem pontos $x_0, x_1, \cdots x_n$ satisfazendo $a = x_0 < x_1 < \cdots < x_n = b$, e f restrita a cada subintervalo $[x_{i-1}, x_i]$, $i = 0, 1, \cdots n$, é afim. Mostre que dada qualquer função f contínua em $[a, b]$ e dado $\varepsilon > 0$ existe uma função g contínua e afim por partes em $[a, b]$ tal que $|f(x) - g(x)| < \varepsilon$

Capítulo 7

Funções Deriváveis

Dedicamos esse capítulo ao estudo das funções deriváveis e, uma vez que estamos supondo o leitor familiarizado com a interpretação geométrica da derivada como coeficiente angular da reta tangente ao gráfico da função, ou com a interpretação física como a velocidade de um ponto material, concentraremos nossa argumentação nos aspectos matemáticos do conceito, objetivando estudar as propriedades básicas da derivada e enfatizar os resultados que conduzam a informações qualitativas sobre a função a partir de informações sobre a sua derivada.

7.1 A Derivada

Definição 7.1 *Sejam $I \subset \mathbb{R}$ um intervalo aberto e $f : I \to \mathbb{R}$ uma função. Dizemos que f é derivável em $x_0 \in I$ se existe o limite*

$$\lim_{\substack{x \to x_0 \\ x \neq x_0}} \frac{f(x) - f(x_0)}{x - x_0}. \tag{7.1}$$

O limite (7.1) quando existe é denotado por $f'(x_0)$ e denominado derivada da função f no ponto x_0.

Fazendo em (7.1) $h = x - x_0$, ou seja $x = x_0 + h$, teremos que $x \to x_0$ se, e somente se, $h \to 0$. Assim, quando o limite existe, escrevemos

$$f'(x_0) = \lim_{h\to 0} \frac{f(x_0+h) - f(x_0)}{h}. \tag{7.2}$$

Outras notações para a derivada de uma função em um ponto são

$$Df(x_0),\ \frac{df}{dx}(x_0) \text{ ou } \left.\frac{df}{dx}\right|_{x=x_0}.$$

Quando em (7.2) nos restringimos a valores positivos de h, o limite, quando existe, é denominado derivada lateral à direita de f em x_0 e denotado por $f'_d(x_0)$ e quando nos restringimos a valores negativos de h, o limite, quando existe, é denominado derivada lateral à esquerda de f em x_0 e é denotado por $f'_e(x_0)$. Assim,

$$f'_d(x_0) = \lim_{h\to 0^+} \frac{f(x_0+h) - f(x_0)}{h}$$

e

$$f'_e(x_0) = \lim_{h\to 0^-} \frac{f(x_0+h) - f(x_0)}{h}.$$

Evidentemente que f é derivável em x_0 se, e somente se, existem as derivadas laterais em x_0 e $f'_d(x_0) = f'_e(x_0) = f'(x_0)$. Quando $f'(x)$ existe para todo $x \in I$ dizemos que f é derivável em I.

Exemplo 7.1 *Seja $f : \mathbb{R} \to \mathbb{R}$ definida por $f(x) = k$, k uma constante. Se x_0 é um ponto qualquer de $\mathbb{R}$ então f é derivável em x_0 e $f'(x_0) = 0$ pois*

$$\lim_{h\to 0} \frac{f(x_0+h) - f(x_0)}{h} = \lim_{h\to 0} \frac{k-k}{h} = \lim_{h\to 0} \frac{0}{h} = \lim_{h\to 0} 0 = 0.$$

Exemplo 7.2 *Considere $f : \mathbb{R} \to \mathbb{R}$ definida por $f(x) = x$ e seja x_0 um ponto de $\mathbb{R}$. Temos que*

$$\lim_{h\to 0} \frac{f(x_0+h) - f(x_0)}{h} = \lim_{h\to 0} \frac{x_0+h-x_0}{h} = \lim_{h\to 0} \frac{h}{h} = \lim_{h\to 0} 1 = 1.$$

Portanto f é derivável em x_0 e $f'(x_0) = 1$.

Exemplo 7.3 *A função* $f : \mathbb{R} \to \mathbb{R}$ *definida por* $f(x) = |x|$ *não é derivável em* $x_0 = 0$ *pois*

$$\lim_{h\to 0^-} \frac{f(h) - f(0)}{h} = \lim_{h\to 0^-} \frac{-h}{h} = \lim_{h\to 0^-} (-1) = -1$$

e

$$\lim_{h\to 0^+} \frac{f(h) - f(0)}{h} = \lim_{h\to 0^+} \frac{h}{h} = \lim_{h\to 0^+} 1 = 1.$$

Portanto, não existe $\lim_{h\to 0} \dfrac{f(h) - f(0)}{h}$.

A primeira informação que deduzimos de uma função que é derivável em um ponto é que esta é contínua no ponto. É o que estabelece a proposição a seguir.

Proposição 7.1 *Seja* $f : I \to \mathbb{R}$ *uma função derivável em um ponto* $x_0 \in I$, *onde* I *é um intervalo aberto. Então* f *é contínua em* x_0.

Prova: Considere a igualdade

$$f(x) = f(x_0) + \frac{f(x) - f(x_0)}{x - x_0}(x - x_0), \quad x \neq x_0.$$

Então

$$\lim_{x\to x_0} f(x) = f(x_0) + \lim_{x\to x_0} \frac{f(x) - f(x_0)}{x - x_0} \lim_{x\to x_0} (x - x_0) =$$
$$f(x_0) + f'(x_0).0 = f(x_0),$$

isto é, $\lim_{x\to x_0} f(x) = f(x_0)$, significando que f contínua em x_0. ■

A recíproca da Proposição 7.1 é falsa conforme constatamos mediante o Exemplo 7.3.

As propriedades algébricas da derivada estão apresentadas na proposição a seguir.

Proposição 7.2 *Sejam* f *e* g *funções definidas em um intervalo aberto* I *e deriváveis em* $x_0 \in I$. *Então*

i) *$f + g$ é derivável em x_0 e $(f+g)'(x_0) = f'(x_0) + g'(x_0)$,*

ii) *fg é deivável em x_0 e $(fg)'(x_0) = f(x_0)g'(x_0) + f'(x_0)g(x_0)$,*

iii) *Se $g \neq 0$ então $\frac{f}{g}$ é derivável em x_0 e*

$$\left(\frac{f}{g}\right)'(x_0) = \frac{f'(x_0)g(x_0) - f(x_0)g'(x_0)}{[g(x_0)]^2}$$

Prova: Para a prova de *i*) temos que

$$\frac{(f+g)(x_0+h) - (f+g)(x_0)}{h} = \frac{f(x_0+h) - f(x_0)}{h} + \frac{g(x_0+h) - g(x_0)}{h}.$$

O resultado segue das propriedades de limite de funções. Para a verificação de *ii*) é bastante observar que

$$\frac{f(x_0+h)g(x_0+h) - f(x_0)g(x_0)}{h} = f(x_0+h)\frac{g(x_0+h) - g(x_0)}{h} + \frac{f(x_0+h) - f(x_0)}{h}g(x_0),$$

usar a Proposição 7.1 e as propriedades do limite de funções. Finalmente para provar *iii*) temos que

$$\frac{\frac{f(x_0+h)}{g(x_0+h)} - \frac{f(x_0)}{g(x_0)}}{h} = \frac{\frac{f(x_0+h)-f(x_0)}{h}g(x_0) - f(x_0)\frac{g(x_0+h)-g(x_0)}{h}}{g(x_0)g(x_0+h)}$$

e, da Proposição 7.1 e das propriedades do limite de funções, temos o resultado. ■

Segue agora, por aplicações sucessivas da Proposição 7.2, que os polinômios são funções deriváveis em todos os pontos de $\mathbb{R}$, como também as funções racionais nos pontos onde o denominador é não nulo.

Proposição 7.3 (Regra da Cadeia) *Sejam $f : I \to \mathbb{R}$ e $g : J \to \mathbb{R}$ funções definidas, respectivamente, nos intervalos abertos I e J com $f(I) \subset J$. Suponha que f é derivável em $x_0 \in I$ e g derivável em $f(x_0) \in J$. Então $g \circ f$ é derivável em x_0 e*

$$(g \circ f)'(x_0) = g'(f(x_0))f'(x_0).$$

Prova: Seja $d = f(x_0)$ e definamos seja $G : J \to \mathbb{R}$ por

$$G(y) = \begin{cases} \dfrac{g(y) - g(d)}{y - d}, & \text{se } y \neq d \\ g'(d), & \text{se } y = d \end{cases}$$

Como g é derivável em d, temos $\lim\limits_{y \to d} G(y) = g'(d) = G(d)$. Assim, G é contínua em d. Agora como f é contínua em x_0, $x_0 \in I$ e $f(I) \subseteq J$, tem-se pela Proposição 6.3 que $G \circ f$ é contínua em x_0, e portanto

$$\lim_{x \to x_0} (G \circ f)(x) = \lim_{y \to d} G(y) = g'(f(x_0)) \tag{7.3}$$

Segue da definição de G que

$$g(y) - g(d) = G(y)(y - d), \ \forall y \in J, y \neq d.$$

Portanto, se $x \in I$ e $y = f(x)$, obtemos

$$(g \circ f)(x) - (g \circ f)(x_0) = (G \circ f)(x)[f(x) - f(x_0)]$$

Logo, se $x \in I$, $x \neq x_0$, temos

$$\frac{(g \circ f)(x) - (g \circ f)(x_0)}{x - x_0} = (G \circ f)(x) \frac{f(x) - f(x_0)}{x - x_0} \tag{7.4}$$

Passando ao limite em (7.4), quando $x \to x_0$, usando (7.3) e o fato que f é derivável em x_0, obtemos

$$\lim_{x \to x_0} \frac{(g \circ f)(x) - (g \circ f)(x_0)}{x - x_0} = g'(f(x_0))f'(x_0)$$

Assim, $(g \circ f)$ é derivável em x_0 e $(g \circ f)'(x_0) = g'(f(x_0))f'(x_0)$. ∎

Exemplo 7.4 *Considere $f \colon \mathbb{R} \to \mathbb{R}$ definida por*

$$f(x) = \begin{cases} x\,\text{sen}\left(\frac{1}{x}\right), & se \ x \neq 0, \\ 0, & se \ x = 0. \end{cases}$$

Temos, para $x \neq 0$ e pelas Proposições 7.1 e 7.2,

$$f'(x) = \text{sen}(\frac{1}{x}) + x\cos(\frac{1}{x})(-\frac{1}{x^2}) = \text{sen}(\frac{1}{x}) - \frac{1}{x}\cos(\frac{1}{x}).$$

Agora, para $x_0 = 0$ temos

$$\frac{f(x) - f(x_0)}{x - x_0} = \frac{x\text{sen}(\frac{1}{x})}{x} = \text{sen}(\frac{1}{x})$$

que não tem limite quando $x \to 0$. Isto é, f não é derivável em $x_0 = 0$.

Exemplo 7.5 *Considere $f\colon \mathbb{R} \to \mathbb{R}$ definida por*

$$f(x) = \begin{cases} x^2\text{sen}\left(\frac{1}{x}\right), & se \;\; x \neq 0, \\ \\ 0, & se \;\; x = 0. \end{cases}$$

Temos, para $x \neq 0$ e pela Regra da Cadeia,

$$f'(x) = 2x\text{sen}\left(\frac{1}{x}\right) - \cos\left(\frac{1}{x}\right).$$

E para $x_0 = 0$ temos

$$\frac{f(x) - f(x_0)}{x - x_0} = \frac{x^2\text{sen}\left(\frac{1}{x}\right)}{x} = x\text{sen}\left(\frac{1}{x}\right).$$

Como

$$\lim_{x \to 0} x\text{sen}\left(\frac{1}{x}\right) = 0,$$

segue que f é derivável em $x_0 = 0$ e $f'(0) = 0$. Assim

$$f'(x) = \begin{cases} 2x\text{sen}\left(\frac{1}{x}\right) - \cos\left(\frac{1}{x}\right), & se \;\; x \neq 0, \\ \\ 0, & se \;\; x = 0. \end{cases}$$

Mas f' não é uma função contínua pois $\cos\left(\frac{1}{x}\right)$ não tem limite quando $x \to 0$.

7.2 O Teorema do Valor Médio

Seja $I \subset \mathbb{R}$ um intervalo e $f : I \to \mathbb{R}$ uma função. Dizemos que f assume um máximo absoluto em $x_0 \in I$ se $f(x_0) \geq f(x)$ para todo $x \in I$. Se a desigualdade

$f(x_0) \geq f(x)$ ocorre apenas em uma vizinhança de $V_\delta(x_0) \subset I$ dizemos que f assume um máximo local em x_0. Quando temos $f(x_0) \leq f(x)$ para todo $x \in I$ dizemos que f assume um mínimo absoluto em x_0 e quando for $f(x_0) \leq f(x)$ apenas para x restrito a uma vizinhança de $V_\delta(x_0) \subset I$ dizemos que f assume um mínimo local em x_0. Os pontos onde f assume um máximo (local ou absoluto) ou um mínimo (local ou absoluto) são chamados de extremos de f. É evidente que se x_0 é um ponto interior de I e se x_0 for um extremo absoluto de f então x_0 é um extremo local de f.

Proposição 7.4 *Sejam I um intervalo aberto de $\mathbb{R}$, $f : I \to \mathbb{R}$ uma função e x_0 um extremo local de f. Se f for derivável em x_0 então $f'(x_0) = 0$.*

Prova: Vamos admitir que f assume um máximo local em x_0 (o caso de mínimo local é análogo). Então existe $\delta > 0$ tal que $f(x) \leq f(x_0)$ para todo $x \in (x_0 - \delta, x_0 + \delta)$. Portanto,

$$\frac{f(x) - f(x_0)}{x - x_0} = \begin{cases} \leq 0, & \text{se } x_0 < x < x_0 + \delta, \\ \geq 0, & \text{se } x_0 - \delta < x < x_0. \end{cases} \tag{7.5}$$

Agora, como existe $f'(x_0)$, necessariamente temos

$$\lim_{x \to x_0^-} \frac{f(x) - f(x_0)}{x - x_0} = f'(x_0) = \lim_{x \to x_0^+} \frac{f(x) - f(x_0)}{x - x_0}.$$

Mas, por (7.5) temos

$$\lim_{x \to x_0^-} \frac{f(x) - f(x_0)}{x - x_0} \geq 0 \quad \text{e} \quad \lim_{x \to x_0^+} \frac{f(x) - f(x_0)}{x - x_0} \leq 0.$$

Donde se conclui que $f'(x_0) = 0$. ■

Teorema 7.1 (Teorema de Rolle) [1] *Seja f contínua em $[a, b]$ e derivável em (a, b) com $f(a) = f(b)$. Então existe $x_0 \in (a, b)$ tal que $f'(x_0) = 0$.*

Prova: Se for $f(x) = f(a)$ para todo $x \in (a, b)$, como $f(a) = f(b)$, então f é constante em $[a, b]$ e, portanto, $f'(x) = 0$ para todo $x \in (a, b)$. Assim, podemos

[1] Michel Rolle (1652-1719), matemático francês.

supor que existe $x \in (a, b)$ tal que $f(x) \neq f(a)$. Sendo f contínua em $[a, b]$, pelo Teorema do Máximo e do Mínimo (Teorema 6.2), f possui extremos absolutos em $[a, b]$. Como estamos supondo que f não é constante em (a, b) e pelo fato de que $f(a) = f(b)$, então pelo menos um dos pontos de extremo absoluto de f pertence a (a, b). Seja x_0 tal ponto. Segue da Proposição 7.4 que $f'(x_0) = 0$. ■

Teorema 7.2 (do Valor Médio de Cauchy) *Sejam f e g funções reais contínuas em $[a, b]$ e deriváveis em (a, b). Então existe $x_0 \in (a, b)$ tal que*

$$(f(b) - f(a))g'(x_0) = (g(b) - g(a))f'(x_0). \tag{7.6}$$

Prova: Consideremos a função φ definida em $[a, b]$ por

$$\varphi(x) = (f(b) - f(a))g(x) - (g(b) - g(a))f(x). \tag{7.7}$$

Temos que φ é contínua em $[a, b]$, derivável em (a, b) e $\varphi(a) = \varphi(b)$. Portanto, a função φ está nas condições do Teorema de Rolle. Logo existe $x_0 \in (a, b)$ tal que $\varphi'(x_0) = 0$. Mas, para todo $x \in (a, b)$ temos

$$\varphi'(x) = (f(b) - f(a))g'(x) - (g(b) - g(a))f'(x).$$

Logo, para $x = x_0$ temos

$$(f(b) - f(a))g'(x_0) = (g(b) - g(a))f'(x_0),$$

como queríamos demonstrar. ■

A versão do Teorema do Valor Médio mais amplamente apresentada nos cursos de Cálculo Diferencial é um caso particular do Teorema 7.2 e é a seguinte:

Teorema 7.3 (do Valor Médio de Lagrange) [2] *Suponha que a função $f : [a, b] \to \mathbb{R}$ é contínua em $[a, b]$ e derivável em (a, b). Então existe $x_0 \in (a, b)$ tal que*

$$f'(x_0) = \frac{f(b) - f(a)}{b - a}. \tag{7.8}$$

[2] Joseph Louis Lagrange (1736-1813), matemático francês.

Prova: É suficiente considerar no Teorema 7.2 $g(x) = x$. ■

Proposição 7.5 *Seja $f : (a, b) \to \mathbb{R}$ uma função derivável.*

i) *Se $f'(x) > 0$, $\forall\, x \in (a, b)$, então f é crescente em (a, b).*

ii) *Se $f'(x) < 0$, $\forall\, x \in (a, b)$, então f é decrescente em (a, b).*

iii) *Se $f'(x) = 0$, $\forall\, x \in (a, b)$, então f é constante em (a, b).*

Prova: Dados x_1 e x_2 em (a, b), com $x_1 \neq x_2$, podemos supor, sem perder a generalidade da demonstração, que $x_1 < x_2$. Assim, a função f restrita ao intervalo $[x_1, x_2]$ atende às hipóteses do Teorema 7.3 e, portanto, existe $t \in (x_1, x_2)$ tal que

$$f(x_2) - f(x_1) = f'(t)(x_2 - x_1). \tag{7.9}$$

Logo, *i)*, *ii)* e *iii)* seguem diretamente de (7.9). ■

Proposição 7.6 *Sejam f e g funções deriváveis em (a, b), com $f'(x) = g'(x)$ para todo $x \in (a, b)$. Então existe uma constante c tal que $f(x) = g(x) + c$ para todo $x \in (a, b)$.*

Prova: Consideremos $\varphi(x) = f(x) - g(x)$ em (a, b). Temos que $\varphi'(x) = f'(x) - g'(x) = 0$, para todo $x \in (a, b)$. Portanto, por *iii)* da Proposição 7.5, existe c tal que $\varphi(x) = c$, isto é, $f(x) = g(x) + c$. ■

Proposição 7.7 *Seja $f : I \to \mathbb{R}$ um função derivável em um intervalo aberto $I \subset \mathbb{R}$ e suponhamos que existe $M > 0$ tal que $|f'(x)| \leq M$ para todo $x \in I$. Então*

$$|f(x) - f(y)| \leq M|x - y|$$

para todo x e todo y de I, ou seja, f é uma função lipschitziana (vide Exercício 6.14).

Prova: Sejam x e y quaisquer em I. Podemos supor, sem perda da generalidade, que $y < x$. Pelo Teorema do Valor Médio existe $\xi \in (y,\ x)$ tal que $f(x) - f(y) = f'(\xi)(x-y)$. Portanto,

$$|f(x) - f(y)| = |f'(\xi)(x-y)| = |f'(\xi)||x-y| \leq M|x-y|,$$

e temos demonstrada a proposição. ∎

Exemplo 7.6 *Consideremos $f : \mathbb{R} \to \mathbb{R}$ dada por $f(x) = \operatorname{sen} x$. Temos que $f'(x) = \cos x$. Como $|\cos x| \leq 1$, então $|\operatorname{sen} x - \operatorname{sen} y| \leq |x - y|$. Mais particularmente temos $|\operatorname{sen} x| \leq |x|$, para todo $x \in \mathbb{R}$.*

Proposição 7.8 *Se f é derivável em um intervalo aberto $I \subset \mathbb{R}$ e existe $M > 0$ tal que $|f(x) - f(y)| \leq M|x - y|$, para todo x e todo y de I, então $|f'(x)| \leq M$, para todo $x \in I$.*

Prova: Para cada $x \in I$ temos que

$$f'(x) = \lim_{y \to x} \frac{f(y) - f(x)}{y - x}.$$

Desde que

$$\left| \frac{f(x) - f(y)}{y - x} \right| \leq M, \quad \text{se} \quad y \neq x,$$

segue que $|f'(x)| \leq M$, como queríamos. ∎

Quando uma função f é derivável em um intervalo aberto I, o valor de sua derivada em cada ponto é univocamente determinado, uma vez que é dado por um limite e o limite, como sabemos, é único. Nesse caso temos a função $f' : I \to \mathbb{R}$, que a cada $x \in I$ associa $f'(x)$. Podemos agora indagar se, dado $x_0 \in I$, existe a derivada de f' em x_0. Quando tal derivada existe dizemos que f possui uma derivada segunda em x_0 e a denotamos por $f''(x_0)$. Do mesmo modo, quando $f''(x)$ existe para todo $x \in I$, podemos indagar se existe a derivada de f'' em um ponto $x_0 \in I$, e quando tal derivada existe, dizemos ser f três vezes derivável em x_0 e denotamo-la por $f'''(x_0)$. E assim por diante, podemos indagar sobre a existência da derivada de ordem n de f em um ponto $x_0 \in I$, quando f possui derivada de ordem $n - 1$ em todos os pontos de

I e, quando é esse o caso, denotamos tal derivada por $f^{(n)}(x_0)$. Usa-se também

$$\frac{d^n f}{dx^n}(x_0), \quad \text{ou} \quad \left.\frac{d^n f}{dx^n}\right|_{x=x_0}$$

para denotar a derivada de ordem n de f em x_0. A partir daqui faremos a convenção de que, para $n = 0$, entenderemos $f^{(0)}(x_0)$ como sendo o valor de f em x_0.

Definição 7.2 *Se $f : I \to \mathbb{R}$ possui derivadas até a ordem n contínuas em I, dizemos que f é de classe C^n e escrevemos $f \in C^n(I)$.*

Na definição 7.2 se $I = [a, b]$, estaremos considerando nas extremidades do intervalo a derivada lateral correspondente.

Quando $f : I \to \mathbb{R}$ possui derivadas de qualquer ordem contínuas, dizemos que f é de classe C^∞ e escrevemos $f \in C^\infty(I)$.

As funções polinomiais, as trigonométricas seno e cosseno, definidas em $\mathbb{R}$, a função logarítmica, definida em $\mathbb{R}_+$ e a função exponencial, definida em $\mathbb{R}$ são de classe C^∞ nos seus respectivos domínios. Também as funções racionais são de classe C^∞ nos seus domínios de definição.

7.3 A Fórmula de Taylor

Para funções f de classe $C^n[a, b]$ há uma excelente aproximação polinomial para f, como mostra a proposição a seguir.

Proposição 7.9 (Fórmula de Taylor) [3]*Seja $f : [a, b] \to \mathbb{R}$ uma função de classe $C^n[a, b]$ e tal que $f^{(n+1)}$ existe em (a, b). Se c é um ponto qualquer de $[a, b]$ então,*

[3]Brook Taylor (1685-1731), matemático inglês.

para cada $x \in [a,\ b]$, $x \neq c$, existe ξ entre c e x tal que

$$\begin{aligned} f(x) &= f(c) + \frac{f'(c)}{1!}(x-c) + \frac{f''(c)}{2!}(x-c)^2 + \cdots \\ &\cdots + \frac{f^{(n)}(c)}{n!}(x-c)^n + \frac{f^{(n+1)}(\xi)}{(n+1)!}(x-c)^{n+1}. \end{aligned} \tag{7.10}$$

Prova: Consideremos $c < x$. O caso $c > x$ é tratado de maneira análoga. Definamos $F : [c,\ x] \to \mathbb{R}$ pondo

$$\begin{aligned} F(t) = f(x) - f(t) &- \frac{f'(t)}{1!}(x-t) - \frac{f''(t)}{2!}(x-t)^2 - \cdots \\ &\cdots - \frac{1}{n!}f^{(n)}(t)(x-t)^n - K(x,c)\frac{(x-t)^{n+1}}{(n+1)!}, \end{aligned}$$

onde $K(x,c)$ é escolhida satisfazendo

$$\begin{aligned} K(x,c)\frac{(x-c)^{n+1}}{(n+1)!} &= f(x) - f(c) - \frac{f'(c)}{1!}(x-c) - \cdots \\ &\cdots - \frac{1}{n!}f^{(n)}(c)(x-c)^n, \end{aligned}$$

de tal modo que $F(c) = 0 = F(x)$. Além disso, temos que F é contínua em $[c,\ x]$, derivável em (c,x). De maneira que podemos aplicar o Teorema de Rolle (Teorema 7.1) para garantir a existência de $\xi \in (c,x)$ tal que $F'(\xi) = 0$. Mas

$$\begin{aligned} F'(t) \quad = \quad & -f'(t) - f'(t)(-1) \\ & -f''(t)(x-t) - \tfrac{1}{2!}f''(t)2(x-t)(-1) \\ & -\tfrac{1}{2!}f'''(t)(x-t)^2 - \tfrac{1}{3!}f'''(t)3(x-t)^2(-1) \\ & \cdots\cdots\cdots\cdots\cdots\cdots\cdots\cdots\cdots\cdots \\ & -\tfrac{1}{(n-1)!}f^{(n)}(t)(x-t)^{n-1} - \tfrac{1}{n!}f^{(n)}(t)n(x-t)^{n-1}(-1) \\ & -\tfrac{1}{n!}f^{(n+1)}(t)(x-t)^n - K(x,c)(n+1)\tfrac{(x-t)^n}{(n+1)!}(-1), \end{aligned}$$

isto é,

$$\begin{aligned} F'(t) \quad = \quad & -f'(t) + f'(t) \\ & -f''(t)(x-t) + f''(t)(x-t) \\ & -\tfrac{1}{2!}f'''(t)(x-t)^2 + \tfrac{1}{2!}f'''(t)(x-t)^2 \\ & \cdots\cdots\cdots\cdots\cdots\cdots\cdots\cdots\cdots\cdots \\ & -\tfrac{1}{(n-1)!}f^{(n)}(t)(x-t)^{n-1} + \tfrac{1}{(n-1)!}f^{(n)}(t)(x-t)^{n-1} \\ & -\tfrac{1}{n!}f^{(n+1)}(t)(x-t)^n + K(x,c)\tfrac{(x-t)^n}{n!}. \end{aligned}$$

Portanto

$$F'(t) = -\frac{1}{n!}f^{(n+1)}(t)(x-t)^n + K(x,c)\frac{(x-t)^n}{n!}.$$

Como temos $F'(\xi) = 0$ então $K = f^{(n+1)}(\xi)$, e temos demonstrada a proposição. ■

O termo

$$R_{n+1} = \frac{f^{(n+1)}(\xi)}{(n+1)!}(x-c)^{n+1} \tag{7.11}$$

da Fórmula (7.10) é chamado de Resto de Lagrange, e a própria fórmula (7.10), é chamada de Fórmula de Taylor com Resto de Lagrange. Observe que se $n = 0$ temos exatamente o Teorema do Valor Médio de Lagrange (Teorema 7.7). Observe também que

$$\lim_{x\to c} \frac{R_{n+1}}{(x-c)^n} = 0$$

e isto significa dizer que quando f satizfaz às condições da Proposição 7.9 então, para x próximo de c, podemos aproximar $f(x)$ pelo polinômio

$$P_n(x) = f(c) + f'(c)(x-c) + \cdots + \frac{f^{(n)}(c)}{n!}(x-c)^n$$

e o erro cometido com essa aproximação é menor que $C|x-c|^n$, onde C é uma constante positiva.

Exemplo 7.7 *Consideremos* $f(x) = \mathrm{e}^x$ *no intervalo* $[-1, 1]$ *e* $c = 0$. *Neste caso temos* $f(0) = f'(0) = \cdots = f^{(n)}(0) = 1$. *Portanto*

$$\mathrm{e}^x = 1 + x + \frac{x^2}{2!}\cdots + \frac{x^n}{n!} + R_{n+1},$$

onde

$$R_{n+1} = \frac{\mathrm{e}^\xi x^{n+1}}{(n+1)!}.$$

Chamando

$$P_n(x) = 1 + x + \cdots + \frac{x^n}{n!}$$

temos

$$\left|\mathrm{e}^x - P_n(x)\right| = \frac{\mathrm{e}^\xi |x|^{n+1}}{(n+1)!} \le \frac{\mathrm{e}}{(n+1)!}.$$

A última desigualdade informa que o erro cometido ao aproximarmos e^x *pelo polinômio* $P_n(x)$ *no intervalo* $[-1, 1]$ *é menor ou igual a* $\frac{\mathrm{e}}{(n+1)!}$.

7.4 A Regra de L'Hôpital

Uma boa utilização do Teorema do Valor Médio de Cauchy (Teorema 7.2) aparece no cálculo de determinados limites de quocientes do tipo "*zero sobre zero*" ou "*infinito sobre infinito*", os quais são comumente chamados de "indeterminações". As proposições 7.10 e 7.12 desse capítulo estabelecem em que condições tais "indeterminações" podem ser contornadas e as regras para este procedimento são bem conhecidas em Cálculo como Regras de L'Hôpital [4].

Proposição 7.10 *Sejam f e g funções reais definidas em um intervalo $I \subset \mathbb{R}$ e a um ponto de I. Suponhamos que*

i) *f' e g' existem em $V_\delta^*(a)$ (uma vizinhança de a desprovida do centro) na qual $g'(x) \neq 0$;*

ii) $\lim_{x \to a} f(x) = \lim_{x \to a} g(x) = 0$;

iii) $\lim_{x \to a} \dfrac{f'(x)}{g'(x)}$ *existe.*

Então

$$\lim_{x \to a} \frac{f(x)}{g(x)} \text{ existe e } \lim_{x \to a} \frac{f(x)}{g(x)} = \lim_{x \to a} \frac{f'(x)}{g'(x)}.$$

Prova: Vamos redefinir f e g no ponto a como sendo $f(a) = g(a) = 0$. Deste modo temos que f e g são contínuas em uma vizinhança $V_\delta(a)$, para algum $\delta > 0$. Naturalmente que não sabemos se $f'(a)$ e $g'(a)$ existem. Se $a < x < a + \delta$ então f e g são contínuas em $[a, \ x]$ e deriváveis em $(a, \ x)$. Logo, pelo Teorema do Valor Médio de Cauchy (Teorema 7.2) existe $t_x \in (a, x)$ tal que

$$[f(x) - f(a)]g'(t_x) = [g(x) - g(a)]f'(t_x),$$

ou seja, $f(x)g'(t_x) = g(x)f'(t_x)$. Nós temos também que $g(x) \neq 0$. De fato, desde que $g(a) = 0$, se fosse $g(x) = 0$ então, pelo Teorema de Rolle (Teorema 7.1), existiria

[4] Guillaume François Antoine de L'Hôpital, matemático francês (1661-1704).

$c \in (a,\ x)$ tal que $g'(c) = 0$, o que contradiria a hipótese de ser $g'(x) \neq 0$ em $V_\delta^*(a)$. Consequentemente temos

$$\frac{f(x)}{g(x)} = \frac{f'(t_x)}{g'(t_x)}.$$

Uma argumentação semelhante para $a - \delta < x < a$ mostra que existe $t_x \in (x,\ a)$ tal que

$$\frac{f(x)}{g(x)} = \frac{f'(t_x)}{g'(t_x)}.$$

Agora, quando $x \to a$ temos que $t_x \to a$ e, portanto,

$$\lim_{x \to a} \frac{f(x)}{g(x)} = \lim_{t_x \to a} \frac{f'(t_x)}{g'(t_x)} = \lim_{x \to a} \frac{f'(x)}{g'(x)}$$

uma vez que, por hipótese, este último limite existe. ■

Exemplo 7.8 *Considere o problema de calcular*

$$\lim_{x \to 0} \frac{1 - \cos x}{\operatorname{sen}^2 x}.$$

Para isso consideremos as funções $f(x) = 1 - \cos x$ *e* $g(x) = \operatorname{sen}^2 x$. *Temos que* $\lim_{x \to 0} f(x) = \lim_{x \to 0} g(x) = 0$. *Além disso,* $f'(x) = \operatorname{sen} x$ *e* $g'(x) = 2\operatorname{sen} x \cos x$. *Logo*

$$\lim_{x \to 0} \frac{f(x)}{g(x)} = \lim_{x \to 0} \frac{f'(x)}{g'(x)} = \lim_{x \to 0} \frac{\operatorname{sen} x}{2\operatorname{sen} x \cos x} = \lim_{x \to 0} \frac{1}{2 \cos x} = \frac{1}{2}.$$

Proposição 7.11 *Sejam* f *uma função real definida em um intervalo* $I \subset \mathbb{R}$ *e* a *um ponto de* I. *Suponhamos que*

i) f *é contínua em* a;

ii) f *é derivável em* $V_\delta^*(a)$ *para algum* $\delta > 0$;

iii) $\lim_{x \to a} f'(x)$ *existe.*

Então f *é derivável em* a *e* $f'(a) = \lim_{x \to a} f'(x)$.

Prova: Consideremos $F(x) = f(x) - f(a)$ e $G(x) = x - a$. Temos que $\lim_{x \to a} F(x) = \lim_{x \to a} G(x) = 0$. Temos também que

$$\lim_{x \to a} \frac{F'(x)}{G'(x)} = \lim_{x \to a} \frac{f'(x)}{1} = \lim_{x \to a} f'(x),$$

isto é, existe $\lim_{x \to a} \frac{F'(x)}{G'(x)}$. Pela Proposição 7.10, existe $\lim_{x \to a} \frac{F(x)}{G(x)}$ e

$$\lim_{x \to a} \frac{F(x)}{G(x)} = \lim_{x \to a} \frac{F'(x)}{G'(x)} = \lim_{x \to a} f'(x).$$

Portanto,

$$\lim_{x \to a} \frac{f(x) - f(a)}{x - a} = \lim_{x \to a} f'(x).$$

Em outras palavras, f é derivável em a e f' é contínua em a. ■

Proposição 7.12 *Sejam f e g funções reais definidadas em um intervalo $(b, +\infty)$ e suponhamos que*

i) *$f'(x)$ e $g'(x)$ existem e $g'(x) \neq 0$ para todo $x \in (b, +\infty)$;*

ii) $\lim_{x \to +\infty} f(x) = \lim_{x \to +\infty} g(x) = +\infty$;

iii) $\lim_{x \to +\infty} \frac{f'(x)}{g'(x)}$ *existe.*

Então $\lim_{x \to +\infty} \frac{f(x)}{g(x)}$ *existe e*

$$\lim_{x \to +\infty} \frac{f(x)}{g(x)} = \lim_{x \to +\infty} \frac{f'(x)}{g'(x)}.$$

Prova: Seja $L = \lim_{x \to +\infty} \frac{f'(x)}{g'(x)}$. Então, dado $\varepsilon > 0$, existe um número a tal que

$$\left| \frac{f'(x)}{g'(x)} - L \right| < \frac{\varepsilon}{2} \quad \text{para todo} \quad x > a. \tag{7.12}$$

Observemos que, necessariamente, $g(x) > g(a)$ para todo $x > a$, pois se existisse $x_1 > a$ tal que $g(x_1) \leq g(a)$ então, sendo $\lim\limits_{x+\infty} g(x) = +\infty$, podemos encontrar $x_2 > x_1$ tal que $g(x_2) \geq g(a)$, e, pelo Teorema do Valor Intermediário (Teorema 6.3), existiria $c \in \mathbb{R}$ com $a < x_1 \leq c \leq x_2$ e $g(c) = g(a)$. Mas, neste caso, pelo Teorema de Rolle (Teorema 7.1), existiria $d \in \mathbb{R}$, com $a < d < c$, tal que $g'(d) = 0$, o que contradiria a hipótese de que $g'(x) \neq 0$ para todo $x \in (b, +\infty)$. Usando o Teorema do Valor Médio de Cauchy (Teorema 7.2) para f e g no intervalo $[a, x]$ temos que existe $\xi \in (a, x)$ tal que

$$\frac{f(x) - f(a)}{g(x) - g(a)} = \frac{f'(\xi)}{g'(\xi)}. \tag{7.13}$$

Por (7.12) temos

$$\left|\frac{f'(\xi)}{g'(\xi)} - L\right| < \frac{\varepsilon}{2}. \tag{7.14}$$

Logo também temos

$$\left|\frac{f(x) - f(a)}{g(x) - g(a)} - L\right| < \frac{\varepsilon}{2}, \quad \forall\, x > a. \tag{7.15}$$

Escolhamos $x > a$ suficientemente grande tal que $f(x) > f(a)$ e $g(a) > 0$. Como $\lim\limits_{x\to+\infty} f(x) = \lim\limits_{x\to+\infty} g(x) = +\infty$ então

$$\lim_{x\to+\infty} \frac{f(x)}{f(x) - f(a)} = 1 = \lim_{x\to+\infty} \frac{g(x) - g(a)}{g(x)}.$$

Logo

$$\lim_{x\to+\infty} \frac{f(x)}{f(x) - f(a)} \cdot \frac{g(x) - g(a)}{g(x)} = 1.$$

Assim, se $x > a$,

$$\left|\frac{f(x)}{f(x) - f(a)} \cdot \frac{g(x) - g(a)}{g(x)} - 1\right| < \frac{\varepsilon}{2|L| + \varepsilon}$$

se $x > a$. Então

$$\left|\frac{f(x)}{g(x)} - \frac{f(x)-f(a)}{g(x)-g(a)}\right| = \left|\frac{f(x)-f(a)}{g(x)-g(a)} \cdot \frac{f(x)}{f(x)-f(a)} \cdot \frac{g(x)-g(a)}{g(x)} - \frac{f(x)-f(a)}{g(x)-g(a)}\right| =$$

$$\left|\frac{f(x)-f(a)}{g(x)-g(a)}\right| \cdot \left|\frac{f(x)}{f(x)-f(a)} \cdot \frac{g(x)-g(a)}{g(x)} - 1\right| < \left(|L| + \frac{\varepsilon}{2}\right) \cdot \left(\frac{\varepsilon}{2|L|+\varepsilon}\right) < \frac{\varepsilon}{2}$$

pois de (7.15) temos $\left|\frac{f(x)-f(a)}{g(x)-g(a)}\right| < |L| + \frac{\varepsilon}{2}\cdot$ Consequentemente, temos

$$\left|\frac{f(x)}{g(x)} - L\right| \leq \left|\frac{f(x)}{g(x)} - \frac{f(x)-f(a)}{g(x)-g(a)}\right| + \left|\frac{f(x)-f(a)}{g(x)-g(a)} - L\right| < \frac{\varepsilon}{2} + \frac{\varepsilon}{2} = \varepsilon$$

Se $x > a$.

Portanto, $\lim\limits_{x \to +\infty} \dfrac{f(x)}{g(x)} = L = \lim\limits_{x \to +\infty} \dfrac{f'(x)}{g'(x)}\cdot$ ∎

Exemplo 7.9 *Considere o problema de calcular* $\lim\limits_{x \to +\infty} \dfrac{x}{e^x}$. *Para resolver este problema façamos* $f(x) = x$ *e* $g(x) = e^x$. *Então*

$$\lim_{x \to +\infty} f(x) = \lim_{x \to +\infty} g(x) = +\infty \;\; e \;\; \lim_{x \to +\infty} \frac{f'(x)}{g'(x)} = \lim_{x \to +\infty} \frac{1}{e^x} = 0.$$

Portanto, $\lim\limits_{x \to +\infty} \dfrac{x}{e^x} = 0.$

Proposição 7.13 *Sejam f e g funções reais definidas em um intervalo I e a um ponto de I. Suponhamos que*

i) $f'(x)$ *e* $g'(x)$ *existem e* $g'(x) \neq 0$ *em* $a < x < a + \delta$ *para algum* $\delta > 0$;

ii) $\lim\limits_{x \to a^+} f(x) = +\infty$ *e* $\lim\limits_{x \to a^+} g(x) = +\infty$;

iii) $\lim\limits_{x \to a^+} \dfrac{f'(x)}{g'(x)} = L.$

Então $\lim\limits_{x \to a^+} \dfrac{f(x)}{g(x)} = L.$

Prova: Seja $x = a + \dfrac{1}{u}$ ou, equivalentemente, $u = \dfrac{1}{x-a}\cdot$ Então $x \to a^+$ se, e somente se, $u \to +\infty$. Agora,

$$\lim_{u \to +\infty} f\left(a + \frac{1}{u}\right) = \lim_{x \to a^+} f(x) = +\infty$$

e

$$\lim_{u\to+\infty} g\left(a+\frac{1}{u}\right) = \lim_{x\to a^+} g(x) = +\infty.$$

Pela Proposição 7.12 e usando a Regra da Cadeia, temos

$$\lim_{x\to a^+}\frac{f(x)}{g(x)} = \lim_{u\to+\infty}\frac{f\left(a+\frac{1}{u}\right)}{g\left(a+\frac{1}{u}\right)} = \lim_{u\to+\infty}\frac{f'\left(a+\frac{1}{u}\right)\left(-\frac{1}{u^2}\right)}{g'\left(a+\frac{1}{u}\right)\left(-\frac{1}{u^2}\right)} =$$

$$\lim_{u\to+\infty}\frac{f'\left(a+\frac{1}{u}\right)}{g'\left(a+\frac{1}{u}\right)} = \lim_{x\to a^+}\frac{f'(x)}{g'(x)} = L.$$

■

Exemplo 7.10 *Considere o problema de determinar*

$$\lim_{x\to 0^+} x\ln x.$$

Para solucioná-lo escrevamos, para $x > 0$, $x\ln x = \dfrac{-\ln\frac{1}{x}}{\frac{1}{x}} = -\dfrac{\ln\frac{1}{x}}{\frac{1}{x}}$. *Sejam* $f(x) = \ln\dfrac{1}{x}$ *e* $g(x) = \dfrac{1}{x}$. *Temos que* $f'(x)$ *e* $g'(x)$ *existem,* $g'(x) \neq 0$,

$$\lim_{x\to 0^+} f(x) = \lim_{x\to 0^+} g(x) = +\infty$$

e

$$\frac{f'(x)}{g'(x)} = \frac{-\frac{1}{x}}{-\frac{1}{x^2}} = x.$$

Donde $\displaystyle\lim_{x\to 0^+}\frac{f'(x)}{g'(x)} = 0$ *e, portanto,* $\displaystyle\lim_{x\to 0^+}\frac{f(x)}{g(x)} = 0$.

Proposição 7.14 *Sejam f e g funções reais definidas em um intervalo I e a um ponto de I. Suponhamos que*

i) $f'(x)$ *e* $g'(x)$ *existem e* $g'(x) \neq 0$ *em* $a-\delta < x < a$ *para algum* $\delta > 0$;

ii) $\lim_{x\to a^-} f(x) = +\infty$ *e* $\lim_{x\to a^-} g(x) = +\infty$;

iii) $\lim\limits_{x \to a^-} \dfrac{f'(x)}{g'(x)} = L.$

Então $\lim\limits_{x \to a^-} \dfrac{f(x)}{g(x)} = L.$

Prova: O argumento da prova é semelhante ao da Proposição 7.13 e é deixada para os exercícios. ■

7.5 Exercícios do Capítulo 7

7.1- Seja $f : \mathbb{R} \longrightarrow \mathbb{R}$ definida por $f(x) = |x|^3$. Calcule $f'(x)$ e $f''(x)$ para todo $x \in \mathbb{R}$ e mostre que f'' não é derivável em $x = 0$.

7.2- Seja $f : \mathbb{R} \to \mathbb{R}$ dada por:

$$f(x) = \begin{cases} x^3, & \text{se } x < 1, \\ ax + b, & \text{se } x \geq 1, \end{cases}$$

onde a e b são constantes. Determine os valores de a e b para os quais f é derivável em $x_0 = 1$.

7.3- Seja $f : \mathbb{R} \to \mathbb{R}$ dada por :

$$f(x) = \begin{cases} x^2 \operatorname{sen}\left(\frac{1}{x^2}\right), & \text{se } x \neq 0, \\ 0, & \text{se } x = 0. \end{cases}$$

Mostre que f é derivável em $\mathbb{R}$ mas f' não é limitada em vizinhança alguma da origem.

7.4- Explique porque a função $f : [0,\ 2] \to \mathbb{R}$ definida por $f(x) = 1 - |1 - x|$ não satisfaz o Teorema de Rolle.

7.5- Demonstre que, qualquer que seja o número real b, o polinômio $p(x) = x^3 + x + b$ possui exatamente uma raiz real.

7.6- Prove que se f é derivável em $x = a$ então

$$f'(a) = \lim_{h \to 0} \frac{f\left(a + \frac{h}{2}\right) - f\left(a - \frac{h}{2}\right)}{h}.$$

7.7- Prove que se f é duas vezes derivável em $x = a$ então

$$f''(a) = \lim_{h \to 0} \frac{f(a + h) - 2f(a) + f(a - h)}{h}.$$

7.8- Seja $f : \mathbb{R} \longrightarrow \mathbb{R}$ tal que

$$|f(x) - f(y)| \leq (x - y)^2$$

para todo $x, y \in \mathbb{R}$. Prove que f é constante.

7.9- Sejam $c_0, c_1, \ldots, c_n$ constantes reais tais que

$$c_0 + \frac{c_1}{2} + \cdots + \frac{c_{n-1}}{n} + \frac{c_n}{n+1} = 0.$$

Prove que a equação

$$c_0 + c_1 x + \cdots + c_{n-1}x^{n-1} + c_n x^n = 0$$

tem pelo menos uma raiz real entre 0 e 1.

7.10- Seja $f : (0, +\infty) \longrightarrow \mathbb{R}$ derivável e suponha que

$$\lim_{x \to +\infty} f'(x) = 0.$$

Seja $g(x) = f(x+1) - f(x)$. Prove que $\lim_{x \to +\infty} g(x) = 0$.

7.11- Seja $f : [0, +\infty) \to \mathbb{R}$ e suponha que:

i) f é contínua em $[0, +\infty)$;

ii) $f'(x)$ existe para todo $x > 0$;

iii) $f(0) = 0$;

iv) f' é monótona crescente.

Se $g(x) = \frac{f(x)}{x}$ para $x > 0$, prove que g é monótona crescente.

7.12- Seja f contínua em $[x_0, b)$ e derivável em (x_0, b) e suponha que existe $\lim_{x \to x_0^+} f'(x)$.

Mostre que $f'_d(x_0)$ existe e

$$f'_d(x_0) = \lim_{x \to x_0^+} f'(x).$$

7.13- Seja f derivável em $[a, b]$ e $k \in \mathbb{R}$ tal que k está entre $f'_d(a)$ e $f'_e(b)$. Prove que existe $c \in (a, b)$ com $f'(c) = k$.

7.14- Prove que se $\lim_{x \to -\infty} f(x) = +\infty$, $\lim_{x \to -\infty} g(x) = +\infty$ e

$$\lim_{x \to -\infty} \frac{f'(x)}{g'(x)} = L \in \mathbb{R}$$

então $\lim_{x \to -\infty} \frac{f(x)}{g(x)} = L$.

7.15- Seja $f : \mathbb{R} \to \mathbb{R}$ dada por:

$$f(x) = \begin{cases} |x|^\alpha \operatorname{sen}\left(\frac{1}{x}\right), & \text{se } x \neq 0, \\ 0, & \text{se } x = 0. \end{cases}$$

Para que valores de α f é derivável em $x = 0$?

7.16- Seja f uma função monótona em um intervalo I tal que $f'(x) > 0$ para todo $x \in I$. Seja φ a inversa de f. Mostre que se $f''(x_0)$ existe em um ponto $x_0 \in I$ então, para $y_0 = f(x_0)$, $\varphi''(y_0)$, existe e

$$\varphi''(y_0) = -\frac{f''(x_0)}{[f'(x_0)]^3}.$$

7.17- Seja $f : \mathbb{R} \to \mathbb{R}$ uma função tal que:

i) $f(0) \neq 0$;

ii) f é derivável em $x = 0$;

iii) $f(x + y) = f(x)f(y)$ para todo x e todo y em $\mathbb{R}$.

Mostre que $f(x) = e^{cx}$, onde $c = f'(0)$.

7.18- Sejam f e g funções deriváveis em $[a, b]$ satisfazendo $f(a) = g(a)$ e $f'(x) \leq g'(x)$, $\forall\, x \in [a, b]$. Mostre que $f(x) \leq g(x)$, $\forall\, x \in [a, b]$.

7.19- Demonstre que $x^n - 1 \geq n(x - 1)$, $\forall\, x \geq 1$ e $\forall\, n \in \mathbb{N}$.

7.20- Mostre que:

a) $x \leq \tan x$, se $0 \leq x < \frac{\pi}{2}$.

b) $\log(1 + x) < x$, se $x > 0$

c) $x \leq arcsenx \leq \frac{x}{\sqrt{1-x^2}}$, se $0 \leq x < 1$.

7.21- Suponha que f é derivável em $x > x_0$ e $\lim\limits_{x \to +\infty} f'(x) = L$. Mostre que $\lim\limits_{x \to +\infty} \dfrac{f(x)}{x} = L$.

7.22- Mostre que:

$$\lim_{x \to +\infty} \left(1 + \frac{1}{x}\right)^x = e \text{ e } \lim_{x \to +\infty} \left(1 + \frac{a}{x}\right)^x = e^a.$$

7.23- Mostre que se f é positiva e derivável em um intervalo I então

$$\frac{d}{dx}\log(f(x)) = \frac{f'(x)}{f(x)}, \quad \forall\, x \in I.$$

7.24- Suponha que $f'(x_0)$ e $g'(x_0)$ existam, $g'(x_0) \neq 0$ e que $f(x_0) = g(x_0) = 0$. Prove que

$$\lim_{x \to x_0} \frac{f(x)}{g(x)} = \frac{f'(x_0)}{g'(x_0)}.$$

7.25- Seja $g : \mathbb{R} \longrightarrow \mathbb{R}$ derivável e suponha que existe $M > 0$ tal que

$$|g'(x)| \leq M \quad \text{para todo} \quad x \in \mathbb{R}.$$

Fixe $\varepsilon > 0$ e defina $f(x) = x + \varepsilon g(x)$. Prove que, para ε é suficientemente pequeno, f é biunívoca.

7.26- Seja $f : [0,\ 1] \longrightarrow \mathbb{R}$ derivável. Suponha que $f(0) = 0$ e

$$|f'(x)| \leq |f(x)|, \quad \forall\ x \in [0,\ 1].$$

Mostre que $f(x) = 0$ para todo $x \in [0,\ 1]$.

7.27- Suponha que $f'(x) \neq 0$ em $(a,\ b)$.

a) Prove que f é estritamente monótona em $(a,\ b)$.

b) Seja g inversa de f. Prove que g é derivável e que

$$g'(f(x)) = \frac{1}{f'(x)} \quad \text{em} \quad (a,\ b).$$

7.28- Seja $f : \mathbb{R} \to \mathbb{R}$ uma função real. Um ponto $x_0 \in \mathbb{R}$ é dito ponto fixo de f se $f(x_0) = x_0$. Suponha que existe uma constante $0 \leq \lambda < 1$ tal que $|f'(x)| \leq \lambda$ para todo $x \in \mathbb{R}$.

a) Prove que f possui um único ponto fixo x_0.

b) Prove ainda que $x_0 = \lim\limits_{n \to \infty} x_n$, sendo (x_n) uma sequência tal que $x_{n+1} = f(x_n)$ para $n = 0, 1, 2, 3, \ldots$

7.29- Seja $f : I \to \mathbb{R}$ uma função. Mostre que se f é derivável em $x \in I$ então existe uma função contínua $u : I \to \mathbb{R}$ tal que

$$f(y) - f(x) = (y - x)\left[f'(x) + u(y)\right]$$

e $\lim_{y \to x} u(y) = 0$.

7.30- Seja L uma função real definida em $(0, +\infty)$ satisfazendo $L(x.y) = L(x) + L(y)$ e

$$\lim_{x \to 0} \frac{L(1 + x)}{x} = 1.$$

Mostre que $L(x) = \log x$, para todo $x \in (0, +\infty)$.

Capítulo 8

Funções Integráveis

Apresentamos nesse capítulo o conceito de integral de uma função real definida e limitada em um intervalo fechado $I = [a, b]$ de $\mathbb{R}$. Historicamente a origem do Cálculo Integral é bem anterior a do Cálculo Diferencial e, de forma breve, pode-se dizer que surgiu na antiguidade nos trabalhos de Arquimedes (285-212 a.C.) ligados ao cálculo de áreas de figuras planas e volumes de sólidos pelo método da exaustão. Vê-se, assim, o forte apelo geométrico inerente ao conceito de integral desde a sua origem mais remota. O desenvolvimento que faremos aqui é bem mais recente e segue as ideias de Riemann[1] com os aperfeiçoamentos introduzidos por Darboux (1842-1917)[2].

8.1 Integral Superior e Integral Inferior

Uma partição de um intervalo fechado e limitado $[a, b]$ de $\mathbb{R}$ é um subconjunto finito $P = \{x_0, x_1, \cdots, x_n\}$ de pontos de $[a, b]$ satisfazendo à condição $a = x_0 < x_1 < \cdots < x_{n-1} < x_n = b$. Cada i–ésimo subintervalo $[x_{i-1}, x_i]$, com i variando de 1 até n, da partição P tem comprimento $x_i - x_{i-1}$.

[1]Georg Friedrich Bernard Riemann (1826-1866), matemático alemão.

[2]Gaston Darboux (1824-1917), matemático francês.

Sejam f uma função limitada definida em um intervalo fechado e limitado $[a,\ b]$ e $P = \{x_0, x_1, \cdots, x_n\}$ uma partição desse intervalo. Temos que f é limitada em cada subintervalo $[x_{i-1},\ x_i]$ de P e, portanto, existem m_i e M_i, respectivamente o ínfimo e o supremo de f quando restrita a $[x_{i-1},\ x_i]$. Assim $m_i = \inf\{f(x);\ x \in [x_{i-1},\ x_i]\}$ e $M_i = \sup\{f(x);\ x \in [x_{i-1},\ x_i]\}$. Definimos a soma inferior de f relativamente à partição P como sendo

$$s(f;P) = \sum_{i=1}^{n} m_i(x_i - x_{i-1}) \tag{8.1}$$

e, analogamente, definimos a soma superior de f relativamente à partição P como sendo

$$S(f;P) = \sum_{i=1}^{n} M_i(x_i - x_{i-1}). \tag{8.2}$$

Os números $s(f;P)$ e $S(f;P)$ são denominados, respectivamente, de somas de Riemann-Darboux inferior e superior de f, relativas à partição P.

A seguir apresentaremos três resultados técnicos a respeito de somas inferiores e superiores a fim de podermos definir a integral inferior e a integral superior de uma função limitada f.

Lema 8.1 *Se $f : [a,\ b] \to \mathbb{R}$ é limitada então, para qualquer partição P de $[a,\ b]$, tem-se*

$$m(b-a) \leq s(f;P) \leq S(f;P) \leq M(b-a)$$

onde

$$m = \inf\{f(x);\ x \in [a,\ b]\} \quad e \quad M = \sup\{f(x);\ x \in [a,\ b]\}.$$

Prova: A prova segue do fato de que, para cada $i = 1, 2, \cdots, n$ tem-se que $m \leq m_i \leq M_i \leq M$ e $\sum_{i=1}^{n}(x_i - x_{i-1}) = b - a$. ■

Denotemos por $\mathcal{P}([a,\ b])$ a coleção de todas as partições de $[a,\ b]$. Se P e Q pertencem a $\mathcal{P}([a,\ b])$, dizemos que Q é um refinamento de P se $P \subset Q$.

Lema 8.2 *Sejam* $f : [a,\ b] \to \mathbb{R}$ *uma função limitada e* P *e* Q *duas partições de* $[a,\ b]$. *Se* Q *é um refinamento de* P *então*

i) $s(f; P) \leq s(f; Q)$ *e*

ii) $S(f; Q) \leq S(f; P)$.

Prova: Seja $P = \{x_0, x_1, \ldots, x_n\}$ e suponhamos, inicialmente, que a partição Q resulta de P pelo acréscimo de um ponto, ou seja, $Q = P \cup \{r\}$, com $x_{j-1} < r < x_j$ para algum j entre $1, 2, \ldots, n$. Sejam m' e m'', respectivamente, os ínfimos de f nos subintervalos $[x_{j-1},\ r]$ e $[r,\ x_j]$ de Q. Evidentemente que $m_j \leq m'$, $m_j \leq m''$ e $x_j - x_{j-1} = (x_j - r) + (r - x_{j-1})$. Portanto, $s(f; Q) - s(f; P) =$
$m'(r - x_{j-1}) + m''(x_j - r) - m_j(x_j - x_{j-1}) =$
$m'(r - x_{j-1}) + m''(x_j - r) - m_j(x_j - r) - m_j(r - x_{j-1}) =$
$(m' - m_j)(r - x_{j-1}) + (m'' - m_j)(x_j - r) \geq 0$. Donde $s(f; P) \leq s(f; Q)$. A passagem para o caso geral é feita repetindo-se o argumento anterior um número finito de vezes. Analogamente prova-se que $S(f; Q) \leq S(f; P)$. ■

O Lema 8.2 nos informa que os refinamentos de uma partição tendem a aumentar as somas inferiores e a dinimuir as superiores.

Lema 8.3 *Seja* $f : [a,\ b] \to \mathbb{R}$ *uma função limitada e sejam* P *e* Q *duas partições quaisquer de* $[a,\ b]$. *Então* $s(f; P) \leq S(f; Q)$.

Prova: A partição $P \cup Q$ é um refinamento comum a P e Q. De modo que, pelos dois lemas anteriores, $s(f; P) \leq s(f; P \cup Q) \leq S(f; P \cup Q) \leq S(f; Q)$. ■

Concluimos do Lema 8.3 que, para uma função limitada em $[a,\ b]$, as somas inferiores são cotas inferiores para a somas superiores e que as somas superiores são cotas superiores para a somas inferiores, de maneira que podemos estabelecer a seguinte definição.

Definição 8.1 *Seja* $f : [a,\ b] \to \mathbb{R}$ *uma função limitada. Definimos a integral* *inferior de f como*

$$\underline{\int_a^b} f(x)dx = \sup_{P\in\mathcal{P}}\{s(f;P)\}$$

e a integral superior de f por

$$\overline{\int_a^b} f(x)dx = \inf_{P\in\mathcal{P}}\{S(f;P)\}$$

Proposição 8.1 *Seja $f : [a, b] \to \mathbb{R}$ uma função limitada e sejam m e M tais que $m \leq f(x) \leq M$ para todo $x \in [a, b]$. Então*

$$m(b-a) \leq \underline{\int_a^b} f(x)dx \leq \overline{\int_a^b} f(x)dx \leq M(b-a).$$

Prova: Pelo Lema 8.1 temos

$$m(b-a) \leq s(f;P) \leq S(f;P) \leq M(b-a)$$

para qualquer $P \in \mathcal{P}$. Portanto

$$m(b-a) \leq \sup_{P\in\mathcal{P}}\{s(f;P)\} \leq \inf_{P\in\mathcal{P}}\{S(f;P)\} \leq M(b-a).$$

Logo

$$m(b-a) \leq \underline{\int_a^b} f(x)dx \leq \overline{\int_a^b} f(x)dx \leq M(b-a),$$

como queríamos. ■

Proposição 8.2 *Seja $f : [a, b] \to \mathbb{R}$ uma função limitada. Então, para qualquer $c \in \mathbb{R}$, temos*

i) $\underline{\int_a^b} [f(x)+c]dx = \underline{\int_a^b} f(x)dx + c(b-a)$

ii) $\overline{\int_a^b} [f(x)+c]dx = \overline{\int_a^b} f(x)dx + c(b-a)$

Prova: Seja P uma partição qualquer de $[a, b]$. Vamos domonstrar o item *ii*) e deixamos o item *i*) como um exercício. Denotemos por $\mu_i = \sup\{f(x) + c, \; x \in [x_{i-1}, x_i]\}$ e por $M_i = \sup\{f(x), \; x \in [x_{i-1}, x_i]\}$. Temos que $\mu_i = M_i + c$. Logo,

$$\sum_{i=1}^{n} \mu_i(x_i - x_{i-1}) = \sum_{i=1}^{n}(M_i + c)(x_i - x_{i-1}) =$$

$$\sum_{i=1}^{n} M_i(x_i - x_{i-1}) + c(b - a).$$

Ou seja, $S(f + c; P) = S(f; P) + c(b - a)$, donde

$$\inf_{P \in \mathcal{P}} \{S(f + c; P)\} = \overline{\int_a^b} [f(x) + c]dx =$$

$$\inf_{P \in \mathcal{P}} \{S(f; P)\} + c(b - a) = \overline{\int_a^b} f(x)dx + c(b - a).$$

■

Proposição 8.3 *Seja $f : [a, b] \to \mathbb{R}$ limitada. Dado qualquer $c \in (a, b)$ tem-se que*

i) $\overline{\int_a^b} f(x)dx = \overline{\int_a^c} f(x)dx + \overline{\int_c^b} f(x)dx.$

ii) $\underline{\int_a^b} f(x)dx = \underline{\int_a^c} f(x)dx + \underline{\int_c^b} f(x)dx.$

Prova: Denotemos por S_a^b, S_a^c e S_c^b as somas superiores de f relativamente às partições de $[a, b]$, $[a, c]$ e $[c, b]$, respectivamente. Seja P uma partição qualquer de $[a, b]$. O ponto c pode pertencer ou não a P. Se $c \notin P$ consideremos $P' = P \cup \{c\}$. Então P' é uma partição de $[a, b]$ que induz as partições $P^1 = P' \cap [a, c]$ e $P^2 = P' \cap [c, b]$ de $[a, c]$ e $[c, b]$, respectivamente. Assim,

$$S_a^b(f; P) \geq S_a^b(f; P') = S_a^c(f; P^1) + S_c^b(f; P^2) \geq$$

$$\overline{\int_a^c} f(x)dx + \overline{\int_c^b} f(x)dx. \tag{8.3}$$

Portanto

$$\overline{\int_a^b} f(x)dx \geq \overline{\int_a^c} f(x)dx + \overline{\int_c^b} f(x)dx. \tag{8.4}$$

Seja agora $\varepsilon > 0$ dado arbitrariamente. Existem partições P^1 e P^2 de $[a, c]$ e $[c, b]$, respectivamente, tais que

$$S_a^c(f; P^1) < \overline{\int_a^c} f(x)dx + \frac{\varepsilon}{2}$$

e

$$S_c^b(f; P^2) < \overline{\int_c^b} f(x)dx + \frac{\varepsilon}{2}.$$

Observemos que o conjunto $P = P^1 \cup P^2$ é uma partição de $[a, b]$ tal que $S_a^b(f; P) = S_a^c(f; P^1) + S_c^b(f; P^2)$. Logo

$$\overline{\int_a^b} f(x)dx \leq S_a^c(f; P^1) + S_c^b(f; P^2) <$$
$$\overline{\int_a^c} f(x)dx + \overline{\int_c^b} f(x)dx + \varepsilon$$

qualquer que seja $\varepsilon > 0$ dado. Assim

$$\overline{\int_a^b} f(x)dx \leq \overline{\int_a^c} f(x)dx + \overline{\int_c^b} f(x)dx. \tag{8.5}$$

De (8.4) e (8.5) segue

$$\overline{\int_a^b} f(x)dx = \overline{\int_a^c} f(x)dx + \overline{\int_c^b} f(x)dx,$$

como queríamos demonstrar. ■

Nós definimos a integral inferior e a integral superior para funções limitadas definidas em $[a, b]$, com $a < b$. No entanto, para simplificar a escrita e estender alguns resultados sobre integrais, é importante incluir os casos $a = b$ e $a > b$ e, assim, definimos:

Para $a = b$,

$$\underline{\int_a^a} f(x)dx = \overline{\int_a^a} f(x)dx = 0.$$

Para $a > b$,

$$\underline{\int_a^b} f(x)dx = -\underline{\int_b^a} f(x)dx \text{ e } \overline{\int_a^b} f(x)dx = -\overline{\int_b^a} f(x)dx.$$

Considerando a definição acima, podemos agora ampliar a aplicabilidade da Proposição 8.3 também para os casos em que $c < a$ ou $c > b$, com a hipótese adicional de f estar definida em $[c,\ a]$ ou $[b,\ c]$.

Proposição 8.4 *Seja $f : [a,\ b] \to \mathbb{R}$ limitada. Definamos as funções F e G em $[a,\ b]$ do seguinte modo: $F(a) = G(a) = 0$ e para $x \in (a,\ b]$*

$$F(x) = \overline{\int_a^x} f(t)dt \quad e \quad G(x) = \underline{\int_a^x} f(t)dt.$$

Então em cada ponto $x_0 \in [a,\ b]$ onde f é contínua temos $F'(x_0) = G'(x_0) = f(x_0)$.

Prova: Seja x_0 um ponto de continuidade de f. Vamos demonstrar que $F'(x_0) = f(x_0)$ e deixamos para os exercícios a demonstração de que $G'(x_0) = f(x_0)$. Seja $x_0 \in (a,\ b)$, $h \in \mathbb{R}$ e $h \neq 0$ tal que $x_0 + h \in (a,\ b)$. Suponhamos que $h > 0$ e usando a Proposição 8.3, com a devida adaptação para o caso de ser $h < 0$, obtemos

$$F(x_0 + h) - F(x_0) = \overline{\int_a^{x_0+h}} f(t)dt - \overline{\int_a^{x_0}} f(t)dt =$$

$$\overline{\int_a^{x_0}} f(t)dt + \overline{\int_{x_0}^{x_0+h}} f(t)dt - \overline{\int_a^{x_0}} f(t)dt = \overline{\int_{x_0}^{x_0+h}} f(t)dt.$$

Assim

$$\frac{F(x_0 + h) - F(x_0)}{h} = \frac{1}{h}\overline{\int_{x_0}^{x_0+h}} f(t)dt.$$

Usando agora a Proposição 8.2 temos,

$$\left|\frac{F(x_0+h)-F(x_0)}{h}-f(x_0)\right| = \frac{\left|\overline{\int_{x_0}^{x_0+h}}[f(t)-f(x_0)]dt\right|}{h}.$$

Pela Proposição 8.1 temos que

$$h \inf_{|t-x_0|\leq h}[f(t)-f(x_0)] \leq \overline{\int_{x_0}^{x_0+h}}[f(t)-f(x_0)]dt \leq h \sup_{|t-x_0|\leq h}[f(t)-f(x_0)].$$

Logo

$$\inf_{|t-x_0|\leq h}[f(t)-f(x_0)] \leq \left[\frac{F(x_0+h)-F(x_0)}{h}-f(x_0)\right] \leq \sup_{|t-x_0|\leq h}[f(t)-f(x_0)].$$

Se x_0 é um ponto de continuidade de f então

$$\inf_{|t-x_0|\leq h}[f(t)-f(x_0)] \quad \text{e} \quad \sup_{|t-x_0|\leq h}[f(t)-f(x_0)]$$

tendem a zero quando h tende a zero. Concluimos, portanto, que $F'(x_0) = f(x_0)$. ■

8.2 A Integral de Riemann

Tendo sido apresentados os conceitos de integral superior e integral inferior de uma função f, definida e limitada em um intervalo $[a, b]$, passemos agora a definir a integral de Riemann de f.

Definição 8.2 *Seja $f : [a, b] \to \mathbb{R}$ uma função limitada. Dizemos que f é integrável à Riemann em $[a, b]$ quando*

$$\underline{\int_a^b} f(t)dt = \overline{\int_a^b} f(t)dt.$$

O valor comum denotamos por $\int_a^b f(t)dt$ *e o chamamos de Integral de Riemann de* f *em* $[a,\ b]$.

Exemplo 8.1 *Seja* $f : [a,\ b] \to \mathbb{R}$ *dada por* $f(x) = c$*, para todo* $x \in [a,\ b]$*. Então* f *é integrável em* $[a,\ b]$ *e*

$$\int_a^b f(t)dt = c(b-a).$$

De fato, qualquer que seja a partição P *de* $[a,\ b]$ *temos que* $m_i = M_i = c$ *em todos os subintervalos e, por conseguinte,* $s(f;P) = S(f;P) = c(b-a)$*. Logo,*

$$\underline{\int_a^b} f(t)dt = \overline{\int_a^b} f(t)dt = c(b-a).$$

Exemplo 8.2 *Seja* $f : [a,\ b] \to \mathbb{R}$ *definida por*

$$f(x) = \begin{cases} 1, & se\ \ x \in \mathbb{Q} \cap [a,\ b], \\ 0, & se\ \ x \in [a,\ b] - \mathbb{Q}. \end{cases}$$

Então f *não é integrável em* $[a,\ b]$ *pois, qualquer que seja a partição* $P = \{a = x_0 < x_1, \ldots < x_n = b\}$ *de* $[a,\ b]$*, em cada um de seus subintervalos* $[x_{i-1},\ x_i]$ *existem números racionais e irracionais, portanto* $m_i = 0$ *e* $M_i = 1$*. Logo* $s(f;P) = 0$ *e* $S(f : P) = b - a$*, o que acarreta*

$$\underline{\int_a^b} f(t)dt = 0 \quad e \quad \overline{\int_a^b} f(t)dt = b - a.$$

Definição 8.3 *Dada uma partição* $P = \{a = x_0 < x_1 < \ldots < x_n = b\}$ *de* $[a,\ b]$*, define-se a norma de* P*, e denota-se por* $||P||$ *o número*

$$||P|| = \max\{x_i - x_{i-1},\ \ i = 1, 2, \ldots n\}.$$

Proposição 8.5 *Se* $f : [a,\ b] \to \mathbb{R}$ *é monótona então é integrável.*

Prova: Suponhamos que f é não decrescente. Para qualquer partição P de $[a, b]$, temos

$$\overline{\int_a^b} f(t)dt - \underline{\int_a^b} f(t)dt \leq S(f;P) - s(f;P) =$$

$$\sum_{P \in \mathcal{P}([a,b])} (M_i - m_i)(x_i - x_{i-1}) \leq \|P\| \sum_{P \in \mathcal{P}([a,b])} (M_i - m_i)$$

Desde que f é, por hipótese, não decrescente, em cada subintervalo $[x_{i-1}, x_i]$, temos $M_i = f(x_i)$ e $m_i = f(x_{i-1})$. De modo que

$$\sum_{P \in \mathcal{P}([a,b])} (M_i - m_i) = \sum_{P \in \mathcal{P}([a,b])} (f(x_i) - f(x_{i-1}) = f(b) - f(a).$$

Logo temos

$$0 \leq \overline{\int_a^b} f(t)dt - \underline{\int_a^b} f(t)dt \leq \|P\|(f(b) - f(a)).$$

i) Se $f(b) = f(a)$ então f é constante e, portanto, integrável.

ii) Se $f(b) \neq f(a)$ então, para $\varepsilon > 0$ seja $\delta = \dfrac{\varepsilon}{f(b) - f(a)}$.

Se $\|P\| < \delta$ temos

$$\overline{\int_a^b} f(t)dt - \underline{\int_a^b} f(t)dt < \varepsilon$$

o que acarreta

$$\overline{\int_a^b} f(t)dt = \underline{\int_a^b} f(t)dt$$

ou seja, f é integrável em $[a, b]$. ■

Proposição 8.6 *Seja $f : [a, b] \to \mathbb{R}$ contínua. Então f é integrável.*

Prova: Consideremos F e G como na Proposição 8.4. Temos que

$$F'(x) = G'(x) = f(x), \ \ \forall\, x \in [a, b].$$

Logo, $F(x) = G(x) + c$, para todo $x \in [a, b]$ e para alguma constante c. Como $F(a) = G(a) = 0$, segue que $c = 0$. Ou seja, $F(x) = G(x)$ para todo $x \in [a, b]$. Em particular, para $x = b$, temos

$$\overline{\int_a^b} f(t)dt = F(b) = G(b) = \underline{\int_a^b} f(t)dt,$$

portanto, f é integrável em $[a, b]$. ■

Proposição 8.7 *Seja $f : [a, b] \to \mathbb{R}$ limitada. Então f é integrável se, e somente se, para cada $\varepsilon > 0$ existe uma partição P de $[a, b]$ tal que $S(f; P) - s(f; P) < \varepsilon$.*

Prova: Suponhamos que f é integrável em $[a, b]$. Então

$$\overline{\int_a^b} f(t)dt = \underline{\int_a^b} f(t)dt = \int_a^b f(t)dt.$$

Logo, dado $\varepsilon > 0$ existem partições P_1 e P_2 de $[a, b]$ tais que

$$S(f; P_1) - \int_a^b f(t)dt < \frac{\varepsilon}{2} \quad \text{e} \quad \int_a^b f(t)dt - s(f; P_2) < \frac{\varepsilon}{2}.$$

Assim, temos $S(f; P_1) - s(f; P_2) < \varepsilon$. Tomemos $P = P_1 \cup P_2$ e então,

$$S(f; P_1) \geq S(f; P) \geq s(f; P) \geq s(f; P_2)$$

e, portanto,

$$S(f; P) - s(f; P) \leq S(f; P_1) - s(f; P_2) < \varepsilon.$$

Reciprocamente, suponhamos que para cada $\varepsilon > 0$ existe uma partição P de $[a, b]$ tal que $S(f; P) - s(f; P) < \varepsilon$. Desde que

$$S(f; P) \geq \overline{\int_a^b} f(t)dt \geq \underline{\int_a^b} f(t)dt \geq s(f; P),$$

então

$$0 \leq \overline{\int_a^b} f(t)dt - \underline{\int_a^b} f(t)dt < \varepsilon.$$

Sendo $\varepsilon > 0$ arbitrário segue que

$$\overline{\int_a^b} f(t)dt = \underline{\int_a^b} f(t)dt.$$

Logo, f é integrável em $[a, b]$. ∎

Exemplo 8.3 *Considere dois números reais c e d e definamos* $f : [a, b] \to \mathbb{R}$ *por*

$$f(x) = \begin{cases} c, & se \;\; a < x \leq b \\ d, & se \;\; x = a. \end{cases}$$

Então f *é integrável em* $[a, b]$ *e*

$$\int_a^b f(t)dt = c(b-a).$$

Com efeito, suponhamos, sem perda da generalidade, que $c < d$. *Então, qualquer que seja a partição* $P = \{a = x_0 < x_1 < \cdots < x_n = b\}$ *de* $[a, b]$, *temos* $m_1 = c$, $M_1 = d$ *e* $m_i = M_i = c$ *para* $i = 2, \cdots, n$. *Portanto,* $S(f; P) - s(f; P) = (d-c)(x_1 - x_0)$. *Seja, agora,* $\varepsilon > 0$ *dado e tomemos uma partição* P_0 *de* $[a, b]$ *tal que* $x_1 - x_0 < \dfrac{\varepsilon}{d-c}$ *e teremos que* $S(f; P_0) - s(f; P_0) < \varepsilon$. *Logo,* f *é integrável em* $[a, b]$. *Além disso, como para qualquer partição* P *de* $[a, b]$ *temos* $s(f, P) = c(b-a)$, *então* $\displaystyle\int_a^b f(t)dt = c(b-a)$.

8.2.1 A Integral Como Limite de Somas

Apresentamos nessa secção uma caracterização importante da integral de Riemann como limite de somas, conhecidas como somas de Riemann. Tal caracterização é muito útil, especialmente na demonstração de algumas propriedades da integral. Antes, porém, vamos demonstrar a próxima proposição, a qual será útil na demonstração do Teorema 8.1.

Proposição 8.8 *Seja* $f : [a, b] \to \mathbb{R}$ *limitada. Então, para cada* $\varepsilon > 0$ *existe* $\delta > 0$ *tal que*

$$S(f; P) < \overline{\int_a^b} f(t)dt + \varepsilon \;\; e \;\; s(f; P) > \underline{\int_a^b} f(t)dt - \varepsilon$$

para qualquer partição P de $[a,\ b]$ tal que $\|P\| < \delta$.

Prova: Suponhamos que $f(x) \geq 0$ em $[a,\ b]$. Dado $\varepsilon > 0$ existe uma partição $P_0 = \{a = x_0 < x_1 < \cdots < x_n = b\}$ de $[a,\ b]$ tal que $S(f; P_0) < \overline{\int_a^b} f(x)dx + \dfrac{\varepsilon}{2}$. Seja $M = \sup\limits_{x\in[a,\ b]} f(x)$ e tomemos $0 < \delta < \dfrac{\varepsilon}{2Mn}$. Se P é qualquer partição de $[a,\ b]$ com $\|P\| < \delta$, indiquemos com $[y_{j-1},\ y_j]$ os subintervalos de P que estão contidos em algum subintervalo $[x_{i-1},\ x_i]$ de P_0 e com $[y_{k-1},\ y_k]$ os intervalos restantes de P. Cada um dos intervalos $[y_{k-1},\ y_k]$ contém pelo menos um ponto x_i. Assim, há no máximo n intervalos do tipo $[y_{k-1},\ y_k]$. Quando $[y_{j-1},\ y_j] \subset [x_{i-1},\ x_i]$ temos $M_j \leq M_i$ e $y_j - y_{j-1} \leq x_i - x_{i-1}$. Logo, $M_j(y_j - y_{j-1}) \leq M_i(x_i - x_{i-1})$ uma vez que tratam-se de números não negativos. Além disso $M_k(y_k - y_{k-1}) \leq M\delta$. Portanto

$$S(f; P) = \sum_j M_j(y_j - y_{j-1}) + \sum_k M_k(y_k - y_{k-1}) \leq$$

$$\sum_{i=1}^{n} M_i(x_i - x_{i-1}) + Mn\delta < S(f; P_0) + \frac{\varepsilon}{2} < \overline{\int_a^b} f(x)dx + \varepsilon.$$

Para o caso geral, como f é limitada, existe uma constante $c > 0$ tal que $f(x) + c \geq 0$, para todo $x \in [a,\ b]$. Tomando $g(x) = f(x) + c$ temos, pelo que já provamos, $S(g; P) < \overline{\int_a^b} g(x)dx + \varepsilon$, qualquer que seja a partição P do intervalo $[a,\ b]$ tal que $\|P\| < \delta$. Ocorre que $S(g; P) = S(f; P) + c(b - a)$ e, portanto,

$$\overline{\int_a^b} g(x)dx = \overline{\int_a^b} f(x)dx + c(b - a),$$

o que acarreta

$$S(f; P) + c(b - a) < \overline{\int_a^b} f(x)dx + c(b - a) + \varepsilon$$

e, por fim, $S(f; P) < \overline{\int_a^b} f(x)dx + \varepsilon$. Com um raciocínio análogo prova-se a outra desigualdade $s(f; P) > \underline{\int_a^b} f(x)dx - \varepsilon$ e fica demonstrada a proposição. ■

Dada uma partição $P = \{a = x_0 < x_1 < \cdots < x_n = b\}$ de $[a,\ b]$, escolhamos um ponto ξ_i em cada subintervalo $[x_{i-1},\ x_i]$ e denotemos por ξ a $n-$upla $(\xi_1, \xi_2, \cdots, \xi_n)$. Se f é uma função real definida em $[a,\ b]$, a expressão

$$S(f; P; \xi) = \sum_{i=1}^{n} f(\xi_i)(x_i - x_{i-1})$$

é chamada de soma de Riemann de f.

Definição 8.4 *Escrevemos* $\lim\limits_{||P|| \to 0} S(f; P; \xi) = \gamma \in \mathbb{R}$ *quando, para cada* $\varepsilon > 0$ *existe* $\delta > 0$ *tal que* $|S(f; P; \xi) - \gamma| < \varepsilon$, *qualquer que seja a partição* P *de* $[a,\ b]$ *com* $||P|| < \delta$ *e qualquer que seja a escolha de* ξ *associada a* P.

Teorema 8.1 *Uma função* $f : [a,\ b] \to \mathbb{R}$ *limitada é integrável à Riemann se, e somente se*[3],

$$\lim_{||P|| \to 0} S(f; P; \xi) = \int_a^b f(x)dx.$$

Prova: Suponhamos que f é integrável à Riemann. Dada uma partição $P = \{a = x_0 < x_1 < \cdots < x_n = b\}$ de $[a,\ b]$, qualquer que seja $\xi = (\xi_1, \xi_2, \cdots, \xi_n)$ com $\xi_i \in [x_{i-1},\ x_i]$, temos claramente que

$$s(f; P) \leq S(f; P; \xi) \leq S(f; P).$$

Como f é integrável à Riemann em $[a,\ b]$, então, pela Proposição 8.8,

$$\lim_{||P|| \to 0} s(f; P) = \int_a^b f(x)dx = \lim_{||p|| \to 0} S(f; P).$$

Logo

$$\lim_{||p|| \to 0} S(f; P; \xi) = \int_a^b f(x)dx.$$

Reciprocamente, vamos supor que existe $\gamma \in \mathbb{R}$ tal que $\lim\limits_{||P|| \to 0} S(f; P; \xi) = \gamma$. Mostremos que f é integrável à Riemann em $[a,\ b]$ e, além disso, $\int_a^b f(x)dx = \gamma$. Para tanto

[3]A construção da integral como no Teorema 8.1 é conhecida como Integral de Cauchy.

seja $\varepsilon > 0$ dado e consideremos uma partição $P = \{a = x_0 < x_1 < \cdots < x_n = b\}$ de $[a,\ b]$. Para cada $i = 1, 2, \cdots n$ escolhamos ξ_i e η_i em $[x_{i-1}, x_i]$ tais que

$$f(\xi_i) > M_i - \varepsilon \ \text{ e } \ f(\eta_i) < m_i + \varepsilon.$$

Tais escolhas são possíveis tendo em vista que M_i é o supremo de f em $[x_{i-1},\ x_i]$ e m_i é o ínfimo de f em $[x_{i-1},\ x_i]$. Então

$$S(f; P; \xi) > S(f; P) - \varepsilon(b - a)$$

e

$$S(f; P; \eta) < s(f; P) + \varepsilon(b - a).$$

Portanto,

$$S(f; P; \eta) - \varepsilon(b - a) < s(f; P) \leq \underline{\int_a^b} f(x)dx \leq$$

$$\overline{\int_a^b} f(x)dx \leq S(f; P) < S(f; P; \xi) + \varepsilon(b - a).$$

Passando ao limite quando $||P|| \to 0$ obtemos

$$\gamma - \varepsilon(b - a) \leq \underline{\int_a^b} f(x)dx \leq \overline{\int_a^b} f(x)dx \leq \gamma + \varepsilon(b - a).$$

Desde que $\varepsilon > 0$ é arbitrário, concluimos que f é integrável em $[a,\ b]$ e que $\int_a^b f(x)dx = \gamma$. ■

Exemplo 8.4 *Seja $f : [a,\ b] \to \mathbb{R}$ dada por $f(x) = x$. Sabemos que f é integrável em $[a,\ b]$ uma vez que é aí contínua. Vamos usar o Teorema 8.1 para determinar o valor de $\int_a^b f(x)dx$. Para tanto consideremos uma partição qualquer $P = \{a = x_0 < x_1 < \cdots < x_n = b\}$ do intervalo $[a,\ b]$ e, para cada $i = 1, 2, \cdots n$ escolhamos $\xi_i = \dfrac{x_i + x_{i-1}}{2}$. Temos que $\xi_i \in [x_{i-1},\ x_i]$ e $S(f; P; \xi) =$*

$$\sum_{i=1}^{n} f(\xi_i)(x_i - x_{i-1}) = \sum_{i=1}^{n} \frac{1}{2}(x_i + x_{i-1})(x_i - x_{i-1}) =$$

$$\frac{1}{2}\sum_{i=1}^{n}(x_i^2 - x_{i-1}^2) = \frac{1}{2}(x_n^2 - x_0^2) = \frac{1}{2}(b^2 - a^2).$$

Assim, $\displaystyle\int_a^b f(x)dx = \lim_{||P|| \to 0} S(f; P; \xi) = \frac{1}{2}(b^2 - a^2).$

8.3 Propriedades da Integral de Riemann

Proposição 8.9 *Sejam* $f : [a,\ b] \to \mathbb{R}$ *e* $g : [a,\ b] \to \mathbb{R}$ *integráveis e* $c \in \mathbb{R}$ *uma constante. Então*

i) $f + g$ *é integrável em* $[a,\ b]$ *e*

$$\int_a^b (f(x) + g(x))dx = \int_a^b f(x)dx + \int_a^b g(x)dx.$$

ii) cf *é integrável em* $[a,\ b]$ *e*

$$\int_a^b (cf)(x)dx = c\int_a^b f(x)dx.$$

Prova: Para provar *i)* seja $\varepsilon > 0$ dado. Sendo f e g integráveis em $[a,\ b]$ existem números reais $\delta_1 > 0$ e $\delta_2 > 0$ tais que

$$\left|S(f; P; \xi) - \int_a^b f(x)dx\right| < \frac{\varepsilon}{2}, \quad \text{sempre que } \|P\| < \delta_1$$

e

$$\left|S(g; P; \xi) - \int_a^b g(x)dx\right| < \frac{\varepsilon}{2}, \quad \text{sempre que } \|P\| < \delta_2,$$

onde P é uma partição de $[a,\ b]$. Seja $\delta = \min\{\delta_1, \delta_2\}$ e tomemos uma partição P de $[a,\ b]$ com $\|P\| < \delta$. Temos, então

$$\left|S(f+g; P; \xi) - \left(\int_a^b f(x)dx + \int_a^b g(x)dx\right)\right| =$$

$$\left|S(f; P; \xi) + S(g; P; \xi) - \int_a^b f(x)dx - \int_a^b g(x)dx\right| \leq$$

$$\left|S(f; P; \xi) - \int_a^b f(x)dx\right| + \left|S(g; P; \xi) - \int_a^b g(x)\right| < \varepsilon.$$

Isto é,

$$\lim_{||P||\to 0} S(f+g;P;\xi) = \int_a^b f(x)dx + \int_a^b g(x)dx =$$
$$\int_a^b (f(x)+g(x))dx.$$

Para provar *ii*) observamos inicialmente que se $c = 0$ o resultado é imediato. Podemos, então, supor que $c \neq 0$. Dado $\varepsilon > 0$, sendo f integrável em $[a,\ b]$, existe $\delta > 0$ tal que

$$\left|S(f;P;\xi) - \int_a^b f(x)dx\right| < \frac{\varepsilon}{|c|}, \quad \text{sempre que } ||P|| < \delta.$$

Logo, se $||P|| < \delta$, temos

$$\left|S(cf;P;\xi) - c\int_a^b f(x)\right| = \left|cS(f;P;\xi) - c\int_a^b f(x)dx\right| =$$
$$|c|\left|S(f;P;\xi) - \int_a^b f(x)dx\right| < |c|\frac{\varepsilon}{|c|} = \varepsilon.$$

Isto é

$$\lim_{||P||\to 0} S(cf;P;\xi) = \int_a^b (cf)(x)dx = c\int_a^b f(x)dx.$$

■

Proposição 8.10 *Se* $f : [a,\ b] \to \mathbb{R}$ *é integrável e* $[c,\ d] \subset [a,\ b]$ *então* f *é integrável em* $[c,\ d]$.

Prova: Dado $\varepsilon > 0$, sendo f integrável em $[a,\ b]$, existe uma partição P de $[a,\ b]$ tal que $S(f;P) - s(f;P) < \varepsilon$. Consideremos $P^* = P \cup \{c,d\}$. Temos que P^* é um refinamento de P. Logo

$$s(f;P) \leq s(f;P^*) \leq S(f;P^*) \leq S(f;P),$$

o que acarreta

$$S(f;P^*) - s(f;P^*) \leq S(f;P) - s(f;P) < \varepsilon.$$

Seja, agora, $\hat{P} = P^* \cap [c,\ d]$. Então

$$S_c^d(f;\hat{P}) - s_c^d(f;\hat{P}) \leq S(f;P^*) - s(f:P^*) < \varepsilon,$$

significando que f é integrável em $[c,\ d]$. ■

Proposição 8.11 *Se f é integrável em $[a, b]$ e $c \in (a, b)$ então*

$$\int_a^b f(x)dx = \int_a^c f(x)dx + \int_c^b f(x)dx.$$

Prova: Pela Proposição 8.10 f é integrável em $[a, c]$ e em $[c, b]$. O resultado segue da Proposição 8.3. ■

Proposição 8.12 *Se $f : [a, b] \to \mathbb{R}$ é integrável e $f(x) \geq 0$ para todo $x \in [a, b]$ então $\int_a^b f(x)dx \geq 0$.*

Prova: Para cada partição P de $[a, b]$ temos que $S(f; P; \xi) \geq 0$. Logo, $\int_a^b f(x)dx = \lim_{||P|| \to 0} S(f; P; \xi) \geq 0$. ■

Corolário 8.1 *Sejam $f : [a, b] \to \mathbb{R}$ e $g : [a, b] \to \mathbb{R}$ funções integráveis tais que $f(x) \leq g(x)$ para todo $x \in [a, b]$. Então*

$$\int_a^b f(x)dx \leq \int_a^b g(x)dx.$$

Prova: Sendo f e g funções integráveis, segue da Proposição 8.9, que $g - f$ é integrável e

$$\int_a^b (g(x) - f(x))dx = \int_a^b g(x)dx - \int_a^b f(x)dx.$$

Por hipótese, $g(x) - f(x) \geq 0$ para todo $x \in [a, b]$. Logo, pela Proposição 8.12, $\int_a^b (g(x) - f(x))dx \geq 0$. Combinando os resultados fica demonstrado o Corolário. ■

Dada uma função $f : [a, b] \to \mathbb{R}$ vamos definir $f^+ : [a, b] \to \mathbb{R}$ e $f^- : [a, b] \to \mathbb{R}$, respectivamente, por

$$f^+(x) = \begin{cases} f(x), & \text{se } f(x) \geq 0, \\ 0, & \text{se } f(x) < 0. \end{cases}$$

e

$$f^-(x) = \begin{cases} -f(x), & \text{se } f(x) \leq 0, \\ 0 & \text{se } f(x) > 0. \end{cases}$$

Quando $f : [a,\ b] \to \mathbb{R}$ é limitada, então f^+ e f^- são funções[4] limitadas não negativas satisfazendo $|f| = f^+ + f^-$ e $f = f^+ - f^-$ como se comprova facilmente.

Se $f : [a,\ b] \to \mathbb{R}$ é limitada e P é uma partição qualquer de $[a,\ b]$, então, para cada $i = 1, 2, \cdots, n$ denotamos por M_i^+ e m_i^+, respectivamente, o supremo e o ínfimo de f^+ em $[x_{i-1},\ x_i]$, ou seja

$$M_i^+ = \sup\{f^+(x);\quad x \in [x_{i-1},\ x_i]\}$$

e

$$m_i^+ = \inf\{f^+(x);\quad x \in [x_{i-1},\ x_i]\}.$$

Lema 8.4 *Se $f : [a,\ b] \to \mathbb{R}$ é limitada então $M_i - m_i \geq M_i^+ - m_i^+$ para $i = 1, 2, \cdots, n$.*

Prova: Se tivermos $m_i \geq 0$ então $f(x) \geq 0$ em $[x_{i-1},\ x_i]$ e, nesse caso, $f^+(x) = f(x)$ em $[x_{i-1},\ x_i]$, logo $M_i^+ = M_i$ e $m_i^+ = m_i$. Se for $M_i \leq 0$ então $f(x) \leq 0$ em $[x_{i-1},\ x_i]$. Nesse caso $f^+(x) = 0$ em $[x_{i-1},\ x_i]$ e, portanto, $M_i^+ = m_i^+ = 0$. Finalmente, se for $m_i < 0 < M_i$ então, como $f^+(x) \geq 0$, segue que $m_i^+ \geq 0$ e, portanto, $m_i^+ > m_i$. Donde $-m_i > -m_i^+$ e como nesse caso $M_i^+ = M_i$ temos $M_i - m_i > M_i^+ - m_i^+$. ■

Proposição 8.13 *Se $f : [a,\ b] \to \mathbb{R}$ é integrável, então f^+ e f^- também são integráveis em $[a,\ b]$.*

Prova: Dado $\varepsilon > 0$ existe uma partição $P = \{a = x_0 < x_1 < \cdots < x_n = b\}$ de $[a,\ b]$ tal que $S(f; P) - s(f; P) < \varepsilon$. Agora

$$S(f^+; P) - s(f^+; P) = \sum_{i=1}^{n} (M_i^+ - m_i^+)(x_i - x_{i-1}) \leq$$

$$\sum_{i=1}^{n} (M_i - m_i)(x_i - x_{i-1}) = S(f; P) - s(f; P) < \varepsilon.$$

[4]As funções f^+ e f^- são chamadas de parte positiva e parte negativa, respectivamente, de f.

Portanto, f^+ é integrável em $[a, b]$. Por outro lado, da igualdade $f^- = f^+ - f$ e da Proposição 8.9 segue que f^- é inetgrável em $[a, b]$. ∎

Proposição 8.14 *Se $f : [a, b] \to \mathbb{R}$ é integrável, então $|f|$ é integrável em $[a, b]$ e*

$$\left|\int_a^b f(x)dx\right| \leq \int_a^b |f|(x)dx.$$

Prova: Pela Proposição 8.13 temos que f^+ e f^- são integráveis em $[a, b]$. Como $|f| = f^+ + f^-$ segue, da Proposição 8.9, que $|f|$ é integrável em $[a, b]$. Agora, usando a desigualdade

$$-|f(x)| \leq f(x) \leq |f(x)|,$$

válida para todo $x \in [a, b]$, e o Corolário 8.1 da Proposição 8.12 temos

$$-\int_a^b |f(x)|dx \leq \int_a^b f(x)dx \leq \int_a^b |f(x)|dx,$$

isto é

$$\left|\int_a^b f(x)dx\right| \leq \int_a^b |f|(x)dx.$$

∎

Proposição 8.15 *Sejam $f : [a, b] \to \mathbb{R}$ e $g : [a, b] \to \mathbb{R}$ funções integráveis. Então $fg : [a, b] \to \mathbb{R}$ dada por $(fg)(x) = f(x)g(x)$ é integrável.*

Prova: Suponhamos inicialmente que ambas as funções são não negativas em $[a, b]$. Seja $P = \{a = x_0 < x_1 < \cdots < x_n = b\}$ uma partição de $[a, b]$. Vamos escrever

$$M_{fg} = \sup\{f(x)g(x);\ x \in [x_{i-1}, x_i]\},$$

$$m_{fg} = \inf\{f(x)g(x);\ x \in [x_{i-1}, x_i]\},$$

$$M_f = \sup\{f(x);\ x \in [x_{i-1}, x_i]\},$$

$$m_f = \inf\{f(x);\ x \in [x_{i-1}, x_i]\},$$

$M_g = \sup\{g(x);\ x \in [x_{i-1},\ x_i]\}$,

$m_g = \inf\{g(x);\ x \in [x_{i-1},\ x_i]\}$,

$M_1 = \sup\{f(x);\ x \in [a,\ b]\}$

e

$M_2 = \sup\{g(x);\ x \in [a,\ b]\}$.

Então

$$M_{fg} \leq M_f M_g \quad \text{e} \quad m_{fg} \geq m_f m_g$$

em $[x_{i-1},\ x_i]$. Assim

$$\begin{aligned} M_{fg} - m_{fg} &\leq M_f M_g - m_f m_g = \\ M_f M_g - M_f m_g &+ M_f m_g - m_f m_g = \\ M_f[M_g - m_g] &+ m_g[M_f - m_f] \leq \\ M_1[M_g - m_g] &+ M_2[M_f - m_f]. \end{aligned} \tag{8.6}$$

Multiplicando (8.6) por $x_i - x_{i-1}$ e somando desde $i = 1$ até $i = n$ obtemos

$$\begin{aligned} S(fg; P) - s(fg; P) \leq \\ M_1[S(g; P) - s(g; P)] + M_2[S(f; P) - s(f; P)]. \end{aligned} \tag{8.7}$$

Sabemos que para cada $\varepsilon > 0$ existe uma partição P de $[a,\ b]$ tal que

$$\begin{aligned} S(g; P) - s(g; P) &< \frac{\varepsilon}{2(1 + M_1)} \quad \text{e} \\ S(f; P) - s(f; P) &< \frac{\varepsilon}{2(1 + M_2)}. \end{aligned} \tag{8.8}$$

Substituindo (8.8) em (8.7) obtemos $S(fg; P) - s(fg; P) < \varepsilon$, o que implica na integrabilidade de fg em $[a,\ b]$. Para tratar o caso geral em que f e g não são necessariamente não negativas em $[a,\ b]$ é suficiente escrever

$$fg = (f^+ - f^-)(g^+ - g^-) = f^+g^+ - f^+g^- - f^-g^+ + f^-g^-$$

e usar o que acabamos de demonstrar. ■

8.4 Teorema Fundamental do Cálculo

Historicamente o Cálculo nasceu da necessidade que os matemáticos da antiguidade tiveram para resolver dois tipos de problemas:

- calcular áreas de figuras planas (ou volumes de sólidos),
- traçar tangentes em pontos de uma dada curva do plano.

O primeiro tipo de problema carrega o "germe" do Cálculo Integral e o segundo o do Cálculo Diferencial. Na segunda metade do século XVII os trabalhos desenvolvidos por Newton e Leibniz foram fundamentais para a sistematização e a unificação das duas teorias matemáticas, ao ponto de, na atualidade, se creditar a esses dois matemáticos a invenção do Cálculo Diferencial e Integral. Nosso objetivo nessa secção é demonstrar o "Teorema Fundamental do Cálculo", o qual se constitui no resultado que estabelece a conexão entre as duas teorias.

Suponhamos que $f : [a, b] \to \mathbb{R}$ é limitada. Segue da Proposição 8.4 que vale a fórmula

$$\frac{d}{dx}\int_a^x f(t)dt = f(x) \tag{8.9}$$

em cada ponto $x \in [a, b]$ no qual f é contínua. Em particular, se f é contínua em $[a, b]$, a equação (8.9) é satisfeita para todo $x \in [a, b]$.

Uma função G com a propriedade de que $G'(x) = f(x)$ para todo $x \in [a, b]$ é chamada de primitiva, ou integral indefinida, de f. Assim, para as funções contínuas em $[a, b]$, a equação (8.9) informa que a função $F : [a, b] \to \mathbb{R}$ definida por

$$F(x) = \int_a^x f(t)dt$$

é uma primitiva de f.

Notemos que se $c \in \mathbb{R}$ é uma constante então $F + c$ é também uma primitiva de f. Na verdade, como uma consequência do Teorema do Valor Médio de Lagrange (Teorema 7.3), qualquer primitiva de f é do tipo $F + c$ para alguma constante c. Vamos usar esse resultado para estabelecer o teorema a seguir.

Teorema 8.2 *Se $f : [a,\ b] \to \mathbb{R}$ é contínua e G é uma primitiva de f, então*

$$\int_a^b f(x)dx = G(b) - G(a). \tag{8.10}$$

Prova: Seja $F : [a,\ b] \to \mathbb{R}$ dada por

$$F(x) = \int_a^x f(t)dt.$$

Temos que $F'(x) = G'(x)$, logo, $G(x) = F(x) + c$, para alguma constante c. Como $F(a) = 0$ então $c = G(a)$. Isto é $F(x) = G(x) - G(a)$. Em particular, $F(b) = G(b) - G(a)$, ou seja

$$\int_a^b f(x)dx = G(b) - G(a).$$

■

É comum nos livros de Cálculo usar-se a notação

$$G(x)\Big|_a^b = G(b) - G(a).$$

Uma aplicação importante do Teorema 8.2 consiste em: para calcularmos a integral de uma função contínua f em $[a,\ b]$ tudo que precisamos é ter "em mãos" uma primitiva qualquer G de f e teremos $\int_a^b f(x)dx = G(b) - G(a)$. Assim, o problema de calcular a integral de uma função contínua f em $[a,\ b]$ se transfere para o problema, aparentemente mais simples, de se determinar uma primitiva de f. Daí a justificativa para o esforço que é desenvolvido nos cursos introdutórios de Cálculo Diferencial e Integral, especialmente os mais dirigidos para aplicações, em se construir extensas tabelas de primitivas. Nesse sentido é importante o estabelecimento das chamadas "técnicas de integração". Não é nosso objetivo tratar aqui dessa questão com profundidade e recomendamos ao leitor a referência [1].

A equação (8.9) sugere a indagação: Toda derivada pode ser integrada para retornarmos à função original? A resposta para essa questão é negativa, conforme vemos no exemplo a seguir.

Exemplo 8.5 *Considere a função $f : \mathbb{R} \to \mathbb{R}$ definida por*

$$f(x) = \begin{cases} x^2 \operatorname{sen}\left(\frac{1}{x^2}\right), & se \;\; x \neq 0, \\ 0 & se \;\; x = 0. \end{cases}$$

Como se comprova facilmente temos

$$f'(x) = \begin{cases} 2x\operatorname{sen}\left(\frac{1}{x^2}\right) - \frac{2}{x}\cos\left(\frac{1}{x^2}\right), & se \;\; x \neq 0, \\ 0 & se \;\; x = 0. \end{cases}$$

Observamos que f' não é limitada em nenhuma vizinhança da origem e, portanto, não é integrável em qualquer intervalo contendo a origem.

A resposta à questão acima levantada é positiva se a derivada for limitada e integrável, como mostra a proposição a seguir.

Proposição 8.16 *Seja $f : [a,\ b] \to \mathbb{R}$ uma função derivável tal que f' e integrável em $[a,\ b]$. Então*

$$\int_a^b f'(x)dx = f(b) - f(a).$$

Prova: Dada uma partição $P = \{a = x_0 < x_1 < \cdots < x_n = b\}$ qualquer de $[a,\ b]$ temos

$$f(b) - f(a) = \sum_{i=1}^{n} [f(x_i) - f(x_{i-1})]. \tag{8.11}$$

O Teorema do Valor Médio de Lagrange aplicado em cada subintervalo $[x_{i-1},\ x_i]$ garante que existe $\xi_i \in (x_{i-1},\ x_i)$ tal que $f(x_i) - f(x_{i-1}) = f'(\xi_i)(x_i - x_{i-1})$. Assim, (8.11) se escreve como

$$f(b) - f(a) = \sum_{i=1}^{n} f'(\xi_i)(x_i - x_{i-1}). \tag{8.12}$$

Sendo f' limitada, consideremos, para cada $i = 1, 2, \cdots, n$

$$M_i' = \sup\{f'(x);\ x \in [x_{i-1},\ x_i]\}$$

e

$$m'_i = \inf\{f'(x);\ x \in [x_{i-1},\ x_i]\}.$$

Portanto, para cada $i = 1, 2, \cdots, n$

$$m'_i(x_i - x_{i-1}) \leq f'(\xi_i)(x_i - x_{i-1}) \leq M'_i(x_i - x_{i-1}). \tag{8.13}$$

Adicionando desde $i = 1$ até $i = n$ e usando (8.12) obtemos

$$\sum_{i=1}^{n} m'_i(x_i - x_{i-1}) \leq f(b) - f(a) \leq \sum_{i=1}^{n} M'_i(x_i - x_{i-1}). \tag{8.14}$$

Isto significa que, qualquer que seja a partição P de $[a,\ b]$, temos

$$s(f'; P) \leq f(b) - f(a) \leq S(f' : P).$$

Assim, $\underline{\int_a^b} f'(x)dx \leq f(b) - f(a) \leq \overline{\int_a^b} f'(x)dx$. Como f' é integrável em $[a,\ b]$, segue que $\displaystyle\int_a^b f'(x)dx = f(b) - f(a)$. ■

Proposição 8.17 (Integração por Substituição) *Suponhamos que a função $f : [a,\ b] \to \mathbb{R}$ é contínua e $v : [c,\ d] \to [a,\ b]$ tem derivada contínua satisfazendo $v(c) = a$ e $v(d) = b$, então*

$$\int_a^b f(y)dy = \int_c^d f(v(x))v'(x)dx.$$

Prova: Seja $F : [a,\ b] \to \mathbb{R}$ definida por $F(y) = \displaystyle\int_a^y f(t)dt$. Temos que $F'(y) = f(y)$, $F(a) = 0$ e $F(b) = \displaystyle\int_a^b f(y)dy$. Mas, pela Regra da Cadeia, obtemos

$$[F(v(x))]' = F'(v(x))v'(x) = f(v(x))v'(x).$$

Agora, pelo Teorema Fundamental do Cálculo, temos

$$\int_c^d f(v(x))v'(x)dx = F(v(x))\Big|_c^d = F(v(d)) - F(v(c)) =$$

$$F(b) - F(a) = \int_a^b f(y)dy.$$

■

Proposição 8.18 (Integração por Partes) *Se u e v são funções reais definidas em $[a,\ b]$, deriváveis e com derivadas u' e v' integráveis em $[a,\ b]$. Então*

$$\int_a^b u(x)v'(x)dx = u(x)v(x)\Big|_a^b - \int_a^b v(x)u'(x)dx.$$

Prova: Sabemos, da regra de derivação de um produto, que $(uv)' = uv' + u'v$. Portanto $(uv)'$ é integrável em $[a,\ b]$. Pela Proposição 8.16 temos

$$\int_a^b [u(x)v(x)]'dx = u(x)v(x)\Big|_a^b,$$

donde segue o resultado. ■

Dada $f : [a,\ b] \to \mathbb{R}$ limitada e integrável, sejam

$$m = \inf\{f(x);\ x \in [a,\ b]\} \quad \text{e} \quad M = \sup\{f(x);\ x \in [a,\ b]\}.$$

Sabemos, da Proposição 8.1, que

$$m \leq \frac{1}{b-a}\int_a^b f(x)dx \leq M.$$

A quantidade $\dfrac{1}{b-a}\displaystyle\int_a^b f(x)dx$ pode ser interpretada como a média de f em $[a,\ b]$.

Teorema 8.3 (Primeiro Teorema da Média) *Suponha que f é uma função real e contínua em $[a,\ b]$. Então existe $c \in [a,\ b]$ tal que*

$$\int_a^b f(x)dx = f(c)(b-a).$$

Prova: Seja $F(x) = \displaystyle\int_a^x f(t)dt$. Sabemos que F é contínua em $[a,\ b]$ e derivável em (a, b). Pelo Teorema do Valor Médio de Lagrange (Teorema 7.3) temos que existe $c \in (a,\ b)$ tal que $F(b) - F(a) = F'(c)(b-a)$. Ou seja,

$$\int_a^b f(x)dx = F'(c)(b-a) = f(c)(b-a),$$

como queríamos. ■

Quando f é uma função contínua e não negativa, o Primeiro Teorema da Média admite uma interpretação geométrica simples. Com efeito, desde que a integral de f corresponde à área da região do plano compreendida entre o eixo das abscissas, as retas verticais $x = a$ e $x = b$ e o gráfico de f, o resultado afirma, em primeiro lugar, que essa área é um número compreendido entre a área do retângulo de base $b - a$ e altura m e a do retângulo de mesma base e altura M e, em segundo lugar, essa área é igual a área de um retângulo de base $b - a$ e altura $f(c)$, para algum $c \in [a, b]$.

Quando f e g são funções integráveis em $[a,\ b]$ com f contínua, $g \geq 0$ e $\int_a^b g(x)dx > 0$, o número real

$$\mu = \frac{\int_a^b f(x)g(x)dx}{\int_a^b g(x)dx} \tag{8.15}$$

é chamado de média ponderada de f em $[a,\ b]$ com respeito à função peso g. Podemos agora generelizar o Teorema 8.3 do seguinte modo:

Teorema 8.4 *Sejam f e g funções integráveis em $[a,\ b]$. Suponhamos f contínua, g não negativa e $\int_a^b g(x)dx > 0$. Então existe $\xi \in [a,\ b]$ tal que $\mu = f(\xi)$, onde μ é o número real definido por* (8.15).

Prova: Sendo f e g integráveis em $[a,\ b]$ então fg também é integrável em $[a,\ b]$. Sendo f contínua no intervalo fechado e limitado $[a,\ b]$, existem m e M tais que

$$m \leq f(x) \leq M$$

para todo $x \in [a,\ b]$. Como $g(x) \geq 0$ em $[a,\ b]$ então

$$mg(x) \leq f(x)g(x) \leq Mg(x),$$

para todo $x \in [a,\ b]$. Logo

$$m \int_a^b g(x)dx \leq \int_a^b f(x)g(x)dx \leq M \int_a^b g(x)dx,$$

donde, dividindo-se por $\int_a^b g(x)dx > 0$, obtemos

$$m \leq \mu \leq M.$$

Pelo Teorema do Valor Intermediário (Teorema 6.3) temos que existe $\xi \in [a,\ b]$ tal que $\mu = f(\xi)$. ■

O resultado obtido no Teorema 8.4 informa que existe ξ em $[a,\ b]$ tal que

$$\int_a^b f(x)g(x)dx = f(\xi)\int_a^b g(x)dx,$$

o que generaliza o Teorema 8.3 tomando-se $g(x) = 1$ em $[a,\ b]$.

Teorema 8.5 (Segundo Teorema da Média) *Suponha que f é não negativa, f' é integrável com integral positiva g é contínua em $[a,\ b]$. Então existe $\xi \in [a,\ b]$ tal que*

$$\int_a^b f(x)g(x)dx = f(a)\int_a^\xi g(x)dx + f(b)\int_\xi^b g(x)dx.$$

Prova: Seja $G(x) = \displaystyle\int_a^x g(t)dt$. Sabemos que $G'(x) = g(x)$ e, portanto,

$$\int_a^b f(x)g(x)dx = \int_a^b f(x)G'(x)dx. \tag{8.16}$$

Usando integração por partes na última integral em (8.16) obtemos

$$\int_a^b f(x)g(x)dx = f(x)G(x)\Big|_a^b - \int_a^b G(x)f'(x)dx. \tag{8.17}$$

Podemos agora usar o Teorema 8.4 e garantir a existência de $\xi \in [a,\ b]$ tal que

$$\int_a^b G(x)f'(x)dx = G(\xi)\int_a^b f'(x)dx$$

e do Teorema Fundamental do Cálculo segue que

$$\int_a^b G(x)f'(x)dx = G(\xi)(f(b) - f(a)). \tag{8.18}$$

Substituindo (8.18) em (8.17) temos

$$\int_a^b f(x)g(x)dx = f(a)G(\xi) + f(b)(G(b) - G(\xi))$$

isto é

$$\int_a^b f(x)g(x)dx = f(a)\int_a^\xi g(x)dx + f(b)\int_\xi^b g(x)dx,$$

como queríamos. ■

8.5 Exercícios do Capítulo 8

8.1- Prove que

$$1^2 + 2^2 + 3^2 + \cdots + n^2 = \frac{1}{6}n(n+1)(2n+1), \qquad \forall n \in \mathbb{N}.$$

Use agora a partição

$$P = \{0 < \frac{1}{n} < \frac{2}{n} < \cdots < \frac{n-1}{n} < 1\}$$

do intervalo $[0,\ 1]$ para mostrar que $f(x) = x^2$ é integrável em $[0,\ 1]$ e

$$\int_0^1 x^2 dx = \frac{1}{3}.$$

8.2- Prove que

$$1^3 + 2^3 + 3^3 + \cdots + n^3 = \left[\frac{1}{2}n(n+1)\right]^2, \qquad \forall n \in \mathbb{N}.$$

Usando a partição do exercício anterior prove que $f(x) = x^3$ é integrável em $[0,\ 1]$ e

$$\int_0^1 x^3 dx = \frac{1}{4}.$$

8.3- Seja $f : [0, 1] \longrightarrow \mathbb{R}$ tal que

$$f(x) = \begin{cases} 0, & \text{se} \quad x \in (\mathbb{R} - \mathbb{Q}) \cap [0, 1] \\ x, & \text{se} \quad x \in \mathbb{Q} \cap [0, 1] \end{cases}$$

Mostre que f não é integrável em $[0,\ 1]$.

8.4- Seja $f : [a,\ b] \longrightarrow \mathbb{R}$ contínua e tal que $f(x) \geq 0$ para todo $x \in [a,\ b]$. Prove que se

$$\int_a^b f(x)dx = 0$$

então $f(x) = 0 \quad \forall x \in [a,\ b]$.

8.5- Dê um exemplo de uma função $f : [0,\ 1] \longrightarrow \mathbb{R}$ limitada que não é integrável em $[0,\ 1]$, mas $|f|$ é aí integrável.

8.6- Seja f integrável em $[a,\ b]$ e tal que $0 \leq m \leq f(x) \leq M$, para todo $x \in [a,\ b]$. Mostre que

$$m \leq \left[\frac{1}{b-a}\int_a^b f^2(x)dx\right]^{\frac{1}{2}} \leq M$$

8.7- Seja $f : [a,\ b] \longrightarrow \mathbb{R}$ contínua e suponha que $f(x) \geq 0$ para todo $x \in [a,\ b]$. Mostre que existe $c \in [a,\ b]$ tal que

$$f(c) = \left[\frac{1}{b-a}\int_a^b f^2(x)dx\right]^{\frac{1}{2}}$$

8.8- Sejam $f, g : [a,\ b] \longrightarrow \mathbb{R}$ funções integráveis. Mostre que as funções $\varphi(x) = \max\,[f(x), g(x)]$ e $\psi(x) = \min\,[f(x), g(x)]$ são também integráveis em $[a,\ b]$.

8.9- Seja $f : [a,\ b] \longrightarrow \mathbb{R}$ uma função contínua e defina:

$$\varphi(x) = \int_x^b f(t)dt$$

Calcule $\varphi'(x)$.

8.10- Sejam $I = [a,\ b]$, $J = [c,\ d]$, e $f : I \longrightarrow \mathbb{R}$ uma função contínua, e $v : J \longrightarrow \mathbb{R}$ uma função derivável. Suponha que $v(J) \subset I$ e mostre que a função $G : J \longrightarrow \mathbb{R}$ definida por

$$G(x) = \int_a^{v(x)} f(t)dt$$

é derivável com $G'(x) = f(v(x))v'(x)$.

8.11- Calcule $F'(x)$, sendo:

a) $$F(x) = \int_0^{x^2} sen(t^2)dt,$$

b) $$F(x) = \int_0^{senx} \cos(t)dt.$$

8.12- Sejam $f : [a,\ b] \longrightarrow \mathbb{R}$ uma função contínua e I um intervalo de $\mathbb{R}$. Se $\alpha, \beta : I \longrightarrow [a,\ b]$ são funções deriváveis, defina $\varphi : I \longrightarrow \mathbb{R}$ pondo

$$\varphi(x) = \int_{\alpha(x)}^{\beta(x)} f(t)dt, \quad \forall\ x \in I.$$

Prove que φ é derivável em I e

$$\varphi'(x) = f(\beta(x))\beta'(x) - f(\alpha(x))\alpha'(x), \quad \forall\ x \in I$$

8.13- Use o exercício anterior para calcular $F'(x)$ se F é dada por

$$F(x) = \int_{x^2}^{2x} \sqrt{1+t^2}dt.$$

8.14- Uma função $f : \mathbb{R} \longrightarrow \mathbb{R}$ é dita periódica de período $T > 0$ se $f(x+T) = f(x)$, para todo $x \in \mathbb{R}$. Mostre que se f é integrável e periódica de período T então:

$$\int_{a+T}^{b+T} f(t)dt = \int_{a}^{b} f(t)dt, \quad \forall\ a, b \in \mathbb{R}.$$

8.15- Mostre que, se f é limitada em $[a,\ b]$ e $\displaystyle\int_{a+\varepsilon}^{b} f(x)dx$ existe para todo $0 < \varepsilon < b - a$ então: $\displaystyle\int_{a}^{b} f(x)dx$ existe.

8.16- Mostre que se $f : [a,\ b] \longrightarrow \mathbb{R}$ é limitada com um número finito de descontinuidades, então f é integrável em $[a,\ b]$.

8.17- Seja $f : [a,\ b] \longrightarrow \mathbb{R}$ limitada tal que $f(x) = 0$, exceto nos pontos $c_1, c_2, \cdots, c_n$ de $[a,\ b]$. Mostre que

$$\int_{a}^{b} f(x)dx = 0.$$

8.18- Prove que se $f : [a,\ b] \longrightarrow \mathbb{R}$ é contínua e $\displaystyle\int_{a}^{b} f(x)g(x)dx = 0$ para toda função contínua $g : [a,\ b] \longrightarrow \mathbb{R}$ então $f(x) = 0$, $\forall\ x \in [a,\ b]$.

8.19- Prove que se $f, g : [a,\ b] \longrightarrow \mathbb{R}$ são contínuas então:

$$\left[\int_{a}^{b} f(x)g(x)dx\right]^2 \leq \int_{a}^{b} f(x)^2dx \int_{a}^{b} g(x)^2dx$$

8.20- Seja $f : [a, b] \longrightarrow \mathbb{R}$ contínua e não negativa. Mostre que, se $M = \max\limits_{[a,\, b]} f(x)$, então

$$\lim_{n\to\infty}\left(\int_a^b f^n(x)dx\right)^{\frac{1}{n}} = M.$$

8.21- Considere o polinômio $P(x) = a_0 + a_1x + a_2x^2 \cdots + a_nx^n$ cujos coeficientes satisfazem à relação

$$\sum_{i=1}^{n} a_i^2 = 1$$

Prove que:

$$\int_0^1 |P(x)|dx \leq \frac{\pi}{2}.$$

8.22- Um conjunto $E \subset \mathbb{R}$ tem conteúdo nulo se dado $\varepsilon > 0$ existe uma coleção finita de intervalos abertos $(a_n,\, b_n)$ tais que

$$E \subset \bigcup_{n=1}^{k}(a_n,\, b_n) \;\text{ e }\; \sum_{n=1}^{k}(b_n - a_n) < \varepsilon.$$

Mostre que todo conjunto finito tem conteúdo nulo.

8.23- Mostre que todo conjunto infinito limitado com um número finito de pontos de acumulação tem conteúdo nulo.

8.24- Um conjunto $E \subset \mathbb{R}$ tem medida nula se dado $\varepsilon > 0$ existe uma coleção enumerável de intervalos abertos $(a_n,\, b_n)$ tais que

$$E \subset \bigcup_{n=1}^{\infty}(a_n,\, b_n) \;\text{ e }\; \sum_{n=1}^{\infty}(b_n - a_n) < \varepsilon.$$

Mostre que todo conjunto que tem conteúdo nulo tem medida nula. A recíproca é verdadeira? Justifique.

8.25- Mostre que todo conjunto enumerável tem medida nula.

8.26- Mostre que se f é limitada em $[a,\, b]$ e o conjunto E dos pontos de descontinuidade de f tem conteúdo nulo então f é integrável em $[a,\, b]$.

8.27- Seja $f : [a,\, b] \rightarrow \mathbb{R}$ limitada e seja E o conjunto dos pontos de descontinuidade de f. Mostre que se E tem medida nula então f é integrável em $[a,\, b]$.

8.28- Seja $f : [a, b] \to \mathbb{R}$ definida por $f(x) = 0$ se x é irracional e $f(x) = \dfrac{1}{q}$ se $x = \dfrac{p}{q}$, onde p e q são inteiros primos entre si e $q > 0$. Defina $f(0) = 1$ se $0 \in [a, b]$. Prove que f é integrável em $[a, b]$ e $\displaystyle\int_a^b f(x)dx = 0$.

8.29- Mostre que se K é compacto e tem medida nula então K tem conteúdo nulo.

8.30- Suponha que f e g satisfazem as seguintes condições:

i) g' existe e é integrável em $[a, b]$

ii) f é contínua em $[c, d]$,

onde c e d são respectivamente o ínfimo e o supremo de g em $[a, b]$. Mostre que se $g(a) = \alpha$ e $g(b) = \beta$ então $\displaystyle\int_\alpha^\beta f(y)dy = \int_a^b f(g(x))g'(x)dx$.

8.31- Sejam $f, g : [a, +\infty) \to \mathbb{R}$ tais que

i) $\displaystyle\int_a^x f(z)dz$ existe e é limitada para todo $x \geq a$,

ii) g é monótona em $[a, +\infty)$ e $\displaystyle\lim_{x\to\infty} g(x) = 0$.

Prove que $\displaystyle\int_a^{+\infty} f(x)g(x)dx$ existe.

8.32- Sejam $f, g : [a, +\infty) \to \mathbb{R}$ tais que f é monótona e limitada em $[a, +\infty)$ e $\displaystyle\int_a^{+\infty} g(x)dx$ existe. Prove que

$$\int_a^{+\infty} f(x)g(x)dx \text{ existe.}$$

Capítulo 9

Sequências e Séries de Funções

Tratamos nesse capítulo de sequências (f_n) cujos termos são funções reais definidas em um mesmo subconjunto $S \subset \mathbb{R}$. Para cada $x \in S$ podemos considerar a sequência numérica $(f_n(x))$, para a qual podem ser analisados os conceitos de limitação, monotonicidade, convergência, etc, conforme estudados no Capítulo 2. Neste Capítulo 9 avaliaremos até que ponto aqueles conceitos se estendem para sequências de funções e estudaremos outras propriedades mais específicas.

Dentre as várias justificativas para a importância de se estudar sequências e séries de funções, destacamos a seguinte: em problemas de resolução de equações funcionais, isto é, equações onde a incógnita é uma função, uma técnica bastante utilizada consiste em encontrar soluções aproximadas do problema original, submetido a condições mais regulares que garantem a existência de soluções e, por passagem ao limite da sequência de funções resultante do processo de aproximação, determinar uma solução exata do problema original.

Para sequências de funções, diferentemente das sequências numéricas estudadas no Capítulo 2, há diversos conceitos de limite. Estudaremos aqui os dois principais deles, o *limite pontual* e o *limite uniforme* e dirigiremos nosso interesse em responder à seguinte questão: se as funções da sequência (f_n) possuem uma propriedade que é comum a todas elas, tal como continuidade, diferenciabilidade ou integrabilidade, o conceito de limite estabelecido é suficientemente "robusto" para "transferir" essa propriedade para a função limite da sequência?

9.1 Sequências de Funções

Seja S um subconjunto de $\mathbb{R}$. Uma sequência de funções é uma função que a cada $n \in \mathbb{N}$ associa uma função f_n definida em S e tomando valores em $\mathbb{R}$. Usamos a notação $(f_n(x))_{n\in\mathbb{N}}$, $x \in S$, ou simplesmente (f_n), quando está suficientemente esclarecido no contexto qual seja o domínio S, para denotar uma sequência de funções.

Exemplo 9.1 *Alguns exemplos de sequências de funções são:*

1. $\left(\dfrac{1}{nx}\right)_{n\in\mathbb{N}}, \quad x \in (0, +\infty).$

2. $\left(\dfrac{x}{n}\right)_{n\in\mathbb{N}}, \quad x \in \mathbb{R}.$

3. $(x^n)_{n\in\mathbb{N}}, \quad x \in [0,\ 1].$

4. $\left(\dfrac{\operatorname{sen}(nx)}{\sqrt{x}}\right)_{n\in\mathbb{N}}, \quad x \in (0, +\infty).$

9.2 A Convergência Pontual

Definição 9.1 *Dizemos que uma sequência de funções reais* $(f_n)_{n\in\mathbb{N}}$, $f_n : S \to \mathbb{R}$, *converge pontualmente (ou converge simplesmente) para uma função* f *de* S *em* $\mathbb{R}$ *quando, para cada* $x \in S$, *a sequência numérica* $(f_n(x))_{n\in\mathbb{N}}$ *é convergente para* $f(x)$, *isto é, dado* $\varepsilon > 0$, *existe* $N(\varepsilon, x) \in \mathbb{N}$ *tal que*

$$n > N(\varepsilon, x) \Rightarrow \quad |f_n(x) - f(x)| < \varepsilon.$$

Na Definição 9.1 escrevemos $N(\varepsilon, x)$ para enfatizar que o número natural N tanto pode depender do $\varepsilon > 0$ dado como também do ponto $x \in S$ considerado. No entanto, na prática, salientamos que na maioria das situações escreveremos simplesmente N para não sobrecarregar a notação.

Exemplo 9.2 *A sequência* (f_n), *onde* $f_n(x) = \dfrac{1}{nx}$, x *em* $(0, +\infty)$, *é pontualmente convergente para* $f : (0, +\infty) \to \mathbb{R}$ *tal que* $f(x) = 0$ *para todo* $x \in (0, +\infty)$. *De fato, dado* $\varepsilon > 0$, *se* $x > 0$ *é fixado, consideremos* $N(\varepsilon, x) \geq \dfrac{1}{\varepsilon x}$ *e teremos que para* $n > N(\varepsilon, x)$, *isto é* $nx > \frac{1}{\varepsilon}$,

$$\left|\frac{1}{nx} - 0\right| = \frac{1}{nx} < \varepsilon.$$

Exemplo 9.3 *A sequência* (f_n) *dada por* $f_n(x) = \dfrac{x}{n}$, $x \in \mathbb{R}$, *é pontualmente convergente para a função* $f : \mathbb{R} \to \mathbb{R}$ *tal que* $f(x) = 0$ *para todo* $x \in \mathbb{R}$. *De fato, dado* $\varepsilon > 0$, *se* $x \in \mathbb{R}$ *é fixado, tomemos* $N(\varepsilon, x) \geq \dfrac{|x|}{\varepsilon}$ *e teremos que para* $n > N(\varepsilon, x)$, *isto é* $n > \dfrac{|x|}{\varepsilon}$,

$$\left|\frac{x}{n} - 0\right| = \left|\frac{x}{n}\right| = \frac{|x|}{n} < \varepsilon.$$

Passaremos agora, nos próximos exemplos, a analisar que tipo de resposta a convergência pontual fornece para a questão levantada na introdução desse capítulo.

Exemplo 9.4 *Consideremos a sequência* (f_n) *onde* $f_n(x) = x^n$, $x \in [0,\ 1]$. *Observemos que todas as funções são contínuas em* $[0,\ 1]$. *Observemos ainda que, se* $0 \leq x < 1$ *então a sequência numérica* (x^n) *é tal que* $\lim\limits_{n\to\infty} x^n = 0$ *e se* $x = 1$ *a sequência numérica* (x^n) *é tal que* $\lim\limits_{n\to\infty} x^n = \lim\limits_{n\to\infty} 1^n = 1$. *De maneira que a sequência* (f_n) *é pontualmente convergente para a função descontínua* $f : [0,\ 1] \to \mathbb{R}$ *dada por*

$$f(x) = \begin{cases} 0, & se\ \ 0 \leq x < 1, \\ 1, & se\ \ x = 1. \end{cases}$$

Exemplo 9.5 *Seja a sequência* (f_n) *onde* $f_n(x) = \dfrac{\operatorname{sen}(nx)}{\sqrt{n}}$, $x \in \mathbb{R}$. *Temos que* $\left|\dfrac{\operatorname{sen}(nx)}{\sqrt{n}}\right| \leq \dfrac{1}{\sqrt{n}}$, *para todo* $x \in \mathbb{R}$. *Portanto* $\lim\limits_{n\to\infty} f_n(x) = 0$ *para cada* $x \in \mathbb{R}$. *Isto é,* (f_n)

é pontualmente convergente para a função identicamente nula em $\mathbb{R}$. *Temos ainda que todas as* f_n *são deriváveis em* $\mathbb{R}$ *e a derivada de cada uma delas é dada por* $f_n'(x) = \left(\dfrac{\operatorname{sen}(nx)}{\sqrt{n}}\right)' = \sqrt{n}\cos(nx)$, *formando uma sequência que não tem limite em ponto algum de* $\mathbb{R}$.

Exemplo 9.6 *Consideremos a sequência de funções* (f_n), *todas definidas em* $[0,\ 1]$ *da seguinte forma*

$$f_n(x) = \begin{cases} (n+1)x^n, & se\ 0 \leq x < 1, \\ 0, & se\ x = 1. \end{cases}$$

Aplicando o teste da razão à série $\displaystyle\sum_{n=1}^{\infty}(n+1)x^n$ *concluimos pela convergência da mesma para todo* $0 \leq x < 1$, *portanto, o seu termo geral* $(n+1)x^n$ *tem limite zero. Assim a sequência* (f_n) *converge pontualmente para a função* f *identicamente nula em* $[0,\ 1]$. *Observe agora que todas as funções* f_n *são integráveis em* $[0,\ 1]$ *e* $\int_0^1 f_n(x)dx = 1$. *No entanto* $\int_0^1 f(x)dx = \int_0^1 0dx = 0$.

A análise que fazemos dos últimos três exemplos é a seguinte. No Exemplo 9.4 temos uma sequência de funções contínuas que converge pontualmente para uma função descontínua, isto é, a convergência pontual não é suficientemente forte para "transferir" para a função limite f a propriedade de continuidade gozada por todas as f_n. No Exemplo 9.5 temos uma sequência de funções deriváveis (f_n) que converge pontualmente para uma função f (que inclusive é derivável em toda a reta) e, no entanto, a sequência (f_n') formada pelas derivadas de f_n diverge em todos os pontos de $\mathbb{R}$, ou seja, a sequência das derivadas de f_n não converge para a derivada de f uma vez que sequer é convergente. Finalmente, no Exemplo 9.6 temos uma sequência de funções (f_n), todas integráveis, que converge pontualmente para uma função f que também é integrável, mas as integrais das f_n formam uma sequência numérica que converge para um valor diferente da integral da função limite.

Voltando a analizar o Exemplo 9.4 podemos observar que o que ocorreu foi o seguinte: cada função f_n é contínua à esquerda no ponto $x_0 = 1$ e, portanto, $\lim\limits_{x\to 1^-} f_n(x) = f_n(1)$ e, além disso, como (f_n) converge pontualmente em $x_0 = 1$ então $\lim\limits_{n\to\infty} f_n(1) = f(1) = 1$. Ocorre que f não é contínua à esquerda em $x_0 = 1$ pois

$\lim_{x\to 1^-} f(x) = 0$ e $f(1) = 1$. Mas $(f_n(x))$ converge para $f(x)$ em todos os pontos de $[0,\ 1]$, ou seja, $\lim_{n\to\infty} f_n(x) = f(x)$. Assim, temos, por um lado, que

$$\lim_{x\to 1^-}(\lim_{n\to\infty} f_n(x)) = 0$$

e, por outro lado,

$$\lim_{n\to\infty}(\lim_{x\to 1^-} f_n(x)) = 1.$$

Em outras palavras, a convergência pontual não foi suficientemente forte para permitir, nesse caso, a intercambialidade dos limites.

Nos Exemplos 9.5 e 9.6, uma vez que tanto a operação de derivação como a de integração são definidas mediante limites, procedendo-se como acima, fazendo-se as devidas adptações, obeserva-se que também não é válida a intercambialidade dos limites. Esse é, digamos, o principal "defeito" do limite pontual. Na próxima secção apresentaremos um outro conceito de limite de sequência de funções que é bem mais "comportado" com relação às propriedades de continuidade, diferenciabilidade e integrabilidade dos termos da sequência e de seu limite.

9.3 A Convergência Uniforme

Na Definição 9.1 de convergência pontual o número natural N, inerente à definição, pode depender do $\varepsilon > 0$ dado e do particular ponto x considerado. Quando ocorre de o N depender somente do ε e for independente do particular ponto x, diremos qua a convergência é uniforme. Mais precisamente, temos a seguinte definição:

Definição 9.2 *Diz-se que uma sequência de funções $(f_n)_{n\in\mathbb{N}}$, $f_n : S \to \mathbb{R}$ converge uniformemente para $f : S \to \mathbb{R}$ quando para cada $\varepsilon > 0$ existe $N(\varepsilon) \in \mathbb{N}$ tal que*

$$n > N(\varepsilon) \Rightarrow \quad |f_n(x) - f(x)| < \varepsilon, \quad \forall\ x \in S.$$

Observemos, da Definição 9.2, que

$$\sup_{x\in S} |f_n(x) - f(x)| \le \varepsilon \quad \text{se } n > N(\varepsilon),$$

portanto

$$\sup_{x\in S} |f_n(x) - f(x)| \longrightarrow 0 \text{ quando } n \longrightarrow \infty.$$

É evidente que se (f_n) converge uniformemente para f então também converge pontualmente, ou seja, a convergência uniforme implica na convergência pontual. A recíproca, no entanto, não é verdadeira, conforme comprovamos com os exemplos a seguir.

Exemplo 9.7 *Observe que nos Exemplos 9.2 e 9.3 obtivemos, respectivamente,* $N(\varepsilon, x) \geq \dfrac{1}{\varepsilon x}$ *e* $N(\varepsilon, x) \geq \dfrac{|x|}{\varepsilon}$, *os quais dependem explicitamente do particular ponto x. Vemos, assim, que em cada um daqueles casos a convergência não é uniforme.*

Exemplo 9.8 *A sequência do Exemplo 9.4 converge pontualmente, no intervalo* $[0, 1)$, *para a função identicamente nula, mas a convergência não é uniforme (veja Exercício 9.5). Entretanto se* $0 < \alpha < 1$ *então a convergência é uniforme em* $S = [0, \alpha]$ *pois*

$$\sup_{x\in S} \left|x^n - 0\right| = \alpha^n \longrightarrow 0 \textit{ quando } n \longrightarrow \infty.$$

Um critério importante para a convergência uniforme é o Critério de Cauchy estabelecido no Teorema 9.1 a seguir. Porém, antes de apresentar e demonstrar o teorema, necessitamos da seguinte definição.

Definição 9.3 *Dizemos que uma sequência* (f_n) *de funções de* S *é uma sequência de Cauchy quando, para cada* $\varepsilon > 0$ *existe* $N \in \mathbb{N}$ *tal que*

$$m, n > N \;\Rightarrow\; |f_n(x) - f_m(x)| < \varepsilon, \quad \forall x \in S.$$

Proposição 9.1 *Uma sequência* (f_n) *de funções de* S *converge uniformemente se, e somente se, é uma sequência de Cauchy.*

Prova: Suponhamos que (f_n) converge uniformemente para $f : S \to \mathbb{R}$. Então, dado $\varepsilon > 0$ existe $N \in \mathbb{N}$ tal que

$$n > N \;\Rightarrow\; |f_n(x) - f(x)| < \frac{\varepsilon}{2}, \;\; \forall x \in S.$$

Logo, se $m, n > N$ temos

$$|f_m(x) - f_n(x)| \leq |f_m(x) - f(x)| + |f_n(x) - f(x)| < \frac{\varepsilon}{2} + \frac{\varepsilon}{2} = \varepsilon,$$

para todo $x \in S$. Ou seja (f_n) é uma sequência de Cauchy. Reciprocamente, suponhamos que (f_n) é uma sequência de Cauchy. Então, para cada $x \in S$, a sequência numérica $(f_n(x))$ é uma sequência de Cauchy e, sendo $\mathbb{R}$ completo, tal sequência converge para um número real $\lim\limits_{n\to\infty} f_n(x)$ (univocamente determinado, tendo em vista a unicidade do limite em $\mathbb{R}$). Fica, assim, bem definida uma função $f : S \to \mathbb{R}$ tal que $f(x) = \lim\limits_{n\to\infty} f_n(x)$. Seja agora $\varepsilon > 0$ dado e tomemos $\varepsilon' > 0$ com $\varepsilon' < \varepsilon$. Temos que existe $N \in \mathbb{N}$ tal que, para todo $x \in S$,

$$n > N \;\Rightarrow\; |f_n(x) - f_{n+m}(x)| < \varepsilon', \;\; \forall\, m \in \mathbb{N}.$$

Logo, fixando $n > N$, temos que

$$\lim_{m\to\infty} |f_n(x) - f_{n+m}(x)| = |f_n(x) - f(x)| \leq \varepsilon' < \varepsilon.$$

Ou seja, se $n > N$, então $|f_n(x) - f(x)| < \varepsilon$ para todo $x \in S$, demonstrando a convergência uniforme de (f_n) para a função f. ■

9.3.1 Propriedades da Convergência Uniforme

Veremos nessa secção como a convergência uniforme "se comporta" relativamente às propriedades de continuidade, diferenciabilidade e integrabilidade dos termos da sequência.

Teorema 9.1 *Seja (f_n) uma sequência de funções de S em $\mathbb{R}$ que converge uniformemente para uma função $f : S \to \mathbb{R}$ e suponhamos que todas as funções f_n são contínuas em um ponto $x_0 \in S$. Então f é contínua em x_0.*

Prova: Temos que dado $\varepsilon > 0$ existe $N \in \mathbb{N}$ tal que

$$n > N \Rightarrow |f_n(x) - f(x)| < \frac{\varepsilon}{3}, \quad \forall\, x \in S.$$

Fixemos um natural $n_0 > N$. Como f_{n_0} é contínua em x_0, existe $\delta > 0$ tal que

$$x \in S \text{ e } |x - x_0| < \delta \Rightarrow |f_{n_0}(x) - f_{n_0}(x_0)| < \frac{\varepsilon}{3}.$$

Logo,

$$|f(x) - f(x_0)| = |f(x) - f_{n_0}(x)| + |f_{n_0}(x) - f_{n_0}(x_0)| + \\ |f_{n_0}(x_0) - f(x_0)| < 3\frac{\varepsilon}{3} = \varepsilon,$$

se $|x - x_0| < \delta$, o que demonstra a continuidade de f em x_0. ■

Teorema 9.2 *Seja (f_n) uma sequência de funções de $[a,\ b]$ em $\mathbb{R}$ que converge uniformemente para uma função $f : [a,\ b] \to \mathbb{R}$ e suponhamos que todas as funções f_n são integráveis. Então*

i) *f é integrável em $[a,\ b]$ e*

ii) $\displaystyle\lim_{n\to\infty} \int_a^b f_n(x)dx = \int_a^b \lim_{n\to\infty} f_n(x)dx.$

Prova: Para a prova de *i)* consideremos $\varepsilon > 0$ e seja $N \in \mathbb{N}$ tal que

$$n \geq N \Rightarrow |f_n(x) - f(x)| < \varepsilon, \ \forall\, x \in [a,b]. \tag{9.1}$$

Seja agora P uma partição de $[a,\ b]$. De (9.1) temos, para todo $x \in [a,\ b]$,

$$f_N(x) - \varepsilon < f(x) < f_N(x) + \varepsilon,$$

então

$$s(f_N, P) - \varepsilon(b-a) \leq s(f,P) \leq S(f,P) \leq S(f_N,P) + \varepsilon(b-a).$$

Logo,

$$S(f,P) - s(f,P) \leq S(f_N,P) - s(f_N,P) + 2\varepsilon(b-a).$$

Mas, desde que f_N é integrável em $[a,\ b]$, existe uma partição P_0 de $[a,\ b]$, tal que

$$S(f_N, P_0) - s(f_N, P_0) < \varepsilon.$$

Para a partição P_0 temos

$$S(f, P_0) - s(f, P_0) < \varepsilon[1 + 2(b - a)].$$

Donde segue que f é integrável em $[a,\ b]$. Para a prova de *ii)* observemos que, para todo $n \geq N$

$$\left| \int_a^b f_n(x)dx - \int_a^b f(x)dx \right| \leq \int_a^b |f_n(x) - f(x)|\, dx < \varepsilon(b - a).$$

Portanto,

$$\lim_{n \to \infty} \int_a^b f_n(x)dx = \int_a^b f(x)dx.$$

■

No teorema anterior se cada f_n for contínua em $[a,\ b]$ então, pelo Teorema 9.1, f é contínua e, portanto, integrável em $[a,\ b]$.

Teorema 9.3 *Seja (f_n) uma sequência de funções de classe C^1 em $[a,\ b]$. Se para algum $c \in [a,\ b]$ a sequência numérica $f_n(c)$ converge e, além disso, a sequência das derivadas (f_n') converge uniformemente em $[a,\ b]$ para uma função g, então (f_n) converge uniformemente para uma função f de classe C^1 tal que $f' = g$.*

Prova: Pelo Teorema Fundamental do Cálculo, para cada $n \in \mathbb{N}$ e para cada $x \in [a,\ b]$, temos

$$f_n(x) = f_n(c) + \int_c^x f_n'(t)dt. \tag{9.2}$$

Passando ao limite, quando $n \to \infty$, em (9.2) e usando o Teorema 9.2, segue que existe $f(x) = \lim_{n \to \infty} f_n(x)$ e vale a igualdade

$$f(x) = f(c) + \int_c^x g(t)dt. \tag{9.3}$$

Além disso, pelo Teorema 9.1, g é contínua em $[a,\ b]$, logo, novamente pelo Teorema Fundamental do Cálculo, f é derivável e $f'(x) = g(x)$. Segue que f é de classe C^1. Agora, de (9.2) e (9.3), temos

$$(9.4) \qquad |f_n(x) - f(x)| \leq |f_n(c) - f(c)| + \int_c^x |f'_n(t) - g(t)|dt.$$

Por outro lado, sabemos que para todo $\varepsilon > 0$ existe $N \in \mathbb{N}$ tal que, para $n > N$

$$(9.5) \qquad |f_n(c) - f(c)| < \varepsilon \ \text{ e } \ |f'_n(t) - g(t)| < \varepsilon \ \ \forall\, t \in [a,\ b].$$

Usando (9.5) em (9.4) resulta que

$$n > N \ \Rightarrow\ |f_n(x) - f(x)| < \varepsilon[1 + (b - a)], \quad \forall\, x \in [a,\ b].$$

Ou seja, (f_n) converge para f uniformemente em $[a,\ b]$. ∎

9.4 Séries de Funções

Dada uma sequência de funções (f_n), $f_n : S \to \mathbb{R}$, podemos considerar formalmente a série

$$(9.6) \qquad \sum_{n=1}^{\infty} f_n = f_1 + f_2 + \cdots + f_n + \cdots$$

O subconjunto dos pontos x de S tais que a série $\sum_{n=1}^{\infty} f_n(x)$ converge é chamado de domínio de convergência de (9.6).

Exemplo 9.9 *A série* $\sum_{n=1}^{\infty} x^n$ *tem como domínio de convergência o conjunto* $S = \{x \in \mathbb{R};\ |x| < 1\}$.

Exemplo 9.10 *A série* $\sum_{n=1}^{\infty} \frac{1}{n^x}$ *possui como domínio de convergência o conjunto* $S = (1, +\infty)$.

Exemplo 9.11 *A série* $\sum_{n=1}^{\infty} \frac{(x-1)^n}{n2^n}$ *converge pontualmente no intervalo* $-1 \leq x < 3$. *De fato, usando o teste da razão podemos comprovar que a dada série converge absolutamente no intervalo* $-1 < x < 3$ *e diverge se* $x < -1$ *ou* $x > 3$. *Para* $x = -1$ *obtemos a série* $\sum_{n=1}^{\infty} \frac{(-2)^n}{n2^n} = \sum_{n=1}^{\infty} \frac{(-1)^n}{n}$, *a qual converge, pelo critério de Leibniz, e para* $x = 3$ *obtemos a série* $\sum_{n=1}^{\infty} \frac{2^n}{n2^n} = \sum_{n=1}^{\infty} \frac{1}{n}$, *que é a série harmônica, a qual é divergente. Assim, a série de funções dada converge pontualmente no intervalo* $-1 \leq x < 3$.

Dada uma série de funções com domínio de convergência S, podemos definir a função $\phi : S \to \mathbb{R}$ por $\phi(x) = \sum_{n=1}^{\infty} f_n(x)$. A série $\sum_{n=1}^{\infty} f_n(x)$ converge pontualmente (ou uniformemente) conforme a sequência das somas parciais (Φ_n) dadas por

$$\Phi_n(x) = f_1(x) + f_2(x) + \cdots + f_n(x)$$

seja convergente pontualmente (ou uniformente) em S.

Como consequências dos Teoremas 9.1, 9.2 e 9.3 temos as seguintes propriedades para séries de funções:

- Se a série $\sum_{n=1}^{\infty} f_n(x)$ converge uniformemente para f em S e cada f_n é contínua em $c \in S$ segue do Teorema 9.1 que f é contínua em c.
- Se a série $\sum_{n=1}^{\infty} f_n(x)$ converge uniformemente para f em $[a, b]$ e cada f_n é integrável em $[a, b]$ segue do Teorema 9.2 que f é integrável em $[a, b]$ e vale a igualdade
$$\int_a^b \sum_{n=1}^{\infty} f_n(x)dx = \sum_{n=1}^{\infty} \int_a^b f_n(x)dx.$$
- Se a série $\sum_{n=1}^{\infty} f_n(x)$ for convergente em um ponto $c \in S$, cada f_n' é contínua em

S e $\sum_{n=1}^{\infty} f_n'(x)$ converge uniformemente em S então, pelo Teorema 9.3, $\sum_{n=1}^{\infty} f_n(x)$ converge uniformemente em S e vale a igualdade

$$\left(\sum_{n=1}^{\infty} f_n(x)\right)' = \sum_{n=1}^{\infty} f_n'(x), \quad \forall\, x \in S.$$

9.4.1 Critérios de Convergência para Séries de Funções

Apresentamos a seguir alguns critérios de convergência para séries de funções.

Teorema 9.4 (Critério de Weierstrass) *Se $\sum_{n=1}^{\infty} f_n(x)$ é tal que $|f_n(x)| \leq b_n$ em S e $\sum_{n=1}^{\infty} b_n$ é uma série numérica convergente, então $\sum_{n=1}^{\infty} f_n(x)$ converge uniformemente (e absolutamente) em S.*

Prova: Seja (Φ_n) a sequência das somas parciais da série $\sum_{n=1}^{\infty} f_n(x)$. Desde que a série $\sum_{n=1}^{\infty} b_n$ é convergente, dado $\varepsilon > 0$ existe $N \in \mathbb{N}$ tal que

$$m > n > N \;\Rightarrow\; b_{n+1} + b_{n+2} \cdots + b_{n+m} < \varepsilon.$$

Portanto, para $m > n > N$ temos

$$\sup_{x \in S} |\Phi_m(x) - \Phi_n(x)| \leq b_{n+1} + b_{n+2} \cdots + b_{n+m} < \varepsilon$$

e pelo Teorema 9.1 temos que $\sum_{n=1}^{\infty} f_n(x)$ converge uniformemente em S. ∎

Exemplo 9.12 *A série* $\sum_{n=1}^{\infty} \frac{\cos(nx)}{n^2}$ *converge uniformemente em* $\mathbb{R}$ *uma vez que* $\left|\frac{\cos(nx)}{n^2}\right| \leq \frac{1}{n^2}$ *e* $\sum_{n=1}^{\infty} \frac{1}{n^2}$ *é uma série numérica de termos não negativos que é convergente e, portanto, podemos aplicar o Critério de Weierstrass para concluir a convergência uniforme da série dada.*

Definição 9.4 *Dizemos que uma sequência de funções* $f_n : S \to \mathbb{R}$ *converge monotonicamente para* $f : S \to \mathbb{R}$ *quando para todo* x *de* S *a sequência* $(f_n(x))$ *é monótona e converge para* $f(x)$.

Os próximos dois teoremas são critérios úteis para deduzir a convergência uniforme de séries de funções.

Teorema 9.5 (Critério de Dirichlet) [1] *Sejam* (a_n) *e* (b_n) *duas sequências de funções de* $S \subset \mathbb{R}$ *em* $\mathbb{R}$ *gozando das seguintes propriedades:*

i) *a sequência* $\Phi_k(x) = \sum_{j=1}^{k} a_j(x)$ *das reduzidas de* (a_n) *é uniformemente limitada em* S, *isto é, existe* $H > 0$ *tal que* $|\Phi_k(x)| \leq H$ *para todo* x *em* S *e para todo* k *em* $\mathbb{N}$;

ii) *para cada* $x \in S$, $(b_n(x))$ *é uma sequência monótona;*

iii) $\lim_{n\to\infty} b_n(x) = 0$ *uniformemente em* S.

Então $\sum_{n=1}^{\infty} a_n(x)b_n(x)$ *converge uniformemente em* S.

Prova: Por *i)*, para $n, k \in \mathbb{N}$ e $\forall\, x \in S$ temos que

$$|a_{n+1}(x) + \cdots + a_{n+k}(x)| = |\Phi_{n+k}(x) - \Phi_n(x)| \leq 2H.$$

[1] Peter Gustav Lejeune Dirichlet (1805-1859), matemático alemão

Sejam

$$S_1 = \{x \in S;\ \ (b_n(x))\ \text{ é monótona decrescente}\}\ \text{e}$$

$$S_2 = \{x \in S;\ \ (b_n(x))\ \text{ é monótona crescente}\}.$$

Temos que $S = S_1 \cup S_2$. Pelo Lema 3.2, para $n, k \in \mathbb{N}$, temos

$$|a_{n+1}(x)b_{n+1}(x) + \cdots + a_{n+k}(x)b_{n+k}(x)| \leq 2Hb_{n+1}(x),$$

para todo $x \in S_1$. Desde que $\lim\limits_{n\to\infty} b_n(x) = 0$ uniformemente em S_1, segue do Teorema 9.1 que a série $\sum\limits_{n=1}^{\infty} a_n(x)b_n(x)$ converge uniformemente em S_1. Semelhantemente, a série converge uniformemente em S_2. Portanto, converge uniformemente em S. ■

Teorema 9.6 (Critério de Abel) *Sejam (a_n) e (b_n) sequências de funções de $S \subset \mathbb{R}$ em $\mathbb{R}$ gozando das seguintes propriedades:*

i) *a série $\sum\limits_{n=1}^{\infty} a_n(x)$ é uniformemente convergente em S;*

ii) *para cada $x \in S$, $(b_n(x))$ é uma sequência monótona;*

iii) *$(b_n(x))$ é uniformemente limitada em S.*

Então $\sum\limits_{n=1}^{\infty} a_n(x)b_n(x)$ converge uniformemente em S.

Prova: Seja $M > 0$ tal que $|b_n(x)| \leq M$ para todo x em S e para todo n em $\mathbb{N}$. Considere S_1 e S_2 como na demonstração do Teorema 9.5. Podemos admitir que $b_n(x) \geq 0$ (para tanto é sufuciente considerar $b_n(x) + M$). Por *i*), dado $\varepsilon > 0$ existe $N \in \mathbb{N}$ tal que para $n > N$

$$|a_{n+1}(x) + \cdots + a_{n+k}| < \varepsilon,\ \ \forall\ x \in S\ \ \forall\ k \in \mathbb{N}.$$

Então, pelo Lema 3.2, temos

$$|a_{n+1}(x)b_{n+1}(x) + \cdots + a_{n+k}(x)b_{n+k}(x)| < \varepsilon b_{n+1} \leq \varepsilon M$$

para todo $n > N$, para todo $k \in \mathbb{N}$ e para todo $x \in S_1$. Portanto, pela Proposição 9.1, a série $\sum_{n=1}^{\infty} a_n(x)b_n(x)$ converge uniformemente em S_1. A convergência uniforme em S_2 é obtida semelhantemente e, consequentemente, a convergência em S. ■

Teorema 9.7 (Teorema de Dini) [2] *Seja (f_n) uma sequência de funções reais definidas em um subconjunto compacto K de $\mathbb{R}$ e pontualmente convergente para uma função $f : K \to \mathbb{R}$. Se, para todo x de K a sequência numérica $(f_n(x))$ é monótona e tanto f como todas as f_n são contínuas em K, então a convergência é uniforme.*

Prova: Vamos supor que a sequência é não crescente e deixamos para os exercícios o caso não decrescente. Consideremos $\varepsilon > 0$ dado arbitrariamente. Para cada $c \in K$ existe $n_c \in \mathbb{N}$ tal que $|f_n(c)-f(c)| < \varepsilon$, para todo $n \geq n_c$. Como $f_{n_c}-f$ é contínua existe uma vizinhança aberta V_c de centro c tal que $|f_{n_c}(x) - f(x)| < \varepsilon$ para todo $x \in V_c$. Por hipótese $|f_{n_c}(x) - f(x)|$ é não crescente e, portanto, $|f_{n_c}(x) - f(x)| < \varepsilon$ para todo $n \geq n_c$ e para todo $x \in V_c$. Observemos que $K \subset \bigcup_{c \in K} V_c$ e, sendo K compacto, pelo Teorema de Borel-Lebesgue (Teorema 4.2), existe um número finito de pontos $c_1, c_2, \cdots, c_r$ de K tais que $K \subset \bigcup_{j=1}^{r} V_{c_j}$. Assim, se tomamos $N = \max\{n_{c_1}, n_{c_2}, \cdots, n_{c_r}\}$ então $|f_n(x) - f(x)| < \varepsilon$ para todo $n \geq N$ e para todo $x \in K$, o que demonstra a convergência uniforme de (f_n) para f. ■

A seguir apresentamos um importante resultado que, de certa maneira, generaliza o Teorema de Bolzano-Weierstrass (Teorema 4.3) e, como tal, encontra muitas aplicações em teoremas de existência. Antes, porém, a fim de facilitar a compreensão do resultado, é útil estabelecer as seguintes definições:

Definição 9.5 *Dizemos que uma sequência (f_n) de funções de $S \subset \mathbb{R}$ é equicontínua em S quando para cada $\varepsilon > 0$ existe $\delta > 0$ tal que*

$$x, y \in S \text{ e } |x - y| < \delta \quad \Rightarrow \quad |f_n(x) - f_n(y)| < \varepsilon, \quad \forall\, n \in \mathbb{N}.$$

[2] Dini-Ulisse (1845-1918), matemático italiano

Definição 9.6 *Dizemos que uma sequência* (f_n), $f_n : S \to \mathbb{R}$, *é uniformemente limitada quando existe uma constante real positiva* M *tal que* $|f_n(x) \leq M$ *para todo* $n \in \mathbb{N}$ *e para todo* $x \in S$.

Teorema 9.8 (Teorema de Arzelá-Ascoli) [3] *Seja* (f_n) *uma sequência de funções reais contínuas e definidas em um intervalo* $[a,\ b]$. *Suponhamos que* (f_n) *é equicontínua e uniformemente limitada em* $[a,\ b]$. *Então* (f_n) *possui uma subsequência uniformemente convergente em* $[a,\ b]$.

Prova: Sendo $\mathbb{Q}$ enumerável, seja (r_n) uma enumeração dos racionais de $[a,\ b]$. Consideremos a sequência numérica $(f_n(r_1))$. Temos que $|f_n(r_1)| \leq M$ para todo $n \in \mathbb{N}$ e, pelo Teorema de Bolzano-Weierstrass (Teorema 4.3), $(f_n(r_1))$ possui uma subsequência convergente $(f_{1n}(r_1))$. Ou seja, a sequência de funções (f_{1n}) converge para $x = r_1$. Consideremos agora a sequência numérica $(f_{1n}(r_2))$. Temos novamente que $|f_{1n}(r_2)| \leq M$ e, portanto, podemos extrair uma subsequência (f_{2n}) de (f_{1n}) que converge para $x = r_2$, de modo que (f_{2n}) é convergente em $x = r_1$ e em $x = r_2$. Continuando com esse procedimento, obteremos sequências $(f_{kn})_{n\in\mathbb{N}}$, $k = 1, 2, 3, \cdots$ com as seguintes proriedades

i) $(f_{kn})_{n\in\mathbb{N}}$ é uma subsequência de $(f_{jn})_{n\in\mathbb{N}}$ se $j < k$;

ii) $(f_{kn})_{n\in\mathbb{N}}$ é convergente em $x = r_j \;\; j = 1, 2, \cdots, k$.

Consideremos agora a sequência de funções $(f_{nn})_{n\in\mathbb{N}}$. Exceto para um número finito de termos, tal sequência é uma subsequência de $(f_{kn})_{n\in\mathbb{N}}$, $k = 1, 2, 3, \cdots$ Portanto, $(f_{nn})_{n\in\mathbb{N}}$ converge em $x = r_j$, $j = 1, 2, 3, \cdots$ Em outras palavras, a sequência converge nos pontos racionais de $[a,\ b]$. Mostremos que $(f_{nn})_{n\in\mathbb{N}}$ converge uniformemente em $[a,\ b]$. Seja, então, $\varepsilon > 0$ dado. Usando a hipótese de equicontinuidade de $(f_n)_{n\in\mathbb{N}}$ e, em particular, a continuidade (uniforme) de $(f_{nn})_{n\in\mathbb{N}}$, existe um número real $\delta > 0$ tal que

$$|f_{nn}(x) - f_{nn}(y)| < \frac{\varepsilon}{3}, \tag{9.7}$$

se $|x - y| < \delta$ e para todo $n \in \mathbb{N}$. Seja, agora, uma partição $P = \{a = x_0 < x_1 < \cdots < x_p = b\}$ de $[a,\ b]$ tal que $\max\{x_q - x_{q-1},\ q = 1, 2, \cdots p\} < \delta$. Usando a densidade de $\mathbb{Q}$

[3] Cesare Arzelà (1847-1912) e Giulio Ascoli (1843-1896), matemáticos italianos.

em $\mathbb{R}$ podemos supor que todos os pontos x_q, $1 \leq q < p$, são racionais. Claramente, pela escolha da partição P, para qualquer $x \in [a, b]$ existe pelo menos um ponto x_q, $1 \leq q < p$, tal que $|x - x_q| < \delta$. Portanto, para cada $x \in [a, b]$, podemos em (9.7) fazer $y = x_q$ para um certo x_q e temos

$$|f_{nn}(x) - f_{nn}(x_q)| < \frac{\varepsilon}{3}, \quad \forall\, n \in \mathbb{N}. \tag{9.8}$$

Por outro lado, as sequências $(f_{nn}(x_q))_{n\in\mathbb{N}}$, $1 \leq q < p$, são convergentes. De modo que existe $N(\varepsilon) \in \mathbb{N}$ tal que

$$|f_{nn}(x_q) - f_{mm}(x_q)| < \frac{\varepsilon}{3}, \tag{9.9}$$

se $m, n \geq N(\varepsilon)$ e para todo $1 \leq q < p$. De (9.8) e (9.9) temos que

$$|f_{nn}(x) - f_{mm}(x)| \leq |f_{nn}(x) - f_{nn}(x_q)| + |f_{nn}(x_q) - f_{mm}(x_q)| +$$

$$|f_{mm}(x_q) - f_{mm}(x)| < \frac{\varepsilon}{3} + \frac{\varepsilon}{3} + \frac{\varepsilon}{3} = \varepsilon,$$

$\forall\, x \in [a, b]$ e $\forall\, m, n \geq N(\varepsilon)$. Logo, $(f_{nn})_{n\in\mathbb{N}}$ converge uniformemente em $[a, b]$. ∎

Vamos encerrar esta secção apresentando um teorema importante sobre aproximação de funções contínuas por polinômios. Trata-se do Teorema de Aproximação de Weierstrass a seguir enunciado e demonstrado.

Teorema 9.9 (Aproximação de Weirstrass) *Se f é uma função real contínua em $[a, b]$, então existe uma sequência (p_n) de polinômios em $[a, b]$ tal que $\lim_{n\to\infty} p_n(x) = f(x)$ uniformemente em $[a, b.]$*

Prova: Primeiramente vamos demonstrar o teorema para o caso em que $[a, b] = [0, 1]$ e $f(0) = f(1) = 0$. Desde que $[0, 1]$ é fechado e limitado então f é uniformemente contínua em $[0, 1]$ (Proposição 6.6). Nesse caso podemos considerar a extensão de f a $\mathbb{R}$ como sendo nula fora de $[0, 1]$, a qual continuaremos a denotar por f, que, assim, é uniformemente contínua em $\mathbb{R}$. Para cada $n \in \mathbb{N}$ seja

$$c_n = \left(\int_{-1}^{1} (1 - x^2)^n dx\right)^{-1}.$$

Temos que $c_n > 0$ para todo $n \in \mathbb{N}$. Consideremos, agora, para cada $n \in \mathbb{N}$ o polinômio $q_n(x) = c_n(1 - x^2)^n$. Obeservemos que, tendo em vista a escolha feita para c_n,

$$\int_{-1}^{1} q_n(x)dx = 1, \quad \text{para todo } n \in \mathbb{N}. \tag{9.10}$$

Observemos também que

$$\begin{aligned}\int_{-1}^{1}(1-x^2)^n dx &= 2\int_0^1 (1-x^2)^n dx \geq 2\int_0^{\frac{1}{\sqrt{n}}}(1-x^2)^n dx \\ &\geq 2\int_0^{\frac{1}{\sqrt{n}}}(1-nx^2)dx = \frac{4}{3\sqrt{n}} > \frac{1}{\sqrt{n}}.\end{aligned}$$

Donde segue que $c_n < \sqrt{n}$. Considerando que para cada δ tal que $0 < \delta \leq 1$ temos, para $0 < \delta \leq |x| \leq 1$,

$$q_n \leq \sqrt{n}(1-\delta^2)^n \tag{9.11}$$

e considerando que a série $\sum_{n=1}^{\infty} \sqrt{n}(1-\delta^2)^n$ é convergente (pelo Teste da Razão), segue, usando o Critério de Weierstrass (Teorema 9.4), que $\lim_{n\to\infty} q_n(x) = 0$ uniformemente. Definamos agora, para cada $n \in \mathbb{N}$, a função de $[0, 1]$ em $\mathbb{R}$ dada por

$$p_n(x) = \int_{-1}^{1} f(x+t)q_n(t)dt. \tag{9.12}$$

Como f é nula fora de $[0, 1]$ então

$$p_n(x) = \int_{-x}^{1-x} f(x+t)q_n(t)dt. \tag{9.13}$$

Fazendo a mudança de variável $s = x + t$ em (9.13) obtemos

$$p_n(x) = \int_0^1 f(s)q_n(s-x)ds. \tag{9.14}$$

Desde que q_n é um polinômio, segue que p_n é também um polinômio. Dado $\varepsilon > 0$, escolhamos $\delta > 0$ tal que $|y - x| < \delta$ acarrete

$$|f(y) - f(x)| < \frac{\varepsilon}{2}$$

e escolhamos $N \in \mathbb{N}$ tal que

$$\sqrt{n}(1-\delta^2)^n < \frac{\varepsilon}{8M} \text{ para todo } n > N, \tag{9.15}$$

onde $M = \sup\{|f(x)|;\ -1 \le x \le 1\}$. Usando (9.10), (9.12), (9.15) e o fato de que $q_n(x) \ge 0$, vemos que

$$\begin{aligned}|p_n(x) - f(x)| &= \left|\int_{-1}^{1} [f(x+t) - f(x)]q_n(t)dt\right| \le \\ \int_{-1}^{1} |f(x+t) - f(x)|q_n(t)dt &\le 2M\int_{-1}^{-\delta} q_n(t)dt + \\ &\frac{\varepsilon}{2}\int_{-\delta}^{\delta} q_n(t)dt + 2M\int_{\delta}^{1} q_n(t)dt \le \\ &4M\sqrt{n}(1-\delta^2)^n + \frac{\varepsilon}{2} < \frac{\varepsilon}{2} + \frac{\varepsilon}{2} = \varepsilon,\end{aligned} \tag{9.16}$$

para todo $n > N$ e para todo $x \in [0,\ 1]$. Se $f : [0,\ 1] \to \mathbb{R}$ é contínua e não necessariamente satisfaz à condição $f(0) = f(1) = 0$, podemos considerar a função $g : [0,\ 1] \to \mathbb{R}$ definida por $g(x) = f(x) - f(0) - x(f(1) - f(0))$, que é contínua e, agora, satisfaz à condição $g(0) = g(1) = 0$. Pelo que já demonstramos, g pode ser uniformemente aproximada por polinômios e, portanto, vale o mesmo para f. Finalmente se $f : [a,\ b] \to \mathbb{R}$ é contínua, consideremos $g : [0,\ 1] \to \mathbb{R}$ dada por $g(t) = f(a + t(b-a))$. Pelo que já demonstramos existe uma sequência (q_n) de polinômios tal que $\lim\limits_{n\to\infty} q_n(t) = g(t)$ uniformemete em $[0,\ 1]$. Dado $x \in [a,\ b]$ seja $t = \dfrac{x-a}{b-a} \in [0,\ 1]$. Portanto

$$\lim_{n\to\infty} q_n(t) = g(t) = f\left(a + \frac{x-a}{b-a}(b-a)\right) = f(x)$$

uniformemente em $[a,\ b]$, ficando, assim, demonstrado o teorema. ∎

9.5 Séries de Potências

Um tipo particular de série de funções, e que aparece com destaque em Análise Real, tanto do ponto de vista teórico como do ponto de vista das aplicações, são as séries de potências, que são séries da forma

$$\sum_{n=0}^{\infty} a_n(x-c)^n = a_0 + a_1(x-c) + a_2(x-c)^2 + \cdots \tag{9.17}$$

O número c é chamado de centro da série e dizemos que (9.17) é uma série de centro c. Quando $c = 0$ temos a série

$$\sum_{n=0}^{\infty} a_n x^n = a_0 + a_1 x + a_2 x^2 + a_3 x^3 + \cdots \tag{9.18}$$

a qual é, obviamente, uma série de centro zero.

Proposição 9.2 *O domínio de convergência de* $\sum_{n=0}^{\infty} a_n(x-c)^n$ *é um intervalo cujo centro é o centro da série.*

Prova: Suponhamos que a série converge em $x_0 \neq c$. Então ela converge absolutamente no conjunto dos x tais que $|x-c| < |x_0 - c|$. De fato, como $\lim_{n\to\infty} a_n(x_0-c)^n = 0$. Portanto, existe $b > 0$ tal que $|a_n(x_0-c)^n| \leq b$ para $n = 0, 1, 2, \cdots$ Mas,

$$|a_n(x-c)^n| = |a_n||x_0-c|^n \frac{|x-c|^n}{|x_0-c|^n} \leq b\frac{|x-c|^n}{|x_0-c|^n}$$

para $n = 0, 1, 2, \cdots$ Logo, se $|x-c| < |x_0-c|$ então

$$\sum_{n=0}^{\infty} |a_n(x-c)^n|$$

converge, pelo critério de comparação com a série geométrica $\sum_{n=0}^{\infty} |bq^n|$ cuja razão é $\dfrac{|x-c|}{|x_0-x|} < 1$. ■

Exemplo 9.13 *Alguns exemplos de séries de potências são:*

$$a)\ \sum_{n=0}^{\infty} x^n, \qquad b)\ \sum_{n=0}^{\infty} n!x^n, \qquad c)\ \sum_{n=0}^{\infty} \frac{x^n}{n!},$$

$$d)\ \sum_{n=1}^{\infty} \frac{x^n}{n}, \qquad e)\ \sum_{n=1}^{\infty} \frac{(x-1)^n}{n2^n}, \qquad f)\ \sum_{n=1}^{\infty} \frac{x^n}{n^2}.$$

É óbvio que para $x = c$ a série (9.17) é convergente e seu valor é a_0 (aqui é importante convencionarmos que $0^0 = 1$). O conjunto dos pontos $x \in \mathbb{R}$ para os quais (9.17) converge é chamado de domínio de convergência da série.

Exemplo 9.14 *Consideremos a série* $\sum_{n=1}^{\infty} \frac{(x-1)^n}{n2^n}$. *Então o seu domínio de convergência é* $-1 \leq x < 3$. *De fato,*

$$\lim_{n\to\infty} \sqrt[n]{\frac{|x-1|^n}{n2^n}} = \frac{|x-1|}{2} \frac{1}{\lim_{n\to\infty} \sqrt[n]{n}} = \frac{|x-1|}{2}$$

pois $\lim_{n\to\infty} \sqrt[n]{n} = 1$. *Consequentemente, pelo Teste da Raiz, a série converge se* $\frac{|x-1|}{2} < 1$, *isto é,* $-1 < x < 3$. *Para* $x = -1$ *obtemos* $\sum_{n=1}^{\infty} \frac{(-2)^n}{n2^n} = \sum_{n=1}^{\infty} \frac{(-1)^n}{n}$, *a qual é convergente, pelo Critério de Leibniz. Finalmente, para* $x = 3$, *obtemos a série* $\sum_{n=1}^{\infty} \frac{2^n}{n2^n} = \sum_{n=1}^{\infty} \frac{1}{n}$, *a qual é divergente. Portanto o domínio de convergência é* $-1 \leq x < 3$.

Exemplo 9.15 *Conside a série* $\sum_{n=0}^{\infty} x^n$. *Temos que para* $|x| < 1$ *a série é convergente. Para* $x = 1$ *obtemos a série* $\sum_{n=0}^{\infty} 1$, *a qual é divergente e se* $x = -1$ *obtemos a série* $\sum_{n=0}^{\infty} (-1)^n$, *a qual também não converge. Vemos, assim, que o domínio de convergência é* $\{x \in \mathbb{R};\ -1 < x < 1\}$.

O intervalo de convergência de uma série de potências é o intervalo aberto que resulta do domínio de convergência ao suprimir-se os eventuais extremos onde a série converge.

A série de potências do Exemplo 9.15 é uma série geométrica, a qual, como sabemos, converge absolutamente, se $|x| < 1$, e o valor da soma é $\dfrac{1}{1-x}$, ou seja,

$$\frac{1}{1-x} = \sum_{n=0}^{\infty} x^n, \quad \text{para} \quad -1 < x < 1.$$

Dizemos que uma função real f é desenvolvível em série de potências no intervalo $(x-r, x+r)$ se existem constantes reais $a_0, a_1, a_2, \cdots$ tais que

$$f(x) = \sum_{n=0}^{\infty} a_n(x-c)^n.$$

Assim, pelo Exemplo 9.15, a função $\dfrac{1}{1-x}$, é desenvolvível em série de potências no intervalo $-1 < x < 1$.

Proposição 9.3 *Seja* $\sum_{n=0}^{\infty} a_n(x-c)^n$ *uma série de potências com intervalo de convergência* $(c-r, c+r)$*. Então, para cada* $s \in \mathbb{R}$ *com* $0 < s < r$*, a série converge uniformemente no intervalo* $[c-s, c+s]$*.*

Prova: Para cada $x = c + s \in [c-s, c+s]$ temos que a série numérica $\sum_{n=0}^{\infty} a_n(x-c)^n$ converge absolutamente. Ou seja $\sum_{n=0}^{\infty} a_n s^n$ é absolutamente convergente. Como para todo $x \in [c-s, c+s]$ temos que $|a_n(x-c)^n| \leq |a_n||s|^n$ segue, pelo Critério de Weierstrass (Teorema 9.4), que a série $\sum_{n=0}^{\infty} a_n(x-c)^n$ é uniformemente convergente no intervalo $[c-s, c+s]$. ■

Corolário 9.1 *Se* $\sum_{n=0}^{\infty} a_n(x-c)^n$ *converge no intervalo* $(c-r, c+r)$, *seja* $f : (c-r, c+r) \to \mathbb{R}$ *a função dada por*

$$f(x) = \sum_{n=0}^{\infty} a_n(x-c)^n.$$

Então

i) f *é contínua;*

ii) f *é derivável e*

$$f'(x) = \sum_{n=1}^{\infty} n a_n (x-c)^{n-1};$$

iii) *Para cada* $x \in (c-r, c+r)$ *existe* $\int_c^x f(t)dt$ *e*

$$\int_c^x f(t)dt = \sum_{n=0}^{\infty} a_n \frac{(x-c)^{n+1}}{n+1}.$$

Prova: Dado $x \in (c-r, c+r)$ seja $0 < s < r$ tal que $x \in [c-s, c+s]$. A sequência das somas parciais de $\sum_{n=0}^{\infty} a_n(x-c)^n$ são polinômios, portanto contínuas, deriváveis e integráveis no intervalo $[c-s, c+s]$. Como a convergência é uniforme, pela Proposição 9.3, podemos usar os Teoremas 9.1, 9.2 e 9.3 e obter *i*), *ii*) e *iii*). ■

Podemos usar as propriedades das séries de potências demonstradas no Corolário 9.1 da Proposição 9.3 para obter novos desenvolvimentos em séries de potências a partir de outros já conhecidos. Por exemplo, vimos no Exemplo 9.15, e comentários logo a seguir, que se $|x| < 1$,

$$\frac{1}{1-x} = \sum_{n=0}^{\infty} x^n = 1 + x + x^2 + x^3 + \cdots \tag{9.19}$$

Substituindo x por $-x$ em (9.19) (a rigor estamos tomando compostas de funções contínuas) obtemos, para $|x| < 1$, o desenvolvimento

$$\frac{1}{1+x} = \sum_{n=0}^{\infty}(-1)^n x^n = 1 - x + x^2 - x^3 + \cdots \tag{9.20}$$

Integrando (9.20) de 0 a x e usando que $\displaystyle\int_0^x \frac{1}{1+t}dt = \ln(1+x)$ obtemos, para $|x| < 1$,

$$\ln(1+x) = \sum_{n=0}^{\infty} \frac{(-1)^n x^{n+1}}{n+1} = x - \frac{x^2}{2} + \frac{x^3}{3} - \frac{x^4}{4} + \cdots \tag{9.21}$$

Substituindo agora x por x^2 em (9.20) obtemos, para $|x| < 1$, o desenvolvimento

$$\frac{1}{1+x^2} = \sum_{n=0}^{\infty}(-1)^n x^{2n} = 1 - x^2 + x^4 - x^6 + \cdots \tag{9.22}$$

Agora integrando (9.22) desde $t = 0$ até $t = x$ e usando o fato de que $\displaystyle\int_0^x \frac{1}{1+t^2}dt =$ $\operatorname{arctg}(x)$ obtemos, para $|x| < 1$,

$$\operatorname{arctg}(x) = \sum_{n=0}^{\infty} \frac{(-1)^n x^{2n+1}}{2n+1} = x - \frac{x^3}{3} + \frac{x^5}{5} - \frac{x^7}{7} + \cdots \tag{9.23}$$

Sabemos, do critério de Leibniz, que a série numérica $\displaystyle\sum_{n=0}^{\infty} \frac{(-1)^n}{n+1}$ é convergente. Assim, obtemos, tomando $x = 1$ em (9.21), que

$$\ln 2 = 1 - \frac{1}{2} + \frac{1}{3} - \frac{1}{4} + \frac{1}{5} - \frac{1}{6} + \cdots$$

Do mesmo modo, podemos tomar $x = 1$ em (9.23) e usando o fato de que $\operatorname{arctg}(1) = \dfrac{\pi}{4}$ obtemos

$$\frac{\pi}{4} = 1 - \frac{1}{3} + \frac{1}{5} - \frac{1}{7} + \frac{1}{9} - \frac{1}{11} + \cdots$$

9.5.1 A Série de Taylor

Quando uma função real f é desenvolvível em série de potências, ou seja,

$$f(x) = \sum_{n=0}^{\infty} a_n(x-c)^n, \quad x \in (c-r, c+r),$$

então, do item *ii*) do Corolário 9.1 da Proposição 9.3, temos

$$\begin{aligned} f'(x) &= \sum_{n=1}^{\infty} na_n(x-c)^{n-1}, & x \in (c-r, c+r), \\ f''(x) &= \sum_{n=2}^{\infty} n(n-1)a_n(x-c)^{n-2}, & x \in (c-r, c+r), \\ f'''(x) &= \sum_{n=3}^{\infty} n(n-1(n-2)a_n(x-c)^{n-3}, & x \in (c-r, c+r) \end{aligned}$$

e, por indução,

$$f^{(k)}(x) = \sum_{n=k}^{\infty} n(n-1)\cdots(n-k+1)a_n(x-c)^{n-k}, \quad x \in (c-r, c+r),$$

para todo $k \in \mathbb{N}$, de tal modo que $f(c) = a_0$, $f'(c) = 1.a_1$, $f''(c) = 2.1a_2$, $f'''(c) = 3.2.1a_3$ e, por indução, $f^{(k)}(c) = k!a_k$. Logo

$$a_n = \frac{f^{(n)}(c)}{n!}, \quad \forall\, n \in \mathbb{N}. \tag{9.24}$$

Concluimos então que, quando f é desenvolvível em série de potências em um intervalo $(c-r, c+r)$, f é infinitamente derivável em $(c-r, c+r)$ e

$$f(x) = \sum_{n=0}^{\infty} \frac{f^{(n)}(c)}{n!}(x-c)^n, \quad x \in (c-r, c+r). \tag{9.25}$$

A série do segundo membro de (9.25) é chamada Série de Taylor de f em torno de c no intervalo $(c-r, c+r)$. Em particular, se $c = 0$ obtemos

$$f(x) = \sum_{n=0}^{\infty} \frac{f^{(n)}(0)}{n!}x^n, \quad x \in (-r, +r) \tag{9.26}$$

que é chamado de desenvolvimento de Maclaurin[4] de f.

No Capítulo 7 vimos que, para uma função f que possui derivadas contínuas até a ordem $n-1$ em um intervalo $[c,\ x]$ e possui a derivada de ordem n, podemos escrever a sua Fórmula de Taylor com resto de Lagrange, isto é,

$$
\begin{aligned}
f(x) = f(c) + f'(c)(x-c) + \frac{f''(c)}{2!}(x-c)^2 + \cdots +& \\
\frac{f^{n-1}(c)}{(n-1)!}(x-c)^{n-1} + R_n& \qquad (9.27)
\end{aligned}
$$

onde $R_n = \dfrac{f^n(\xi)}{n!}(x-c)^n$ para um certo $\xi \in (c,\ x)$.

Quando f é uma função de classe C^∞ em um intervalo $[a,\ b]$ e se $c \in [a,\ b]$ então para cada $x \in [a,\ b]$ e para todo $n \in \mathbb{N}$ podemos escrever (9.27). Portanto uma função de classe C^∞ é desenvolvível em sua série de Taylor em torno de um ponto de seu intervalo de definição se, e somente se, $\lim\limits_{n\to\infty} R_n = 0$.

Apliquemos o que acabamos de ver acima para a função $f(x) = \operatorname{sen} x$ em torno de $c = 0$. Temos, para cada $n \in \mathbb{N}$,

$$\operatorname{sen} x = x - \frac{x^3}{3!} + \frac{x^5}{5!} + \cdots + (-1)^n\frac{x^{2n-1}}{(2n-1)!} + R_{2n}.$$

Como as funções trigonométricas seno e cosseno têm valor absoluto menor ou igual a 1 em toda a reta real então

$$|R_{2n}| \leq \frac{|x|^{2n}}{(2n)!}.$$

Por outro lado, sabemos que, qualquer que seja $x \in \mathbb{R}$, a série $\sum\limits_{n=0}^{\infty} \dfrac{|x|^n}{n!}$ é convergente, logo o limite do seu termo geral é zero. Assim obtemos o desenvolvimento de Maclaurin da função seno

$$\operatorname{sen} x = x - \frac{x^3}{3!} + \frac{x^5}{5!} - \frac{x^7}{7!} + \cdots = \sum_{n=0}^{\infty}(-1)^n\frac{x^{2n+1}}{(2n+1)!}. \qquad (9.28)$$

[4]Colin Maclaurin (1698-1746), matemático escocês

Para obtermos o desenvolvimento de Maclaurin da função cosseno é suficiente derivarmos (9.26) termo a termo e, assim,

$$\cos x = 1 - \frac{x^2}{2!} + \frac{x^4}{4!} - \frac{x^6}{6!} + \cdots = \sum_{n=0}^{\infty} (-1)^n \frac{x^{2n}}{(2n)!}. \tag{9.29}$$

Consideremos agora a função exponencial $f(x) = e^x$. Usando a fórmula de Taylor com resto de Lagrange temos, para todo $n \in \mathbb{N}$,

$$e^x = 1 + x + \frac{x^2}{2!} + \frac{x^3}{3!} + \cdots + \frac{x^{n-1}}{(n-1)!} + R_n, \tag{9.30}$$

onde

$$|R_n| \leq \frac{|x|^n}{n!}, \quad \text{se} \quad x < 0 \quad \text{e} \quad |R_n| \leq e^b \frac{|x|^n}{n!}, \quad \text{se} \quad x \geq 0,$$

para algum $b > 0$. Em ambos os casos $\lim_{n\to\infty} R_n = 0$. Assim, o desenvolvimento de Maclaurin da função exponencial é

$$e^x = 1 + x + \frac{x^2}{2!} + \frac{x^3}{3!} + \cdots = \sum_{n=0}^{\infty} \frac{x^n}{n!}. \tag{9.31}$$

9.5.2 Funções Analíticas Reais

Quando uma função f de classe C^∞ é desenvolvível em sua série de Taylor em torno de um ponto c dizemos que é uma função analítica numa vizinhança de c. As funções seno, cosseno e exponencial são funções analíticas em uma vizinhança da origem, como acabamos de verificar. Na realidade tais funções são analíticas em uma vizinhança de qualquer ponto da reta real. De um modo geral as funções elementares do cálculo são funções analíticas, como o estudante pode verificar com facilidade. Não faz parte dos propósitos desse texto exibir listas de funções analíticas, o que pode ser suprido por um bom livro de Cálculo Diferencial e Integral como [1].

Evidentemente que toda função analítica é de classe C^∞ mas, a recíproca não é verdadeira como podemos observar no clássico exemplo, a seguir exibido, de uma função de classe C^∞ que não é analítica em vizinhança alguma da origem.

Consideremos $f : \mathbb{R} \to \mathbb{R}$ dada por

$$f(t) = \begin{cases} e^{-\frac{1}{t}}, & \text{se } t > 0, \\ 0, & \text{se } t \leq 0 \end{cases}$$

Mostremos que f é de classe $C^\infty(\mathbb{R})$. Para tanto, mostremos inicialmente que

$$\text{(9.32)} \qquad \lim_{t \to 0^+} \left(\frac{1}{t}\right)^k e^{-\frac{1}{t}} = 0, \quad \text{para todo inteiro } k \geq 0.$$

De fato

$$\left(\frac{1}{t}\right)^k e^{-\frac{1}{t}} = \frac{\left(\frac{1}{t}\right)^k}{e^{\frac{1}{t}}} = \frac{\left(\frac{1}{t}\right)^k}{\sum_{n=0}^{\infty} \frac{1}{n!}\left(\frac{1}{t}\right)^n} <$$

$$\frac{\left(\frac{1}{t}\right)^k}{\frac{1}{(k+1)!}\left(\frac{1}{t}\right)^{k+1}} = (k+1)!t \to 0$$

quando $t \to 0^+$. Como consequência de (9.32) temos que qualquer que seja o polinômio p então

$$\text{(9.33)} \qquad \lim_{t \to 0^+} p\left(\frac{1}{t}\right) e^{-\frac{1}{t}} = 0.$$

Mostremos agora que $f^{(n)}$ existe para todo inteiro $n \geq 0$ e está definida para todo $t \in \mathbb{R}$. Primeiramente mostremos, por indução sobre n, que, para $t > 0$

$$\text{(9.34)} \qquad f^{(n)}(t) = p\left(\frac{1}{t}\right) e^{-\frac{1}{t}}, \quad \text{para algum polinômio } p.$$

Para $n = 0$ temos $f^{(0)}(t) = f(t) = e^{-\frac{1}{t}}$, para $t > 0$, por definição de f, e, nesse caso, p é o polinômio identicamente igual a 1. Suponhamos que (9.34) é válida para

n. Então, derivando (9.34) com respeito a t temos

$$(9.35) \qquad f^{(n+1)}(t) = \frac{1}{t^2}\left[p\left(\frac{1}{t}\right) - p'\left(\frac{1}{t}\right)\right]e^{-\frac{1}{t}} = q\left(\frac{1}{t}\right)e^{-\frac{1}{t}},$$

onde q é o polinômio dado por $q(x) = x^2(p(x) - p'(x))$. Observe que $f_e^{(n)}(t) = 0$ para $t \leq 0$ pois, por definição $f(t) = 0$ para $t \leq 0$.

Vamos agora mostrar que existe $f_d^{(n)}(0)$, para todo $n \in \mathbb{N}$. Temos que

$$\lim_{t\to 0^+} \frac{f(t) - f(0)}{t} = \lim_{t\to 0^+} \frac{1}{t}e^{-\frac{1}{t}} = 0,$$

ou seja $f'_d(0) = 0$. Vamos supor que $f_d^{(k)}(0) = 0$ e provemos que $f_d^{(k+1)}(0) = 0$. Temos que

$$f_d^{(k+1)}(0) = \lim_{t\to 0^+} \frac{f^{(k)}(t) - f_d^{(k)}(0)}{t} = \lim_{t\to 0^+} \frac{1}{t}p\left(\frac{1}{t}\right)e^{-\frac{1}{t}} =$$

$$\lim_{t\to 0^+} g\left(\frac{1}{t}\right)e^{-\frac{1}{t}} = 0.$$

Sendo p um polinômio então $g(x) = xp(x)$ também é um polinômio, e podemos usar (9.33) para deduzir que existe a derivada $f_d^{(k+1)}(0)$ e que $f_d^{(k+1)}(0) = 0$. Portanto, por indução, $f_d^{(n)}(0) = 0$ para todo n inteiro com $n \geq 0$. Como $f_e^{(n)}(0) = f_d^{(n)}(0) = 0$ para todo $n \geq 0$ inteiro, concluimos que f se anula, juntamente com todas as suas derivadas, em $x = 0$. Logo, sua série de Maclaurin é identicamente nula em qualquer vizinhança da origem, o que evidentemente não ocorre com f pois $f(t) > 0$ para $t > 0$. Em outras palavras, f é de classe C^∞ mas não é analítica em nenhuma vizinhança da origem.

Na secção 7.4 apresentamos a Fórmula de Taylor com Resto de Lagrange. No entanto, há uma expressão alternativa para a Fórmula de Taylor na qual o resto aparece envolvendo uma integral. É o que apresentamos na proposição a seguir.

Proposição 9.4 *Suponhamos que $f : (a, b) \to \mathbb{R}$ possui derivada contínua até a ordem $n + 1$ em um ponto $c \in (a, b)$ e definamos $R_n(x)$, para $x \in (a, b)$, como sendo*

$$(9.36) \qquad f(x) = \sum_{k=0}^{n} \frac{f^{(k)}(c)}{k!}(x - c)^n + R_n(x).$$

Então

$$R_n(x) = \frac{1}{n!}\int_c^x (x-c)^n f^{(n+1)}(s)ds. \tag{9.37}$$

Prova: Para a prova recomendamos a leitura de [1]. ■

9.5.3 A Série Binomial

Dedicamos esta secção para mostrar que a função real f_α definida em $(-1,\ 1)$ por $f_\alpha(x) = (1+x)^\alpha$, α um número real, é desenvolvível em série de Maclaurin no intervalo $(-1,\ 1)$. Trata-se de um exemplo interessante onde aparece a chamada Série Binomial, a qual se constitui numa generalização para o conhecido Binômio de Newton.

Temos que f_α é de classe C^∞ em $(-1,\ 1)$ e

$$\begin{array}{rcl} f'_\alpha(x) & = & \alpha(1+x)^{\alpha-1} \\ f''_\alpha(x) & = & \alpha(\alpha-1)(1+x)^{\alpha-2} \\ f'''_\alpha(x) & = & \alpha(\alpha-1)(\alpha-2)(1+x)^{\alpha-3} \\ \vdots & & \vdots \\ f^{(n)}_\alpha(x) & = & \alpha(\alpha-1)(\alpha-2)\cdots(\alpha-n+1)(1+x)^{\alpha-n} \\ \vdots & & \vdots \end{array}$$

Portanto, $f_\alpha(0) = 1$, $f'_\alpha(0) = \alpha$, $f''_\alpha(0) = \alpha(\alpha-1)$, $f'''_\alpha(0) = \alpha(\alpha-1)(\alpha-2)$ e, de uma forma geral,

$$f^{(n)}_\alpha(0) = \alpha(\alpha-1)(\alpha-2)\cdots(\alpha-n+1),$$

para todo $n \in \mathbb{Z}$, $n \geq 0$. Assim, a Fórmula de Maclaurin para f_α se escreve

$$\begin{aligned} f_\alpha(x) = 1 + \alpha x + \frac{\alpha(\alpha-1)}{2!}x^2 + \frac{\alpha(\alpha-1)(\alpha-2)}{3!}x^3 + \cdots + \\ \frac{\alpha(\alpha-1)\cdots+(\alpha-n+1)}{n!}x^n + R_n(x). \end{aligned}$$

Passaremos a mostrar que $\lim_{n\to\infty} R_n(x) = 0$. Utilizaremos aqui a expressão do resto $R_n(x)$ na sua forma integral (Proposição 9.4), ou seja

$$R_n(x) = \frac{1}{n!}\int_0^x f_\alpha^{(n+1)}(t)(x-t)^n dt. \tag{9.38}$$

Consideremos inicialmente $0 \leq x < 1$. Substituindo $f_\alpha^{(n+1)}(t)$ em (9.38) e tomando valor absoluto obtemos

$$|R_n(x)| \leq \frac{|\alpha||\alpha-1|\cdots|\alpha-n|}{n!}\int_0^x (1+t)^{\alpha-n-1}(x-t)^n dt. \tag{9.39}$$

Observe que, sendo $0 < t < 1$, então

$$\lim_{n\to\infty}(1+t)^{\alpha-n-1} = \lim_{n\to\infty}\frac{(1+t)^\alpha}{(1+t)^{n+1}} = 0.$$

Logo $(1+t)^{\alpha-n-1} < 1$ para todo n suficientemente grande. Usando essa informação em (9.39) e realizando a integração indicada obtemos

$$|R_n(x)| \leq \frac{|\alpha||\alpha-1|\cdots|\alpha-n|}{(n+1)!}x^{n+1}. \tag{9.40}$$

Aplicando o Teste da Razão à Série

$$\sum_{n=0}^{\infty}\frac{|\alpha||\alpha-1|\cdots|\alpha-n|}{(n+1)!}x^{n+1}$$

podemos constatar a convergência da mesma. Logo seu termo geral tem limite zero, donde segue que $\lim_{n\to\infty} R_n(x) = 0$.

Consideremos agora o caso $-1 < x \leq 0$. Neste caso temos

$$R_n(x) = \frac{1}{n!}\int_x^0 f_\alpha^{(n+1)}(t)(t-x)^n dt. \tag{9.41}$$

Substituindo o valor de $f_\alpha^{(n+1)}(t)$ em (9.41) tomando o valor absoluto obtemos

$$|R_n(x)| \leq \frac{|\alpha||\alpha-1|\cdots|\alpha-n|}{n!}\int_x^0 (1+t)^{\alpha-n-1}(t-x)^n dt,$$

isto é

$$(9.42)\qquad |R_n(x)| \leq \frac{|\alpha||\alpha-1|\cdots|\alpha-n|}{n!}\int_x^0 (1+t)^{\alpha-1}\left(\frac{t-x}{1+t}\right)^n dt.$$

A função $(1+t)^{\alpha-1}$, para $x \leq t \leq 0$, é contínua, logo limitada. Além do mais, vale a seguinte desiguladade

$$\frac{t-x}{1+t} \leq -x \ \text{ se } \quad -1 < x \leq t \leq 0.$$

De fato, multipliquemos a desigualdade $-1 < x$ por $-t > 0$ e adicionemos $-x$ a ambos os lados para obter $t - x \leq -x(1+t)$. Portanto

$$\left(\frac{t-x}{1+t}\right)^n \leq (-x)^n \ \text{ e } \ (1+t)^{\alpha-1} \leq M, \ \text{ se } \ -1 < x \leq t \leq 0,$$

para um certo $M > 0$. Levando essas informações em (9.42) e realizando a integração indicada vem que

$$(9.43)\qquad |R_n(x)| \leq \frac{|\alpha||\alpha-1|\cdots|\alpha-n|M}{n!}(-x)^{n+1}.$$

Usando o Teste da Razão deduzimos que $\lim_{n\to\infty} R_n(x) = 0$. Portanto

$$(1+x)^\alpha = 1 + \alpha x + \frac{\alpha(\alpha-1)}{2!}x^2 + \frac{\alpha(\alpha-1)(\alpha-2)}{3!}x^3 + \cdots + \frac{\alpha(\alpha-1)\cdots(\alpha-n+1)}{n!}x^n + \cdots$$

Denotando por $\binom{\alpha}{n}$ o número $\dfrac{\alpha(\alpha-1)\cdots(\alpha-n+1)}{n!}$ temos então que

$$(9.44)\qquad (1+x)^\alpha = 1 + \sum_{n=1}^{\infty}\binom{\alpha}{n}x^n, \quad \text{para } |x| < 1.$$

A série em (9.44) é chamada de Série Binomial e quando α é um inteiro positivo m essa se reduz a uma soma finita que coincide com o Binômio de Newton para $(1+x)^m$ e que, nesse caso, é válido para todo $x \in \mathbb{R}$.

9.6 Exercícios do Capítulo 9

9.1- Mostre que se $f_n(x) = \dfrac{x^n}{1 + x^n}$, $n \in \mathbb{N}$, então

$$\lim_{n\to\infty} f_n(x) = \begin{cases} 0, & \text{se } |x| < 1, \\ 1, & \text{se } |x| > 1, \\ \frac{1}{2}, & \text{se } x = 1, \end{cases}$$

pontualmente.

9.2- Seja $f_n(x) = n^2 x(1 - x)^n$, $n \in \mathbb{N}$. Mostre que $\lim\limits_{n\to\infty} f_n(x) = 0$ pontualmente em $[0, 1]$.

9.3- Mostre que se $f_n(x) = nxe^{-nx^2}$, $n \in \mathbb{N}$, então $\lim\limits_{n\to\infty} f_n(x) = 0$ pontualmente em $\mathbb{R}$.

9.4- Mostre que se $f_n(x) = nx(1 - x)^n$, $n \in \mathbb{N}$, então $\lim\limits_{n\to\infty} f_n(x) = 0$ pontualmente no intervalo $[0, 1]$, mas não uniformemente.

9.5- Faça um exame quanto à convergência uniforme em $[0, 1)$ para a sequência (f_n), onde $f_n(x) = x^n$.

9.6- Examine a convergência uniforme em $[0, 1]$ para as sequências (f_n) e (g_n) definidas por

$$f_n(x) = x^n(1 - x^n) \ \text{ e } \ g_n(x) = nxe^{-nx^2}.$$

9.7- As sequências (f_n) em $[0, 1]$, (g_n) em $(0, 1)$ e (h_n) em $[0, 100]$ são dadas por

$$f_n(x) = x^n(1 - x), \ \ g_n(x) = \frac{sen(nx)}{nx} \ \text{ e } \ h_n(x) = \frac{nx^3}{1 + nx}.$$

Mostre que (f_n), (g_n) e (h_n) convergem pontualmente nos seus respectivos domínios de definição. Qual dela(s) converge(em) uniformemente?

9.8- As funções f_n e f definidas em $A \cup B$ são tais que $f_n\big|_A$ converge uniformemente para $f\big|_A$ e $f_n\big|_B$ converge uniformemente para $f\big|_B$. Mostre que f_n converge uniformemente para f em $A \cup B$.

9.9- Sejam (f_n) e (g_n) sequências de funções que convergem uniformemente para f e g, respectivamente, em um intervalo I de $\mathbb{R}$. Prove que

$$\alpha f_n + \beta g_n \longrightarrow \alpha f + \beta g$$

uniformemente em I, para todo α e todo β reais. O que se pode dizer com respeito ao produto $f_n g_n$?

9.10- Seja f_n uma sequência de funções contínuas num intervalo $[a, b]$, que converge uniformemente para uma função f em todo intervalo $[c, d]$, com $c \in (a, b)$. Suponhamos que f e f_n sejam limitadas em $[a, b]$. Prove que

$$\lim_{n\to\infty} \int_a^b f_n(x)dx = \int_a^b f(x)dx.$$

9.11- Mostre que a série $\sum_{n=1}^{\infty}(1-x)x^n$ converge pontualmente em $(-1,\ 1]$ e sua soma é a função

$$f(x) = \begin{cases} 1, & \text{se } |x| < 1, \\ 0, & \text{se } x = 1. \end{cases}$$

A convergência é uniforme?

9.12- Para $n \in \mathbb{N}$ as sequências (f_n) e (g_n) são definidas em $[0,\ 1]$ por

$$f_n(x) = (1-x)^2 x^n \ \text{ e } \ g_n(x) = (-1)^n x^n (1-x).$$

Prove que $\sum_{n=1}^{\infty} f_n(x)$ e $\sum_{n=1}^{\infty} g_n(x)$ convergem uniformemente em $[0,\ 1]$.

9.13- Prove que as séries de funções

$$\sum_{n=1}^{\infty} \frac{\operatorname{sen}(nx)}{n^2} \quad \text{e} \quad \sum_{n=1}^{\infty} \frac{\cos(nx)}{n^3}$$

convergem uniformemente em $\mathbb{R}$.

9.14- Mostre que, quando $\alpha \geq 0$, a série

$$1 + \sum_{n=1}^{\infty} \binom{\alpha}{n} x^n$$

converge uniformemente para $(1+x)^\alpha$ no intervalo $[-1,\ 1]$.

9.15- Mostre que a série $\displaystyle\sum_{n=1}^{\infty} \frac{x^n \operatorname{sen}(nx)}{n^p}$, $p > 1$, converge uniformemente em $[-1,\ 1]$.

9.16- Prove que a série $\displaystyle\sum_{n=1}^{\infty} \frac{(-1)^{n+1}}{n + x}$ converge uniformemente em $[0,\ +\infty)$, mas não converge absolutamente para todo $x \in \mathbb{R}$.

9.17- Suponha que cada f_n é monótona no intervalo $[a,\ b]$ e que a sequência (f_n) converge pontualmente em $[a,\ b]$ para uma função contínua. Prove que a convergência é uniforme.

9.18- Mostre que a série $\displaystyle\sum_{n=1}^{\infty} \frac{x}{n(1 + nx^2)}$ converge uniformemente em $\mathbb{R}$.

9.19- Prove que a série $\displaystyle\sum_{n=1}^{\infty} \frac{(-1)^n}{n^x \ln(n + 1)}$ converge uniformemente em $[0,\ +\infty)$.

9.20- Considere a sequência de funções (f_n) em $[0,\ 2]$ dada por

$$f_n(x) = (1 + x^n)^{\frac{1}{n}}.$$

Prove que a sequência de funções f_n, todas deriváveis em $[0,\ 2]$, converge uniformemente para uma função limite f, a qual não é derivável no ponto $x = 1$.

9.21- Considere a sequência (f_n) de funções em $[0,\ 1]$ dada por

$$f_n(x) = \frac{nx}{1 + n^2 x^p}, \quad p > 0.$$

Encontre os valores de p para os quais (f_n) converge uniformemente para uma função limite f. Examine se

$$\int_0^1 f_n(x)dx \longrightarrow \int_0^1 f(x)dx$$

para $p = 2$ e $p = 4$.

9.22- Mostre que $\displaystyle\lim_{x\to 0} \frac{1}{x^p} e^{-\frac{1}{x^2}} = 0$, para todo $p = 1, 2, 3, \cdots$

9.23- Seja $f : \mathbb{R} \to \mathbb{R}$ definida por

$$f(x) = \begin{cases} e^{-\frac{1}{x^2}}, & \text{se } x \neq 0, \\ 0, & \text{se } x = 0. \end{cases}$$

Prove que f é de classe C^∞, porém não é analítica na origem.

9.24- Mostre que existe uma sequência de polinômios que converge uniformemente para $|x|$ no intervalo $-1 \leq x \leq 1$.

9.25- Seja g a função definida por

$$g(x) = \begin{cases} 0, & \text{se } x < 0, \\ x, & \text{se } x \geq 0. \end{cases}$$

Então, para todo intervalo $[\alpha,\ \beta]$ existe uma sequência de polinômios que converge uniformemente para g em $[\alpha,\ \beta]$.

9.26- Seja $f : [a,\ b] \to \mathbb{R}$ uma função contínua. Mostre que existe uma sequência de polinômios que converge uniformemente para f em $[a,\ b]$.

9.27- Seja $f : [a,\ b] \to \mathbb{R}$ contínua e tal que $\displaystyle\int_a^b f(x)x^n dx = 0,\ \forall\, n \in \mathbb{N}$. Mostre que

i) $\int_a^b f^2(x)dx = 0$.

ii) Deduza que $f(x) = 0$ para todo $x \in [a,\ b]$.

Capítulo 10

Soluções e Sugestões

Esse Capítulo é para ser consultado com moderação! Nele encontram-se respostas de alguns exercícios e rápidas sugestões para resolução de outros que exigem um pouco mais de elaboração. Recomendamos ao estudante, no entanto, somente consultá-lo após exaustiva tentativa de resolver cada exercício.

Exercícios do Capítulo 1

1.1-

a) Suponha $x + y \notin \mathbb{R} - \mathbb{Q}$ e chegue a uma contradição sobre y.

c) Temos $y = y1 = yx\frac{1}{x} = xy\frac{1}{x} = 0\frac{1}{x} = 0 \Rightarrow y = 0$.

d) Desenvolva $(\sqrt{x} - \sqrt{y})^2 \geq 0, \quad \forall x \geq 0 \text{ e } \forall y \geq 0$.

h) Desenvolva a expressão

$$\frac{|a|}{1 + |b|} + \frac{|b|}{1 + |b|} - \frac{|a + b|}{1 + |a + b|}$$

e verifique que é não negativa.

1.3- Use a desigualdade triangular e indução.

1.4- Para $n = 1$ temos $(1 + x)^1 = 1 + x \geq 1 + 1x$. Use indução.

1.6- Use a propriedade arquimediana de $\mathbb{R}$.

1.7- Suponha que não existe $x \in S$ tal que $y > x \geq m_0$ para cada $y > m_0$ e chegue a uma contradição sobre m_0.

1.10- Calcule diretamente $\binom{n}{k} + \binom{n}{k+1}$.

1.11- Para $n = 1$ temos

$$(x + y)^1 = \binom{1}{0} x^{1-0} y^0 + \binom{1}{1} x^{1-1} y^1 = \sum_{k=0}^{1} \binom{1}{k} x^{1-k} y^k.$$

Use indução sobre n e a Relação de Stifel.

1.12- Para $x_1, x_2, \cdots, x_n$ e $y_1, y_2, \cdots, y_n$ considere o trinômio do segundo grau $f(t) = \sum_{i=1}^{n}(x_i + ty_i)^2$, $t \in \mathbb{R}$ e analise o seu discriminante.

1.13- Adapte a argumentação feita no texto para $\sqrt{2}$.

1.15- Se $m = \inf S$ então m é cota inferior de S. Se existisse $\varepsilon_0 > 0$ com $x \geq m + \varepsilon_0$, $\forall x \in S$, então $m + \varepsilon_0 > m$ seria cota inferior de S, contradizendo a maximalidade de m. Reciprocamente, se m satisfaz a) e b) e p é uma outra cota inferior para S, não pode ser $m < p$ pois para $\varepsilon = p - m > 0$ existiria $x \in S$ com $x < m + p - m = p$, o que não pode acontecer. Ou seja, $m \geq p$, donde $\inf S = m$.

1.16- S limitado inferiormente acarreta $-S = \{-x; x \in S\}$ limitado superiormente. Use o Teorema 1.2.

1.24- Se $f : A \longrightarrow B$ é sobrejetiva então, para cada $y \in B$, tem-se $f^{-1}(y) \subset A$ não vazio. Escolhendo $x \in f^{-1}(y) \subset A$ tal que $f(x) = y$ e pondo $g(y) = x$, temos $g : B \longrightarrow A$ satisfaz $f(g(y)) = y$.

1.28- Para $n = 2$ temos $2^{2-1} = 2 \leq 2! = 2 \cdot 1$. Agora supondo que $2^{n-1} \leq n!$

tem-se $2^{(n+1)-1} = 2^n = 2^{n-1} \cdot 2$. Pela hipótese de indução, $2^{n-1} \cdot 2 \leq n! \cdot 2$, donde $2^{(n+1)-1} \leq n! \cdot 2$. Como $2 \leq n+1$, $\forall n \in \mathbb{N}$ tem-se $2^{(n+1)-1} \leq n! \cdot 2 \leq n!(n+1) = (n+1)!$.

1.30- Use o exercício 1.24.

1.33-

i) Dado $(a, b) \subset \mathbb{R}$, defina $f : (0, 1) \longrightarrow (a, b)$ por $f(x) = a + (b - a)x$. Essa função f é injetiva pois se $f(x_1) = f(x_2)$, isto é, $a + (b - a)x_1 = a + (b - a)x_2$ acarreta $x_1 = x_2$ e é sobrejetiva pois se $a < y < b$ tome $x = \frac{y-a}{b-a}$ que está em $(0, 1)$ e $f(x) = y$. De modo que $(0, 1)$ é equipotente a (a, b). Fazendo adaptações e composições verifique os casos gerais de intervalos lmitados.

ii) A função $f(x) = \frac{1}{x}$ estabelece uma bijeção entre $(0, 1)$ e $(0, +\infty)$. Partindo daí, fazendo adaptações e composições estenda para todos os casos.

1.35- Verifique que os conjuntos $A - B$, $B - A$ e $A \cap B$ são dois a dois disjuntos, $A = (A - B) \cup (A \cap B)$, $B = (B - A) \cup (A \cap B)$ e $A \cup B = (A - B) \cup (B - A) \cup (A \cap B)$ e conclua o resultado.

1.44- Escolha um racional em cada intervalo e use a enumerabilidade de $\mathbb{Q}$.

Exercícios do Capítulo 2

2.1-

b) Multiplique e divida o termo geral por $\sqrt{3+n} - \sqrt{n} > 0$.

2.2- Tem-se $\frac{1}{n(n+1)} = \frac{1}{n} - \frac{1}{n+1}$. Reescreva o termo geral.

2.3- Use Desigualdade de Bernoulli.

2.4- Se $M = \sup S$ então, para cada n existe $x_n \in S$ tal que $M - \dfrac{1}{n} < x_n \leq M$. Passe ao limite.

2.6- Primeiro mostre que $\forall x, y \in \mathbb{R}$

$$\max\{x, y\} = \frac{1}{2}\{x + y + |x - y|\} \text{ e } \min\{x, y\} = \frac{1}{2}\{x + y - |x - y|\},$$

depois use a_n e b_n no lugar de x e y, respectivamente, e passe ao limite.

2.9- Use indução para verificar que $a_{n+1} = \sqrt{2a_n}$, que a sequência é limitada por 2 e é monótona. Finalmente passe ao limite na expressão encontrada para o termo geral.

2.10- Para $a = 1$ o resultado é óbvio. Para $a > 1$, tome $x_n = \sqrt[n]{a} - 1$ que é positivo para todo $n \in \mathbb{N}$. Assim, utilizando o desenvolvimento binomial de Newton segue

$$a = (1 + x_n)^n = 1 + nx_n + \frac{n(n-1)}{2}x_n + \cdots + x_n^n > nx_n.$$

Ou seja $0 < x_n < \frac{a}{n}$. Passe ao limite e usando a Proposição 2.5 e conclua que $\lim_{n\to\infty} x_n = 0$. Para o caso $0 < a < 1$ considere $b = \frac{1}{a} > 1$ e use o caso anterior.

2.11- Observe que para $n \geq 2$ tem-se $\sqrt[n]{n} > 1$, de maneira que $\sqrt[n]{n} = 1 + h_n$, $h_n > 0$. Use o Binômio de Newton para obter $n > \frac{n(n-1)}{2}h_n^2$. Isto é, $0 < h_n^2 < \frac{2}{n-1}$. Donde $\lim_{n\to\infty} h_n = 0$ e daí $\lim_{n\to\infty} \sqrt[n]{n} = 1$.

2.12- Se $c \in \mathbb{R}$ e $a < c < 1$, sendo $\lim\limits_{n\to\infty} \dfrac{x_{n+1}}{x_n} = a < c$ então $\dfrac{x_{n+1}}{x_n} < c$, $\forall n$, donde segue que a sequência (x_n) é monótona, limitada e, portanto, convergente. Verifique agora que $b = 0$, usando, por exemplo, argumento por contradição.

2.21- Se for $a = \max\{a, b\}$. Então $a = (a^n)^{\frac{1}{n}} \leq (a^n + b^n)^{\frac{1}{n}} \leq (a^n + a^n)^{\frac{1}{n}} = (2a^n)^{\frac{1}{n}} = 2^{\frac{1}{n}}a$. Passando ao limite temos $a \leq \lim_{n\to\infty}(a^n + b^n)^{\frac{1}{n}} \leq \lim_{n\to\infty} 2^{\frac{1}{n}}a = a$. Se for $\max\{a, b\} = b$, o processo é análogo.

2.22- Observe que

$$x_{2^n} = 1 + \tfrac{1}{2} + \left(\tfrac{1}{3} + \tfrac{1}{4}\right) + \cdots + \overbrace{\left(\frac{1}{2^{n-1}+1} + \cdots + \frac{1}{2^n}\right)}^{2^{n-1}\text{ parcelas}} >$$

$$1 + \tfrac{1}{2} + \left(\tfrac{1}{4} + \tfrac{1}{4}\right) + \cdots + \underbrace{\left(\frac{1}{2^n} + \cdots + \frac{1}{2^n}\right)}_{2^{n-1}\text{parcelas iguais a } \frac{1}{2^n}} =$$

$$\underbrace{1 + \frac{1}{2} + \frac{2}{4} + \cdots + \frac{2^{n-1}}{2^n}}_{n\text{ parcelas iguais a } \frac{1}{2}} = 1 + n\tfrac{1}{2}.$$

Para obter a desigualdade acima, substitua em cada parêntese todas as parcelas pela menor delas. Assim, os termos (x_{2^n}) de (x_n) crescem arbitrariamente e, consequentemente, a sequência (s_n) também cresce.

2.23- Temos que $a_1 = 1 < \sqrt{1+1} = a_2$, donde $1 + a_1 < 1 + a_2$, logo $\sqrt{1+a_1} < \sqrt{1+a_2}$. Ou seja, $a_2 < a_3$. Verifique agora, usando indução, que $a_n < a_{n+1}$. Ou seja, a sequência é monótona crescente. Observe que $a_1 = 1 < 2$ e também $a_2 = \sqrt{1+a_1} < \sqrt{3} < 2$. Logo, usando indução, verifique que $a_n < 2$ para todo n. Assim, a sequência é convergente. Se $L = \lim\limits_{n\to\infty} a_n$, passando ao limite em $a_n = \sqrt{1+a_{n-1}}$, segue que $L = \sqrt{1+L}$, donde $L = \frac{1+\sqrt{5}}{2}$.

Exercícios do Capítulo 3

3.5- Se $\sum\limits_{n=1}^{\infty} |a_n|$ é convergente, então $\lim\limits_{n\to\infty} |a_n| = 0$, donde segue que $|a_n| \leq M$, $\forall n \in \mathbb{N}$, para algum $M > 0$. Como $a_n^2 = |a_n||a_n| \leq M|a_n|$, $\forall n \in \mathbb{N}$ o resultado segue pelo critério de comparação.

3.6- Use a desigualdade $a_n b_n \leq \frac{a_n^2}{2} + \frac{b_n^2}{2}$, $\forall n \in \mathbb{N}$ e o critério de comparação.

3.10- Definamos $b_n = na_n$, $n \in \mathbb{N}$. Devemos mostrar que $\lim_{n\to\infty} b_n = 0$. Separemos (b_n) em duas subsequências, a dos termos de índice par e a dos termos de índice ímpar. Como (a_n) é decrescente e $2n = n + n \geq n + k$, $k = 1, 2, \cdots, n$ então $a_{2n} \leq a_{n+k}$, para $k = 1, 2, \cdots, n$. Donde

$$na_{2n} \leq a_{n+1} + a_{n+2} + \ldots + a_{2n} \leq \sum_{i=n+1}^{\infty} a_i = S - S_n$$

onde $S = \sum_{n=1}^{\infty} a_n$, pois a série é convergente, e $S_n = a_1 + a_2 + \ldots + a_n$ é a soma parcial de ordem n. Daí, $\lim_{n\to\infty}(S - S_n) = 0$, ou seja, $\lim_{n\to\infty} na_{2n} = 0$. Portanto $\lim_{n\to\infty}(2n)a_{2n} = 0 = \lim_{n\to\infty} b_{2n}$. Para o caso dos termos de índice ímpar observe que $2n = n + n \geq n + k$, $k = 1, 2, \cdots, n$ acarreta $2n - 1 \geq n + k - 1$, $k = 1, 2, \cdots, n$ e sendo a sequência decrescente segue que $a_{2n-1} \leq a_{n+k-1}$. Logo, como já visto no caso anterior, $na_{2n-1} \leq S - S_n$. Desde que a série é convergente segue que $\lim_{n\to\infty} a_n = 0$. Assim $\lim_{n\to\infty} 2na_{2n-1} - \lim_{n\to\infty} a_{2n-1} = 0$, ou seja $\lim_{n\to\infty} b_{2n-1} = 0$. Da convergência das sequências de índice par e ímpar segue a convergência de (b_n). OBS.: O estudante está convidado a analisar o problema retirando a hipótese de convergência da série.

3.11- Para um sentido da implicação observe que

$$\sum_{n=1}^{\infty} a_n = \sum_{n=1}^{\infty}(a_n + |a_n| - |a_n|) = \sum_{n=1}^{\infty}(a_n + |a_n|) - \sum_{n=1}^{\infty} |a_n|.$$

A recíproca é imediata.

3.18- Por (b) temos que (b_n) converge para um certo limite k. Daí, seja $b_n = k + c_n$ tal que (c_n) é monótona e $\lim_{n\to\infty} c_n = 0$. Por (a) $\sum_{n=1}^{\infty} ka_n$ converge e a sequência (s_n) das somas parciais é limitada. Logo, pelo Critério de Dirichlet, $\sum_{n=1}^{\infty} a_n c_n$ converge. Sendo $s = \sum_{n=1}^{\infty} a_n c_n$ obtêm-se $s = \sum_{n=1}^{\infty} a_n(b_n - k) = \sum_{n=1}^{\infty} a_n b_n - \sum_{n=1}^{\infty} ka_n$, donde $\sum_{n=1}^{\infty} a_n b_n = s + \sum_{n=1}^{\infty} ka_n$ consequentemente $\sum_{n=1}^{\infty} a_n b_n$ converge.

3.22- Considere a série harmônica e use o Exercício 3.21.

Exercícios do Capítulo 4

4.8- Se $S = \emptyset$ o resultado é imediato. Suponha que S é aberto, não vazio e tome x arbitrário em S. Então existe uma vizinhança de x, $V_\varepsilon(x)$, totalmente contida em S, ou seja, $V_\varepsilon(x) \cap \mathbb{R} - S = \emptyset$. Isto é, nenhum ponto de S pode ser um ponto da fronteira. Logo $S \cap \partial S = \emptyset$. Para mostrar a recíproca, suponha, por contradição, que S não é aberto. Então existe pelo menos um ponto $x \in S$ que não é ponto interior de S. Logo, $\forall \varepsilon > 0$, $V_\varepsilon(x)$ contém pontos de $\mathbb{R} - S$, ou seja, $x \in \partial S$ donde $S \cap \partial S \neq \emptyset$, o que é um absurdo.

4.12- As inclusões $[a_{n+1}, b_{n+1}] \subset [a_n, b_n]$ significam que

$$a_1 \leq a_2 \leq \ldots \leq a_n \leq \ldots \leq b_n \leq \ldots \leq b_2 \leq b_1$$

Assim o conjunto $A = \{a_n;\ n \in \mathbb{N}\}$ é limitado superiormente. Seja $x_0 = \sup A$. Então $a_n \leq x_0$, $\forall n \in \mathbb{N}$ e como cada b_n é cota superior para A temos que $x_0 \leq b_n$, $\forall n \in \mathbb{N}$. Portanto $x_0 \in [a_n, b_n]$, $\forall n \in \mathbb{N}$, ou seja, $\bigcap_{n\in\mathbb{N}} F_n \neq \emptyset$. Se $y_0 \in \bigcap_{n\in\mathbb{N}} F_n$ então

$$|x_0 - y_0| \leq b_n - a_n, \quad \forall n \in \mathbb{N}.$$

Logo, se $b_n - a_n \longrightarrow 0$, temos que $x_0 = y_0$, como queríamos.

4.18-

a) Seja $(A_\lambda)_{\lambda\in L}$, onde L é um conjunto de índices, uma família qualquer de conjuntos fechados de $\mathbb{R}$. Observe que

$$\mathbb{R} - \bigcap_{\lambda\in L} A_\lambda = \bigcup_{\lambda\in L} (\mathbb{R} - A_\lambda)$$

e use o Exercício 1.34.

b) Seja $A_{\lambda_1}, A_{\lambda_2}, \ldots, A_{\lambda_n}$ uma coleção finita de conjuntos fechados de $\mathbb{R}$. Tem-se

$$\mathbb{R} - \bigcup_{i=1}^{n} A_{\lambda_i} = \bigcap_{i=1}^{n} (\mathbb{R} - A_{\lambda_i})$$

e use o Exercício 1.34.

Exercícios do Capítulo 5

5.3- Como $\lim_{x \to a} f(x) = L$ então, pela Proposição 5.2, para toda sequência $(x_n) \in S$, com $x_n \neq a$, $\forall n \in \mathbb{N}$ e $\lim x_n = a$, tem-se $\lim f(x_n) = L$. Logo, $\lim \sqrt{f(x_n)} = \sqrt{L}$ e, novamente utilizando a Proposição 5.2, segue que $\lim_{x \to a} \sqrt{f(x)} = \sqrt{L}$.

5.6- Suponha que $f + g$ é limitada em A. Como f é limitada em A, então $-f$ também é limitada em A. Logo $(f + g) - f$ é limitada, isto é, g é limitada em A, o que é um absurdo. Portanto $f + g$ é ilimitada em A.

5.7- Considere $f(x) = \dfrac{1}{x}$ e $g(x) = x$ definidas no intervalo $A = (0, \infty)$.

Exercícios do Capítulo 6

6.8- Por hipótese $a_n \neq 0$. Fatore $a_n x^n$ em $p(x)$ e obtenha $p(x) = a_n x^n r(x)$. Verifique que r é limitada e analise agora o sinal de p.

6.16- Como $f(x) = f(1 \cdot x) = x \cdot f(1)$ conclua o resultado.

6.20- Defina $g : \mathbb{R} \longrightarrow \mathbb{R}$ tal que

$$g(x) = \begin{cases} f(x) & \text{se } x \in [a, b] \\ f(a) & \text{se } x < a \\ f(b) & \text{se } x > b \end{cases}$$

Veja que $g(x) = f(x)$, $\forall x \in [a, b]$ e g é contínua em $\mathbb{R}$.

6.21- Como $\lim_{x \to \pm\infty} f(x) = 0$, então dado $\varepsilon > 0$, $\exists\, k > 0$ tal que

$$|x| > k \Rightarrow |f(x)| < \varepsilon$$

Agora em $[-k, k]$, como f é contínua então é limitada, ou seja, $\exists\, \zeta > 0$ tal que $|f(x)| \leq \zeta$, $\forall x \in [-k, k]$. Seja $C = \max\{\varepsilon, \zeta\}$ então: $|f(x)| \leq C$, $\forall x \in \mathbb{R}$.

6.25- Como $\mathcal{D}$ é limitado, então existe $C > 0$ tal que

$$\left|\frac{f(x) - f(y)}{x - y}\right| \leq C, \quad \forall x, y \in I, \quad x \neq y$$

ou ainda $|f(x) - f(y)| \leq C|x - y|$, $\forall x, y \in I$, $x \neq y$. Logo, dado $\varepsilon > 0$, tome $\delta = \dfrac{\varepsilon}{C}$ e teremos:

$$|x - y| < \delta \Rightarrow |f(x) - f(y)| \leq C|x - y| < C\frac{\varepsilon}{C} = \varepsilon$$

donde segue que f é uniformemente contínua em I.

Exercícios do Capítulo 7

7.4- Mostre que f não é derivável em $x_0 = 1$.

7.6- Escreva

$$\frac{f\left(a + \frac{h}{2}\right) - f\left(a - \frac{h}{2}\right)}{h}$$

como sendo

$$\frac{1}{2}\left[\frac{f\left(a + \frac{h}{2}\right) - f(a)}{\frac{h}{2}}\right] + \frac{1}{2}\left[\frac{f\left(a + \left(-\frac{h}{2}\right)\right) - f(a)}{\left(-\frac{h}{2}\right)}\right]$$

e passe ao limite quando h tende a zero.

7.7- Considere o intervalo $[a - h, a + h]$ com $h > 0$ e use a Fórmula de Taylor separadamente nos subintervalos $[a, a + h]$ e $[a - h, a]$.

7.8- Analise o quociente de Newton em um ponto x_0 e verifique que $f'(x_0) = 0$.

7.9- Considere $F : [0, 1] \longrightarrow \mathbb{R}$ tal que

$$F(x) = c_0 x + \frac{c_1}{2}x^2 + \ldots + \frac{c_{n-1}}{n}x^n + \frac{c_n}{n+1}x^{n+1}$$

e use o Teorema de Rolle.

7.10- Considere $x > 0$, aplique o Teorema do Valor Médio a f no intervalo $[x, x+1]$ e passe ao limite quando $x \to \infty$.

7.11- Basta mostrar que $g'(x) > 0$, $\forall x > 0$. Temos:

$$g'(x) = \frac{xf'(x) - f(x)}{x^2}$$

Usando o Teorema do Valor Médio para f no intervalo $[0, x]$ temos que $\exists\, \xi \in (0, x)$ tal que

$$f'(\xi) = \frac{f(x) - f(0)}{x - 0} \Rightarrow xf'(\xi) = f(x)$$

Como f' é monótona crescente temos, para $\xi < x$,

$$f'(\xi) < f'(x) \Rightarrow \frac{f(x)}{x} < f'(x) \Rightarrow xf'(x) - f(x) > 0.$$

Portanto, $g'(x) > 0$, $\forall x > 0$.

Exercícios do Capítulo 8

8.1- Usemos indução. Para $n = 1$ temos que $\frac{1}{6}1(1+1)(2.1+1) = \frac{1}{6}2.3 = \frac{1}{6}.6 = 1 = 1^2$. Logo a fórmula é válida para $n = 1$. Admitamos a validade para $n = k$ e temos

$$1 + 2^2 + \cdots + k^2 + (k+1)^2 = \frac{1}{6}k(k+1)(2k+1) + (k+1)^2 =$$

$$\frac{k(k+1)(2k+1) + 6(k+1)^2}{6} = \frac{(k+1)(2k^2 + k + 6k + 6)}{6} =$$

$$\frac{(k+1)(2k^2 + 4k + 3k + 6)}{6} = \frac{(k+1)[2k(k+2) + 3(k+2)]}{6} =$$

$$\frac{(k+1)(k+2)(2k+3)}{6} = \frac{(k+1)[(k+1)+1)][2(k+1)+1]}{6}.$$

Portanto a fórmula vale para $k+1$. Para $f(x) = x^2$ e $P_n = \{0 < \frac{1}{n} < \frac{2}{n} < \cdots < \frac{n-1}{n} < 1\}$ temos a soma superior

$$S_n(f; P_n) = \frac{1}{n^2}\frac{1}{n} + \frac{2^2}{n^2}\frac{1}{n} + \cdots + \frac{1}{n} =$$

$$\frac{1 + 2^2 + \cdots + n^2}{n^3} = \frac{1}{n^3}\frac{1}{6}n(n+1)(2n+1) =$$
$$\frac{1}{6}(1 + \frac{1}{n})(2 + \frac{1}{n}).$$

Donde $\lim_{n\to\infty} S_n(f; P_n) = \frac{1}{3}$. De modo análogo obtemos para a soma inferior $\lim_{n\to\infty} s_n(f$ $\frac{1}{3}$. Use agora a Proposição 8.7 para concluir o resultado.

8.3- Dada qualquer partição P de $[0,\ 1]$, em todos os seus subintervalos há racionais e irracionais. De modo que as somas inferiores são todas nulas e as superiores são todas iguais a 1.

8.5- Modifique a função do exercício 8.3 definindo-a como sendo -1 nos irracionais e 1 nos racionais. Tal função é limitada e não é integrável (use o mesmo argumento daquele exercício), no entanto o seu valor absoluto é constante e igual a 1 sendo, portanto, integrável.

8.8- Use as expressões para $\max[f, g]$ e $\min[f, g]$ como no exercício 2.6 do Capítulo 2 e as Proposições 8.9 e 8.14 do Capítulo 8.

8.19- Consideremos $(\lambda f(x) + g(x))^2$ que é contínua e não negativa para todo $\lambda \in \mathbb{R}$. Então $\int_a^b (\lambda f(x) + g(x))^2 dx \geq 0$. Desenvolva a integral e obtenha o trinômio do segundo grau

$$A\lambda^2 + 2B\lambda + C \geq 0,\ \forall \lambda \in \mathbb{R},$$

onde $A = \int_a^b f(x)^2 dx$, $B = \int_a^b f(x)g(x)dx$ e $C = \int_a^b g(x)^2 dx$. Sendo o trinômio não negativo, seu discriminante é não positivo. Calcule o discriminante e deduza o resultado.

8.20- Em primeiro lugar, sendo f contínua, existe $c \in [a,\ b]$ tal que $f(c) = M$ e, em segundo lugar, sendo f não negativa então, para todo $n \in \mathbb{N}$, $\max\limits_{[a,\ b]} f^n(x) = M^n$. Pela Proposição 8.1 tem-se que

$$\int_a^b f^n(x)dx \leq M^n(b-a),$$

donde

$$\left(\int_a^b f^n(x)dx\right)^{\frac{1}{n}} \leq M(b-a)^{\frac{1}{n}}.$$

Sabe-se (Exercício 2.10) que se $x > 0$ então, $\lim_{n\to\infty} \sqrt[n]{x} = 1$. Logo, passando ao limite quando $n \to \infty$ obtêm-se

$$(1)\quad \lim_{n\to\infty}\left(\int_a^b f^n(x)dx\right)^{\frac{1}{n}} \leq M.$$

Por outro lado, dado $n \in \mathbb{N}$ consideremos uma partição arbitrária $P = \{a = x_0 < x_1 < \cdots < x_{m-1} < x_m = b\}$ de $[a,\ b]$ tal que $\max\limits_{0\leq i\leq m}\{x_{i+1} - x_i\} < \dfrac{1}{n}$. É claro que $c \in [a,\ b]$ tal que $f^n(c) = M^n$ pertence a algum subintervalo de P e, portanto,

$$M^n\frac{1}{n} \leq S(f^n; P).$$

Observe que aqui você pode considerar somente as partições P satisfazendo que $\max\limits_{0\leq i\leq m}\{x_{i+1} - x_i\} < \dfrac{1}{n}$ para algum $n \in \mathbb{N}$ e pode concluir que

$$M^n\frac{1}{n} \leq \int_a^b f^n(x)dx$$

e, daí

$$M\frac{1}{\sqrt[n]{n}} \leq \left(\int_a^b f^n(x)dx\right)^{\frac{1}{n}}.$$

Consequentemente, pelo Exercício 2.11, passando ao limite quando $n \to \infty$ obtêm-se

$$(2)\quad M \leq \lim_{n\to\infty}\left(\int_a^b f^n(x)dx\right)^{\frac{1}{n}}.$$

De (1) e (2) segue o resultado.

Exercícios do Capítulo 9

9.17- Use o Teorema 9.7 (Teorema de Dini).

9.26- Esse é o conteúdo do Teorema 9.9 (Aproximação de Weierstrass).

9.27- Mostre primeiramente que a hipótese $\int_a^b f(x)x^n dx = 0$, qualquer que seja $n \in \mathbb{N}$ acarreta $\int_a^b f(x)p(x)dx = 0$ para qualquer polinômio e use o Teorema 9.9 (Aproximação de Weierstrass).

Referências Bibliográficas

[1] APOSTOL, T. M.: *Calculus.* Volúmenes 1 y 2, Editorial Revertê, Barcelona, 1976.

[2] ÁVILA, G. S.: *Introdução à Análise Matemática.* Edgard Blücher Ltda., São Paulo, 1993.

[3] AYRES Jr, F.: *Álgebra Moderna.* Trad. M. C. Matos, McGraw-Hill do Brasil, São Paulo, 1973.

[4] BEALS, R.: *Advanced Mathematical Analysis.* Springer-Verlag, New York, 1973.

[5] BOYER, C. B.: *História da Matemática.* Trad. E. F. Gomide, Ed. Edgard Blücher Ltda., São Paulo, 1974.

[6] FIGUEIREDO, D. G. de: *Análise I.* 2ª Edição, L. T. C. Editora, Rio de Janeiro, 1973.

[7] HALMOS, P. R.: *Naive Set Theory.* D. Van Nostrand Company, New Jersey, 1960.

[8] LIMA, E. L.: *Curso de Análise.* Volume 1, IMPA-Coleção Projeto Euclides, Rio de Janeiro, 1976.

[9] MONTEIRO, L. H. J.: *Elementos de Álgebra.* Ao Livro Técnico, Rio de Janeiro, 1969.

[10] RUDIN, W.: *Principles of Mathematical Analysis.* McGraw-Hill Book Co., New York, 1964.

Índice Remissivo

ANOTAÇÕES

Impressão e acabamento
Gráfica da Editora Ciência Moderna Ltda.
Tel: (21) 2201-6662